Organic Waste Treatment Technology and Its
Application in the Tobacco Industry

有机废弃物处理技术及
在烟草领域的应用

U0384396

编　写／四川省烟草质量监督检测站
主　编／陶晓秋
副主编／熊　巍　韶济民　张海燕　张天亮

四川大学出版社
SICHUAN UNIVERSITY PRESS

项目策划：蒋　玙
责任编辑：蒋　玙
责任校对：周维彬
封面设计：墨创文化
责任印制：王　炜

图书在版编目（CIP）数据

有机废弃物处理技术及在烟草领域的应用 / 陶晓秋
主编． — 成都：四川大学出版社，2022.5
ISBN 978-7-5690-5263-3

Ⅰ．①有… Ⅱ．①陶… Ⅲ．①烟草工业－有机垃圾－
废物处理 Ⅳ．① X795

中国版本图书馆 CIP 数据核字（2021）第 267549 号

书名	有机废弃物处理技术及在烟草领域的应用	
	YOUJI FEIQIWU CHULI JISHU JI ZAI YANCAO LINGYU DE YINGYONG	
主　　编	陶晓秋	
出　　版	四川大学出版社	
地　　址	成都市一环路南一段 24 号（610065）	
发　　行	四川大学出版社	
书　　号	ISBN 978-7-5690-5263-3	
印前制作	四川胜翔数码印务设计有限公司	
印　　刷	四川盛图彩色印刷有限公司	
成品尺寸	170mm×240mm	
印　　张	15.5	
字　　数	296 千字	
版　　次	2022 年 6 月第 1 版	
印　　次	2022 年 6 月第 1 次印刷	
定　　价	88.00 元	

◆ 读者邮购本书，请与本社发行科联系。
　电话：(028)85408408/(028)85401670/
　(028)86408023　邮政编码：610065
◆ 本社图书如有印装质量问题，请寄回出版社调换。
◆ 网址：http://press.scu.edu.cn

四川大学出版社
微信公众号

前　言

　　近年来，我国经济发展进入"快车道"，在取得巨大成就的同时，也出现了一些生态环境风险隐患，大量的生产、生活有机废弃物产生。据估算，我国每年产生畜禽粪污 38 亿吨，产生秸秆近 9 亿吨，产生城市污泥近 4 千万吨，仅烟草行业每年产生的烟草废弃物就达到 1 百万吨以上，而接近 30% 的废弃物没有得到更有效的处置和利用。这些废弃物的随意处理，不仅会破坏生态环境，而且会造成可利用资源的浪费。随着社会经济的发展和人民生活质量的提高，绿色可持续发展理念深入人心，"减量化、再利用、再循环"的循环经济政策新要求，使对有机废弃物的系统管控和处置越来越重要。有机废弃物处理技术作为生态效益、社会效益和经济效益并重的新型技术，也越来越受到重视和关注。

　　"有机废弃物处理技术及在烟草领域的应用"课题组在搜集整理当前有机废弃物处理技术最新研究和应用的基础上，结合课题组研究内容编辑成书，分 6 章分别介绍了有机废弃物综合利用技术、填埋技术、堆肥化技术、燃料化技术、有效成分提取技术及生物质热解技术，对各类技术的原理、工艺、影响因素、应用方向以及存在的问题等方面进行了论述。本书着眼于有机废弃物处理的通用技术，结合烟草领域应用实践，为烟叶生产有机废弃物的合理处置和资源回收利用提供了具有现实意义的参考，为全面解决面源污染及资源浪费问题提供了思路，也为相关领域科研工作者明确研究方向提供了相关信息。

编者

2022 年 1 月

目　录

第1章　有机废弃物综合利用技术

1.1　概述

1.1.1　有机废弃物及利用现状

有机废弃物伴随着人类生产、生活而产生，主要分为城市有机废弃物和农业有机废弃物。随着国内经济的快速发展，城市规模和农牧业生产规模会持续扩大，这也导致生产、生活中产生的有机废弃物的量越来越大，所带来的环境风险与资源循环利用等问题尤为突出。

据农业部、住建部 2016 年的估算，我国每年产生畜禽粪污约 3.8×10^9 t，综合利用率不到 60%；每年产生秸秆近 9×10^8 t，未利用的约 2×10^8 t；城市污泥产生量约达到 3.5×10^7 t，处置率为 50%~70%；城市生活垃圾产生量达到 1.8×10^8 t。并且，伴随人口的逐年增加，城市固体废物已经成为环境的主要污染源之一，生活垃圾以每年 8%~10% 的速度递增。据测算，2050 年生活垃圾将会达到 5.28×10^8 t。

有机废弃物尤其是农业生产中产生的秸秆等有机废弃物中蕴含着大量的生物质能，在倡导绿色生态、低碳环保的理念下，有效利用这类生物质能源对实现环境和经济的可持续发展具有重要意义。国内高度重视农业废弃物资源化利用，《中共中央国务院关于落实发展新理念 加快农业现代化实现全面小康目标的若干意见》《中共中央国务院关于加快推进生态文明建设的意见》和《国务院办公厅关于加快转变农业发展方式的意见》等文件对农业废弃物资源化都做出了明确部署。此后，农业部联合国家发展和改革委员会等六个部门共同制定了《关于推进农业废弃物资源化利用试点的方案》，这是贯彻中共中央有关"推进种养业废弃物资源化利用"等决策部署的具体行动，该方案针对农作物秸秆，制定出围绕收集、利用等关键环节采取肥料化、饲料化、燃料化、基料化、原料化等多种途径，着力提升综合利用水平。对于废旧农用薄膜及废弃农药包装物，要围绕回收、处理、奖补政策制定等关键环节提升再利用水平；研究制定《农用薄膜管理办法》，完善农用薄膜产品标准，提高标准准入，鼓励回收农用薄膜。2020 年，国家发展和改革委员会联合生态环境部出台了《关于进一步加强塑料污染治理的意见》，进一步规范塑料废弃物收集和处置，加大塑料废弃物等可回收物的分类和处理力度。

1.1.2 烟叶生产有机废弃物及利用现状

我国是烟草种植生产大国，每年生产有效烟叶 3403 万担（2020 年数据），产生 200 万吨以上的相关有机废弃物，主要包括烟秆，低次等级烟叶，级外烟叶，烟草植株的上部烟叶、烟花、烟种、叶梗、腋芽，以及卷烟企业积存的烟末、烟梗、碎烟片。由于烟草中含有尼古丁，因此其废弃物一直是处理难点。此外，烟草生产还会产生大量塑料废弃物，如烤烟生产的育苗，以及移栽过程中产生的大量漂盘、棚膜、地膜、农药包装材料等，这些塑料制品基本都是一次性使用，并随意丢弃或简单堆埋，在对土地和水环境造成污染的同时也带来了极大的资源浪费。

烟草行业高度重视烟叶生产的可持续发展，持续推进循环农业、绿色烟草发展，在废旧农用薄膜回收、生物质燃料生产和有机肥料生产等方面都有所突破。烟草行业在 2006 年就提出，对不能回收利用的废弃烟叶和烟秆必须予以销毁，但没有明确销毁的方法。目前，大多数烟叶生产有机废弃物仍是被填埋或集中焚烧销毁。烟叶生产有机废弃物总量巨大，销毁过程中不可避免地会存在资源浪费和产生污染的问题。

1.2 有机废弃物综合处理技术

目前，针对有机固体废物，合理有效的处理思路是以减量化、无害化、资源化为原则，以低消耗、低排放、高效率为基本特征，处理方法主要有填埋、堆肥、能源化处理和有效成分提取等。填埋和堆肥由于处理技术简单、成本低廉，在国内应用较为广泛；能源化处理是指通过化学或生物转换，将有机废弃物中所含的能量释放出来并加以利用，主要有三类技术，即燃料化技术（焚烧技术、废弃物衍生燃料、生物质燃料等）、热化学转化技术（气化、液化和热裂解）、生物转换技术（填埋气利用、生物质发酵技术等）；有效成分提取是利用一定的技术手段提取与纯化有机废弃物中的有效成分，从而得到附加值较高的产品。有机废弃物的能源化处理过程如图 1-1 所示。

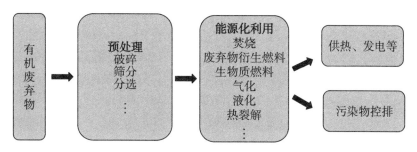

图 1-1　有机废弃物的能源化处理过程

目前，常见的有机废弃物处理技术有填埋技术、堆肥化技术、焚烧技术、有效成分提取技术和生物质热解技术等，在选取有机废弃物的处理技术时应综合考虑其可靠性、经济性、实用性，以及所能达到的无害化、减量化和资源化利用效果。由于各种有机废弃物的性质存在差异，各地区的具体情况有一定差别，因此，对于有机废弃物处理技术的选择很难统一。表 1-1 列出了常见的有机废弃物处理技术。

表 1-1　常见的有机废弃物处理技术

比较项目	填埋技术	堆肥化技术	焚烧技术	有效成分提取技术	生物质热解技术
技术可靠性	可靠（常用技术）	较可靠（国内有实践经验）	较可靠（国外属成熟技术）	较可靠（国内有实践经验）	较可靠（国外有实践经验）
工程规模	一般较大，取决于作业场地和填埋库容，以及设备配置和使用年限	静态堆肥常用 100～200 t/d；动态式堆肥厂可达 200～400 t/d	单台焚烧炉规格常用 500 t/d；焚烧厂一般会安装 2～4 台	取决于有效成分的种类、提取工艺和设备规格	国内有 400 kW～10 MW 不同规格的气化发电装置；美国已建成的合成乙醇装置可达 207.75 百万加仑①/年
吨投资（不计征地费用）	18 万～27 万（单层合成衬底，压实机引进）	25 万～36 万（制有机复合肥，国产化率可达 60%）	50 万～70 万（余热发电入网，国产化率可达 50%）	投资较大，取决于提取成分的种类与难易程度	投资较大，取决于热解产物、工艺和设备型号
产品市场	有沼气回收的填埋场，沼气可用于发电	落实堆肥产品市场存在一定困难，需政策支持	热能或电能可为社会使用，一般需要政策支持	有效成分根据纯度和效用可应用于医药或食品领域	产品用以供热、发电和合成液体燃料

比较项目	填埋技术	堆肥化技术	焚烧技术	有效成分提取技术	生物质热解技术
资源利用率	填埋场封场并稳定后，可恢复土地利用	可用于农业种植，并可回收部分物资	垃圾余热可用来发电或综合利用	目前有多种有效成分综合提取技术，残渣需要无害化处理	利用率较高，可产生具有多种用途的产品
二次污染	需做好防渗处理	不可堆肥物需处理，有轻微臭气需处理	炉渣需要进行处理，废水较少，会产生酸性气体	灰渣和废水需要二次处理	灰渣和废水需要二次处理
技术政策	是垃圾处理必不可少的最终处理手段，也是现阶段我国处理有机废弃物的主要方式	是有机废弃物中可生物降解的有机物进行处理和利用的有效方式，在其产品有市场的地区应积极推广	是可燃有机废弃物的有效处理方式，农业生产有机废弃物中可燃物较多、填埋场地受限和经济发达的地区可积极采用	是目前较为热门的有机废弃物综合利用技术，提取的活性产品广泛应用于食品、医药领域	是较为环保的有机废弃物综合利用技术，生产的产品种类较丰富，可以是气态或液态燃料，也可以是其他工业产品
发展动态	准好氧或生态填埋工艺	厌氧消化堆肥工艺	热解或气化焚烧工艺	高纯度医药用的单体或前体物质的提取	催化快速热裂解技术

注：①为美制加仑，1加仑≈0.0038 m³。

1.2.1 填埋技术

填埋技术是由堆放和回填技术发展起来的一种处理技术，是在陆地上选择一个合适的天然场所或人工改造场所，放入废弃物后用土层覆盖的一种技术。

填埋技术可有效管理填埋好的固体废物，隔离废弃物污染，从而防止环境污染。由于填埋技术简便实用，其在国内外的应用较为普遍。填埋技术的最大优点是成本低、工艺简单，适合多种类型的固体废物的处理。其最大缺点是防渗漏处理工艺较难达到要求，这是因为填埋的垃圾未对废弃物进行无害化处理，存在细菌、病毒和潜在的重金属污染等隐患；且未进行资源化处理，存在资源浪费等缺陷。

目前，我国根据环保标准能否满足要求和环保措施是否齐全等，将废弃物填埋技术分为简易填埋、受控填埋和卫生填埋三个等级。填埋技术在烟叶生产有机废弃物的处理中也有较多应用，主要是对烟田残留生物质（包括烟秆及不适用烟叶）做适当处理后进行还田，或对废弃塑料（包括废旧烟用薄膜及育苗盘等）做就地减容处理后，连同不宜还田的烟草生物质集中收运至卫生填埋场进行填埋处置，这是一种投入较少、见效较快、具有可操作性的烟叶生产有机废弃物处理模式。

1.2.2　堆肥化技术

堆肥化是在微生物作用下使有机物矿质化、腐殖化和无害化而变成腐熟肥料的过程，在微生物分解有机物的过程中，不仅生成大量可被植物吸收利用的有效态 N、P、K 化合物，而且可合成构成土壤肥力的重要活性物质——腐殖质。经过堆肥化处理的有机废弃物中，挥发性物质含量明显降低，臭气减少，物理性状明显改变，病原微生物被杀灭，养分趋于稳定，还产生大量腐殖质，实现了有机废弃物的无害化和资源化，使有机废弃物中的 C、N、P、S 等养分重新进入自然界的物质循环中。因此，堆肥化可以很好地维持生态系统中物质的循环，使有机废弃物的环境影响问题得到解决。

根据生物处理过程和微生物对氧气的要求不同，把有机废弃物堆肥化技术分为好氧堆肥和厌氧堆肥发酵。这两种方法都可以实现有机废弃物的资源化利用，并对发展循环农业和促进生态农业有很高的经济效益和社会效益。

经过 20 年左右的发展，堆肥化处理生活垃圾已经取得一定进展，但仍存在问题：其产品在市场中的营销非常困难，并且由于堆肥周期长、占地面积较大，进行工厂化运作很难获得效益。但是，基于堆肥化技术的明显优势，其有可能成为未来处理生活垃圾的主要方式。

将烟草废弃物进行堆肥化处理是一种较佳的资源转化手段，可以实现烟草废弃物的减量化、无害化和资源化，也为发展烟草工业循环经济提供了新的可行模式，具有重要的社会、经济和环境协调发展的意义。但是，烟草废弃物中含有抑菌性物质如烟碱（尼古丁）和单宁，在一定程度上抑制了堆肥初始发酵过程中的微生物活性，使其独立堆肥化不易实现，所以烟草废弃物堆肥化处理前有必要通过预处理除去部分烟碱等抑菌性物质。国内外的烟草堆肥前期工作针对其关键问题，开展了外源菌剂强化、调整碳氮比、优化堆肥过程工艺条件等研究，确定了烟草堆肥的可行性，积累了大量基础数据。然而，烟草废弃物堆肥效率还需进一步提高，尤其是在低温条件下的启动；烟碱减毒减量方法还需进一步拓展和深入研究；堆肥质量的评价体系还需进一步完善；烟草废弃物堆肥资源转化过程还需更加仔细和有针对性的研究。

1.2.3　燃料化技术

燃料化技术主要是通过化学方法将存储在有机废弃物生物质中的能量转化为热能加以利用的技术，主要分为焚烧技术、废弃物衍生燃料技术和生物质燃料化技术等。

焚烧技术是一种对有机废弃物进行高温热转化处理的技术，通过将有机废弃物作为燃料送入焚烧炉，与过量的空气进行氧化燃烧反应，将有机废弃物中的化学能以热能的形式释放，转化为高温气体，最终产生少量性质稳定的固体残渣。焚烧技术在有机废弃物减量、获取能源方面的效率较高，成本较低，其能源化利用优势较为明显。

废弃物衍生燃料（Refuse Derived Fuel，RDF）技术是指将固体废物经过破碎、分解干燥、挤压成型的工序制成固体形态燃料的技术。制备的 RDF 特点为大小均匀，所含热值均匀，易运输及储备，在常温下可储存几个月且不会腐败。与之类似的是采用废旧塑料类可燃废弃物制成的固型燃料，即再生塑料燃料（Recycle Plastic Fuel，RPF）。

生物质燃料化技术是把有机废弃物（如秸秆等）经过粉碎、混合、挤压、烘干等工艺固化成型，制成各种成型（如块状、颗粒状等）后，再采取传统的燃煤设备燃用的技术。由于生物质来源广泛，利用生物质热解技术制备的生物质燃料可替代化石燃料用于发电、供热及生产气体。与化石燃料相比，生物质燃料的最大优势是被认为是"碳中和"的，即植物在生长过程中吸收的二氧化碳都在燃烧产生生物质能的过程中返回大气，实现了零碳排放，并且所释放的能量是生物在生命周期中储存的，属于可再生资源。生物质燃料按形状可以分为颗粒状、方块状和中空棒状，其密度较高，燃烧时灰尘少，可实现零碳排放，大幅降低向大气排放的 NO_x、SO_2 含量。

1.2.4 有效成分提取技术

有效成分提取技术是最常见的废弃物综合利用技术之一。常见的有效成分提取技术主要有溶剂提取法、超声波提取法、微波辅助提取法、超临界流体萃取法和分子蒸馏法。其中，溶剂提取法的操作简单、成本低廉，但具有效率低和费时费力的缺点；超声提取法和微波辅助提取法可以增加提取效率，缩短提取时间；超临界流体萃取法广泛用于药物提取和药物除杂，其设备较昂贵，操作相对复杂，使其工业化应用受到了一定限制；分子蒸馏法是一种较新的提取方法，未得到广泛的工业化应用。

从生物质中提取的浸提液是一种混合物，仍含有较多杂质，需要通过选择性更强的方法去除杂质，经分离纯化后可得到纯度较高的目标化合物。目前，最常用的分离纯化方法主要有两相溶剂萃取法、沉淀法、结晶法、盐析法、透析法、柱层析法、双水相萃取法、反胶束萃取法、高速逆流色谱分离法、膜分离法和制备色谱法等。其中，两相溶剂萃取法、沉淀法、结晶法和盐析法是较传统的分离纯化方法，具有操作简单、成本低廉的特点，但分离纯化效果一般；透析法和膜分离法都是基于膜分离技术，具有高效、环保和节能等优点，在分离纯化蛋白质和多糖等大分子中多有应用；双水相萃取法具有操作方便、萃取温度低等特点，适合于热不稳定的生物活性物的高效提取；柱层析法、高速逆流色谱分离法和制备色谱法都是基于色谱分离技术，其中柱层析法的操作简单、成本低廉、应用最为广泛，高速逆流色谱分离法和制备色谱法的选择性强、分离产品纯度高，但设备较昂贵，对操作人员的素质要求较高；反胶束萃取法作为一种新的分离手段已成功应用于核酸、氨基酸和抗生素等的分离纯化。

烟叶生产有机废弃物中含烟碱、茄尼醇、绿原酸、芦丁、蛋白质和多糖等有效成分，提取并利用这些有效成分是烟草行业关注的重点。20世纪80年代，我国就开始研究从废弃烟叶从提取烟碱，目前已形成一些成熟工艺，具备了产业化能力，商品化的40%硫酸烟碱在病虫害防治方面应用广泛。从低次烟叶中提取蛋白质的工艺日臻成熟，提取率可以达到76%，并具备产业化能力。茄尼醇的提取与应用在国外较为成熟，目前有三种工业化产品在销售：一种是黑褐色茄尼醇产品（含量约16%），另两种是白色或淡黄色粉末（含量约为76%和90%）。这些产品作为药物合成的中间体在欧美都有销售。我国的提取工艺技术总体较落后，一些项目目前还处于提取纯化工艺的研究阶段或初试阶段。

1.2.5 生物质热解技术

生物质热解是指在隔绝空气或供给少量空气的条件下，通过热化学转换，将生物质转化成木炭、液体和气体等低分子物质的过程。生物质热解技术能够以较低的成本、连续化生产工艺，将常规方法难以处理的低能量密度的生物质转化为高能量密度的气体、液体、固体产物，减少了生物质的体积，便于储存和运输。按照处理参数和产物的不同，生物质热解技术可以分为生物质热解气化技术、生物质热解液化技术和生物质热解炭化技术。

生物质热解气化技术是一个复杂的过程，包括干燥原料、热解、中间产物部分燃烧、气化，其在有机废弃物处理中具有很高的应用潜力，因为它能接受各种各样的投入，并可以产生多种有用的产品。生物质热解气化技术的设备规模较大、自动化程度高、工艺较复杂，主要以供热、发电和合成液体燃料为主，目前欧美开发了多系列已达到示范工厂和商业应用规模的气化炉。生物质热解液化技术是指生物质在缺氧的环境中受热降解形成固体、液体和气体三相产物的热化学过程，可分为热化学法、生化法、酯化法和化学合成法。通过生物质热解液化技术可以将木质生物质中的纤维素、半纤维素及木质素等固态天然高分子物质降解成相对分子质量分布较宽、具有反应活性的液态混合物，产物可以作为燃料或化工原料。生物质热解炭化技术是指生物质在缺氧、高温的热解条件下形成固体物质的技术，制备的生物炭具有较高的生物和化学稳定性，吸附性能、催化性能和抗生物分解能力较好，在农业、能源、环境等领域都有广泛的应用。

烟草废弃物作为一种新型且资源相对较集中的生物质原料，采用清洁的转化技术对其进行开发利用，不仅可以提高广大烟农的收入，符合国家固体废物资源化的方针，而且对环境保护和能源利用有重要的意义。目前烟草废弃物资源利用主要采用传统的直接燃烧，效率很低，且释放出大量有害物质，造成严重的环境污染。通过生物质热解技术可实现其资源化，因此具有重要的研究价值。

参考文献

董锁成，曲鸿敏. 城市生活垃圾资源潜力与产业化对策 [J]. 资源科学，2001 (2)：13-16，25.

董晓丹. 固体废弃物综合处置反思与探讨 [J]. 环境卫生工程，2018，26 (2)：20-21，25.

解强. 城市固体废弃物能源化利用技术 [M]. 2 版. 北京：化学工业出版社，2018.

李继琳. 云南烟草产业循环经济发展模式和对策研究 [D]. 昆明：昆明理工大学，2014.

卢钰升，顾文杰，徐培智，等. 有机固体废弃物生物转化技术研究进展 [J]. 广东农业科学，2020，47 (11)：162-170.

彭靖里，马敏象，吴绍情，等. 论烟草废弃物的综合利用技术及其发展前景 [J]. 中国资源综合利用，2001，19 (8)：18-20.

杨丁元，李志刚. 关于烟草废弃物（无害化）处理粗放利用产业化的研究与思考 [J]. 农业开发与装备，2013 (5)：29-30.

中国烟草年鉴编辑委员会. 中国烟草年鉴 [M]. 北京：中国经济出版社，2006.

第 2 章　填埋技术

2.1　概述

2.1.1　填埋技术简介

废弃物的填埋处理是指在陆地上选择合适的天然场所或人工改造场所，放入废弃物后用土层覆盖的方法。填埋技术是当前固体废物处理的主要技术之一，其目的是通过将废弃物置于符合环境保护要求的填埋场中，使其在环境中最大限度地与生物圈隔离，并对填埋后的废弃物进行有效管理，控制或消除其对环境的污染和危害。

目前，世界上使用较为广泛的废弃物处理方式主要有卫生填埋、焚烧和堆肥等。据《中国统计年鉴 2020》，目前我国这三种废弃物处理方式的比例分别为：焚烧约占 50％，卫生填埋占比超过 40％，堆肥占比不到 4％。与焚烧和堆肥等处理方法相比，填埋具有选址和建设周期较短、运行费用较低、工艺简单、操作简便、能处置多种类型固体废物等优势。在同等处理能力下，填埋的总投资相对其他处理方法较低。一座日填埋 200 t、使用年限为 20 年的中型山区型填埋场，其建设费用约为 5000 万元。

然而，填埋存在场地建设与防渗施工难度大、填埋气利用困难等问题，填埋产生的渗滤液还可能对地下水造成长期难以完全预料的污染。由于可持续发展和循环经济的概念日益深入人心，生活废弃物的减量化和资源化受到高度重视，因此发达国家趋于减少应用填埋技术。但是，有一部分固体废物仍需要填埋，所以填埋场对于城市发展还是必备的。

由于社会经济发展水平不同，世界上大多数地区的农村废弃物与城市废弃物在成分、收集运输、填埋方式等方面存在较大差异，简易填埋目前仍是农村地区处理废弃物的主要方式。

农村简易填埋场填埋的废弃物主要是农村生活废弃物和少量工业固体废物，而秸秆等农业废弃物通常较少进入简易填埋场，并未得到有效管控和有序处理。其中，废旧农用薄膜及育苗盘等塑料类农业废弃物，除少量通过人工捡拾和机械回收利用或并入生活废弃物进行填埋处理外，大多数被随意丢弃在田间掩埋或焚烧。多数秸秆等作物残留物被露天焚烧或作为薪柴而消耗掉，部分堆放在田间任其腐烂，少数通过秸秆还田技术返回土壤以改善肥力或用于生产畜牧饲料。

秸秆还田技术在反应机理、操作方式及对生态环境的影响等方面，与填埋技术存在较高的相似性，可将其视为一种处理农业有机废弃物的"简易填埋技术"。

2.1.2 填埋场的分类及特点

根据环保措施（主要有场底防渗、分层压实、每天覆盖、填埋气导排、渗滤水处理、虫害防治等）是否齐全、环保标准能否满足，可将填埋场大致分为非卫生填埋场和卫生填埋场。

2.1.2.1 非卫生填埋场及其特点

非卫生填埋场就是达不到标准和规范要求的填埋场，包括简易填埋场和受控填埋场。简易填埋场（open dump）即露天填埋场或简易堆场，是废弃物填埋的原始阶段。根据 SPREP－JICA，露天填埋场被定义为倾倒废弃物不受控制的开放空间，既没有采取有效的环保措施，又没有执行环保标准，其特征是无土覆盖，渗滤液和废气随意排放，以及无控制地露天焚烧。这是对环境和社会有害的一种废物处理方法。受控填埋场（controlled landfill）是将简易填埋场升级为卫生填埋场的过渡阶段，属于准卫生填埋场，其特征是配备部分环保措施，但不齐全；或虽然有比较齐全的环保措施，但不能全部达标。

在很长一段时间内，我国中小城镇及乡村地区主要使用非卫生填埋场，分布无序，数量庞大。据统计，2014 年我国 2107 个填埋场中，630 个为卫生填埋场，其余 1477 个均为简易填埋场或受控填埋场。

非卫生填埋场没有遵循卫生填埋场的相关设计规范，存在严重的环境威胁。有研究通过长期风险评估指出，与卫生填埋场相比，简易填埋场是"最糟糕"的填埋场类型，其下方含水层受到不可逆转的污染，且排放将持续近 10 年。另外，由于露天焚烧或偶发明火的影响，在非卫生填埋场附近的空气、水域、土壤中发现了大量的二噁英类化合物等燃烧污染物，表明周边环境受到严重污染。

2.1.2.2　卫生填埋场及其特点

20 世纪 30 年代初，美国开始对传统填埋法进行改良，提出一套系统化、机械化的科学填埋法，称为卫生填埋法。卫生填埋场（sanitary landfill）是具备完善的环保措施，且能满足环保标准的填埋场。卫生填埋包括适当的选址、避免滋扰和害虫、控制和利用填埋气体、收集和处理渗滤液、对废弃物进行日常覆盖，以及在封场后的很长一段时间内实施善后计划等一整套措施。

卫生填埋法的主要优点为：①在具备适宜土地资源的情况下，与其他废弃物处理方法相比，采用卫生填埋法处理废弃物最经济，其一次性投资额较低；②卫生填埋法的适应性较强，能充分应对因人口和环卫设施增多而增加的废弃物产量，为城市生活废弃物提供了便利出路；③卫生填埋法可接受各种类型的废弃物，而不需要对其进行分类收集；④卫生填埋法是一种完全、最终的处理方法，具有终止处理生活废弃物的功能，焚烧的残渣和堆肥中的无机杂质都需要卫生填埋；⑤卫生填埋要求采取各种预防措施，尽量减少填埋场地对周围环境的污染，在建设和运行卫生填埋场的过程中，如果严格执行相关标准规范，可以杜绝产生二次污染；⑥填埋场中有用资源（如填埋气体）的开发利用也可带来较大的经济效益；⑦封场后的土地可重新利用，如用作停车场、游乐场、高尔夫球场等，为城市发展再次提供土地资源。因此，从社会效益、环境保护、经济效益等角度综合考察，卫生填埋场的建立具有必要性。

卫生填埋法的主要缺点为：①占地面积较大，场址选择困难。不是所有城市近郊都能找到合适的填埋场地，远离城市的填埋场将增加更多的运输费用。②随着环卫标准的提高，卫生填埋法的处理成本越来越高，面临的最大挑战是渗滤液的低成本、高效率处理问题。③与其他废弃物处理方法相比，卫生填埋法的减量化和资源化程度较低。

2.2　填埋技术的发展及应用现状

2.2.1　国外发展情况

世界上第一个采用卫生填埋技术的废弃物填埋场，被认为出现在 1916 年的英国。然而直到 60 年前，世界各地大多数城市的废弃物都是在露天填埋场处理的。至今，露天堆放仍然是非洲、亚洲和拉丁美洲等欠发达地区处理城市固体废物的最常见做法。1959 年，美国土木工程师协会（ASCE）公布了第一个公认的卫生填埋场的定义。此后，在一些工业化国家，不加控制地露天倾倒废弃物逐渐被受控填埋所取代。

从 20 世纪 70 年代开始，由于现代社会环境意识的发展，以及土地资源的价值化，许多国家开始重新思考废物管理系统，卫生填埋场的使用日益增多。在大规模填埋的基础上，许多国家优先考虑旨在减少废物处理量的替代方法。

美国于 1976 年发布《资源保护和回收法》，规定了卫生填埋处理的基本准则和一系列要求，提出尽量减少对填埋处理的依赖，并将填埋处理视为管理固体废物的最后选择。日本于 1977 年发布《确定与城市固体废物最终处置场和工业废物最终处置场有关的工程标准的条例》，进一步规定了固体废物处理规范。欧盟于 1999 年发布第 1999/31/EC 号指令（填埋指令），包含所有相关的废物填埋处理规则。

多年来，卫生填埋场已暴露出许多局限性。材料和技术有限的持久性、机械脆弱性、不适当的管理和短视的设计方法，有时会导致严重的环境问题。近年来，随着焚烧技术的快速发展，发达国家的填埋处理率持续下降，如日本的生活废弃物的直接处理率已低于 3%，填埋场将逐步演变为惰性废弃物的最终处理手段。

目前，一些研究正在根据以往经验、技术和科研结果开发现代化的"可持续填埋场"。例如，欧盟于 2015 年通过了一项新的"循环经济一揽子计划"，计划到 2030 年将废弃物填埋量减少到占所有城市废物的 10%，同时在一代人的时间（20~30 年）内实现环境平衡，控制可移动物质的积累和不受控制的排放。尽管有这样的规划意图，填埋仍是当今世界管理废物的主要工具之一，如图 2-1 所示。考虑到各国的社会、经济和技术状况，在大多数国家，尤其是发展中国家，填埋仍然被认为是最主要、最合适的固体废物处理方案。

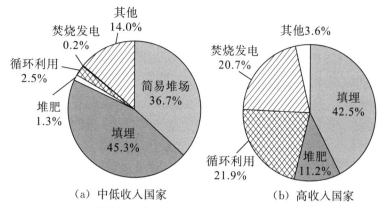

图 2-1　中低收入国家和高收入国家的城市固体废物处理情况

资料来源：Townsend T G, Powell J, Jain P, et al. Sustainable practices for landfill design and operation [M]. New York：Springer，2015.

对于农村生活废弃物的处理，欧美及日本等发达地区和国家均成立了专门的固废处理机构，通过填埋、焚烧、堆肥和厌氧消化等方式，基本实现了生活废弃物城乡一体化管理。对于欠发达国家或地区，限于社会经济发展水平，大部分农村地区的生活废弃物基本通过随意堆放、简单沤肥及露天焚烧进行处置。

2.2.2　国内发展情况

2.2.2.1　总体情况

我国生活废弃物无害化处理建设于 20 世纪 80 年代起步，开始阶段的所有填埋场都是非卫生填埋场，且主要集中于一些大中型城市。到 1990 年，只有不到 2％的城市固体废物被填埋，其余均随意倾倒或堆放。1991 年，我国建成了第一座可与国际接轨的卫生填埋场，即杭州天子岭填埋场。此后的 10 年间，全国各地的卫生填埋场数量迅速增加。随着大中型卫生填埋场投入运行，废弃物处理能力迅速提升，生活废弃物填埋量持续增加。到 2000 年，城市废弃物填埋处理占比近 90％。

2002 年后，我国大中型城市的废弃物焚烧处理设施逐步增加，填埋处理所占比例持续下降，至 2019 年，填埋处理占比不足 50％。卫生填埋场的比例明显提高，填埋场从单纯的处理功能逐步向资源能源利用等多功能方向发展，处理规模也从小型填埋场逐步向大型高标准填埋场过渡。填埋处理将逐步向废弃物最终处置、托底保障的方向发展。

标准化建设方面，从 2006 年开始，我国开展了多轮次的卫生填埋场评级活动，相继出台了针对填埋场建设运行、污染控制、治理利用、环境监测等方面的近 20 项标准规范，构建了一套相对完备的标准体系。

基于历史、经济发展水平等各方面的原因，废弃物填埋处理仍然是目前我国大多数城市解决生活废弃物问题的主要方法之一。根据《中国统计年鉴 2020》，截至 2019 年，我国已建有 625 座城市卫生填埋场，覆盖了所有省级行政区域，废弃物日处理量达 361073 t。2019 年全国城市生活废弃物清运量达 24206.2 万吨，无害化处理率达 99.2%，其中卫生填埋处理量为 10948 万吨，约占总处理量的 45.6%。因此，目前我国近半数城市生活废弃物仍采用卫生填埋进行处理。

2.2.2.2 当前存在的主要问题

近 30 年来，废弃物填埋技术在我国得以快速发展和广泛应用，但也出现了以下问题：

（1）用地矛盾突显。由于废弃物填埋需要占用大量土地，对于经济发达地区及大型城市，填埋场用地与城市发展用地之间的矛盾日益突出。

（2）环境问题仍然突出。2008 年修订的《生活垃圾填埋场污染控制标准》要求，渗滤液处理后 COD 达到 100 mg/L 方可排放，基本接近发达国家标准。但是，部分地区填埋场污染物排放超标、臭气扰民等环保问题仍然突出。很多老旧填埋场选择了一些环境生态脆弱区，特别是重点流域的填埋场分布密度较大，且大多在水源地上游，存在极大隐患。

（3）存量填埋场的封场修复工作艰巨。我国目前正在运行的填埋场中，近半数是在"十一五"至"十二五"期间（2006—2014 年）投入运行的。按填埋场平均使用年限为 15 年计，今后 10 年，现有填埋场将大面积进入封场阶段。随之而来的是庞大的污染物消减、长期的周边环境维护等封场修复工作。

（4）资源利用水平相对较低。我国废弃物混合收集模式导致不同固体废物无序混填，使得混合废弃物中的水分及有机物含量很高，降解活跃，渗滤液产生量占废弃物处理量的 20%～30%，缩短了填埋场寿命。另外，废弃物中5%～20%的塑料、10%以上的纸张等可回收组分被直接填埋，造成了资源浪费，也占用了填埋库容。对比欧美国家填埋气发电普及率超过 50%，我国填埋气的利用尚处于起步阶段，潜力巨大。截至 2014 年，我国填埋气项目不超过 100 个;截至 2015 年，我国存量城镇废弃物超过 1×10^9 t，每年新增废弃物超

过 1×10^8 t，以 1 t 废弃物产沼气 $100\sim140$ m³ 计算，填埋气年发电市场空间超过 63 亿元。

（5）农村废弃物无害化处理率偏低。根据国家住房和城乡建设部《2019年城市建设统计年鉴》，2019 年我国城市生活废弃物无害化处理率为 99.2%，而乡村生活废弃物无害化处理率仅为 38.3%。我国目前推行的"户分类、村收集、镇转运、县市处理"模式，一般适用于废弃物处理厂周边 20 km 内的村庄，难以覆盖地域分散的多数农村地区。据估计，我国农村人均废弃物产生量约为 400 kg/（人·年），而人均填埋量不足 100 kg，剩余的大部分废弃物被随意倾倒在不受管制的场所。

由于社会经济发展水平的差异，我国农村废弃物处理与发达国家仍存在较大差距。焚烧技术适用于经济发达、废弃物热值高、土地资源紧缺的地区。堆肥技术和厌氧消化技术对废弃物分类程度要求高，而农村生活废弃物组分不稳定，农村居民废弃物分类意识较弱，且堆肥产品认可度较低，堆肥技术和厌氧消化技术在农村地区难以取得理想效果。由于填埋技术对入场废弃物的要求较低，具有适应性强、运行成本低等特点，所以简易填埋仍是目前我国农村地区处理废弃物的主要方式，但渗滤液处理成本高、效率低等问题成为农村地区填埋场面临的最大挑战。

2.3　填埋技术的基本原理

卫生填埋是利用工程技术手段，将废弃物压实减容至最小，并防止填埋产生的渗滤液和有害气体对环境及公共卫生安全造成危害的一种处理废弃物的方法。其基本过程通常是在平整后的场地上铺设好场底防渗衬层系统，每天把运到填埋场的废弃物在限定区域内铺散成 $40\sim60$ cm 的薄层，然后压实以减少废弃物的体积，并在每天操作之后用一层厚 $20\sim25$ cm 的砂性土覆盖、压实。废弃物层和土壤覆盖层共同构成一个单元，即填埋单元。具有同样高度的一系列相互衔接的填埋单元构成一个填埋层。完整的卫生填埋场是由一个或多个填埋层组成的。当土地填埋达到最终设计高度后，再在该填埋层上进行封场覆盖。废弃物在堆放过程中产生的渗滤液和填埋气体，由场底铺设的渗滤液收集系统和堆体中设置的导气井收集导排出填埋库区，并进行处理或利用。现代填埋场的主要组成如图 2-2 所示。

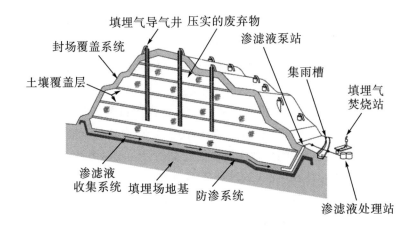

图 2-2 现代填埋场的主要组成

资料来源：Townsend T G，Powell J，Jain P，et al. Sustainable practices for landfill design and operation ［M］. New York：Springer，2015.

在填埋过程中，持续发生着物理、化学、生物化学等复杂反应，这些反应主要由进入填埋场的废物成分、湿度、气候条件及填埋操作驱动或控制。

2.3.1 填埋过程的生物化学变化

填埋场中，有机废弃物在厌氧条件下被大量降解。根据填埋作业的类型，好氧降解过程发生在特定区域和特定时间。当废弃物被卸载和沉积时，氧气与废弃物接触并发生反应。即使在沉积之后，氧气仍可能被截留在废弃物的孔隙和空隙中继续反应。一旦所有的氧气被消耗完，厌氧过程就开始了。

厌氧过程根据不同种类的微生物可细分为以下阶段：水解、产酸发酵、产乙酸发酵和产甲烷，以及伴随其中的硫酸盐还原，该过程可能与底物利用的最后三个过程竞争。厌氧降解受一系列控制参数［pH、温度、碱度（ALK）、VFA、氧含量］、常量营养素含量（氮、磷、硫）、微量营养素的利用率和有毒化合物浓度的影响。在填埋场中，厌氧降解的产物会转化为排放物，其中90%的排放物是易腐败物质的分解代谢气体，如 CH_4 和 CO_2。而沉积在填埋场的大部分碳，主要由难以降解的化合物（如纤维素、半纤维素、木质素和合成有机聚合物等）组成，即使沉积了几个世纪后仍然存在。

好氧过程发生的必要条件是氧气、底物、营养物（主要是氮和磷）和含水量。其中，含水量是水解和化合物迁移的基础。与厌氧过程相比，好氧过程由于其高能量产量和废弃物中大量可用的好氧微生物，可提供更快速的反应动力学，从而使生物稳定时间减少了1/10，这已得到广泛证实。与厌氧过程相反，在有氧条件下，难降解和缓慢降解的有机物也会被降解，如纤维素和半纤维素、木质素、多糖、脂肪、蛋白质等。当水解时，这些成分可通过分解代谢过程最终转化为二氧化碳和水，或者通过合成代谢过程转化为新的细胞生物质，并在内源化过程中进一步降解，最终产生复杂的、不可降解的化合物，如腐殖酸。另外，在足够高的氧气水平下，将发生硝化过程，使氨化物转化为硝酸盐。

填埋场的好氧和厌氧过程如图 2-3 所示。

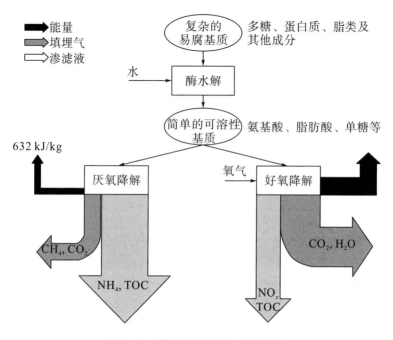

图 2-3　填埋场的好氧和厌氧过程

资料来源：Cossu R，Morello L，Stegmann R. Biochemical processes in landfill ［M］// Solid Waste Landfilling. Amsterdam：Elsevier，2018：91-115.

发生在填埋场的生物过程是不均匀的，它们可能在短时间内发生变化（主要表现在产酸和产甲烷阶段）。所产生气体的性质和数量以及渗沥液的组成反映了特定时期内主要的生物过程情况。由于有机化合物需要通过扩散和溶解的方式从固相迁移到液相，因此有机物在固相中的降解持续时间比在液相中更长。一些研究通过将废弃物物质细分为三个相互作用的相（气体、液体和固体），来模拟填埋场的生物化学过程。

此外，一系列潜在有毒化合物（包括氯化碳氢化合物、溴化碳氢化合物、氟化碳氢化合物、芳香族化合物、有机氮和含硫化合物等）也被导入填埋场，其中的一些化合物是完全或部分可降解的，并最终进入填埋气体和（或）渗滤液中。在某些情况下，降解产物比原化合物更具毒性，如在填埋气中发现的四氯乙烯厌氧转化为氯乙烯（毒性更大且具有致癌性）。

2.3.2　填埋过程的物理化学变化

固体废物和填埋条件的复杂性以及不断变化的性质导致大量的物理和化学反应，从而对填埋场中的废弃物降解、污染物的演变和迁移，以及所产生填埋气和渗滤液的质量与数量产生重要的影响。这些反应大都是通过液体在填埋场中的运动来实现的，这种运动会溶解并迁移所浸出的物质。溶解是填埋场中去除不可降解物质（如金属、卤化物、氨和溶解的难降解有机物）的主要途径。液体移动的速度受填埋特性的影响，如废物的不均匀性、气体移动、沉降程度和覆盖类型等。压实废弃物的渗透系数相对较低，导致其在水平方向上优先移动。

填埋场中发现的污染物（如金属、痕量有机物）的演变和迁移取决于特定化合物的特性（如极性、疏水性），也受到环境条件如酸碱度、温度、渗滤液质量（含盐量、有机物含量）、氧化还原电位、化学/物理反应和物理过程（如扩散、络合）等的影响。影响化合物浸出的其他因素还包括废物颗粒大小（扩散距离）、孔隙率、水含量、沥滤液流量和温度等。

2.4　填埋技术工艺

卫生填埋场的填埋技术工艺包括选址设计、填埋操作、防渗系统、渗滤液导排处理、填埋气体的收集利用、封场覆盖及修复、填埋场的稳定化及开发利用等。

2.4.1　选址设计

通过收集基础信息、可行性分析、多维度综合评比，选择合适的填埋场位置，可以使填埋场在工程屏障失效的情况下，将渗滤液对周围环境的影响降至可接受的程度。由于卫生填埋场可能造成重大环境影响，污染要素多、影响时间长，因此，应对预选场址的环境影响进行全面评价，以评估其渗滤液、大气污染物等对周围环境、人群健康、生活和生产活动的影响。在填埋场布局设计中，应合理布置功能分区，如填埋库区、机械－生物预处理区、渗滤液处理区、填埋气体处理区等，并根据废弃物类别、地质条件及法规要求等，确定填埋场的构造、填埋方式，以及防渗、雨排、监测等基础设施。

2.4.2　填埋操作

废弃物运至填埋场后，经称重计量，再按规定线路运至填埋作业单元，进行卸料、推铺、压实，达到规定高度后覆盖土层并再次压实，最终完成填埋作业。填埋过程中布设排液导气系统，排出渗滤液，导出填埋气体，并及时进行处理和利用。具体工艺如下：

（1）卸料。通过控制运输车辆倾倒废弃物时的位置进行定点倾卸，可以使废弃物推铺、压实和覆土作业更加有序。

（2）推铺。废弃物倾卸后，由推土机进行推铺，使作业面不断扩张和向外延伸，一般每次推铺厚度达到 30～60 cm 时进行压实。

（3）压实。通过压实机进行压实作业，可增加填埋容量，阻止不均匀性沉降，减少废弃物孔隙率，利于形成厌氧环境，减少渗入废弃物的降水量。压实后的废物密度通常为 725～950 kg/m^3。

（4）覆土。填埋场的废弃物每次压实后应覆盖一层黏土层或使用 HDPE 膜、LDPE 膜、喷涂覆盖等技术进行覆盖，以控制疾病、臭味、渗滤液和控制火灾。

填埋作业流程如图 2-4 所示。

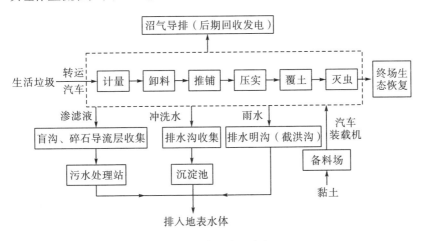

图 2-4　填埋作业流程

资料来源：靳红强. 城市生活垃圾卫生填埋场设计原理与设计方案研究 [D]. 西安：长安大学，2010.

2.4.3　防渗系统

防渗系统是填埋场最重要的组成部分，主要用于控制沉积废物和底土之间的物质迁移。通过在填埋场底部和四壁铺设低渗透性材料建立防渗系统，以尽量减少渗滤液的扩散和填埋气体的迁移，并收集渗滤液，从而实现排放控制目标。

根据铺设方向不同，填埋场的防渗系统主要分为垂直防渗和水平防渗。

垂直防渗是指在渗滤液的渗漏路径上进行垂直帷幕注浆，以减少渗漏量。其造价较低，便于操作，但要求场区具有适宜的水文地质条件。如果场地条件很好且投资受限制，可采用此法，否则必须采取水平防渗措施。目前，垂直防渗多用于旧填埋场的防渗治理。

水平防渗是指在填埋场底部和侧壁铺设防渗衬垫，阻断渗漏，防止渗滤液和填埋气体的无控释放。这是目前使用最为广泛的一种防渗方式。主要采用人工合成有机材料与黏土结合作为复合防渗衬层，可避免或最大限度地减少渗流。

由于在填埋过程中会发生一定比例的材料损坏，因此，防渗系统应采用组合系统来应对单个防渗组件故障。

2.4.4　渗滤液导排处理

渗滤液是指废弃物在填埋过程中，由于有机物分解产生的水和废弃物中的游离水、降水以及入渗的地下水，通过淋溶作用形成的污水。渗滤液的有机污染物浓度、氨氮含量、金属离子含量、总溶解性固体含量及色度均较高，若未经处理直接排放，将会引起土壤和地下水的严重污染。

影响渗滤液产生的因素主要有降水量、地下水侵入量、废弃物性质、填埋场构造及填埋操作条件等。由于填埋场中的反应过程极其复杂，故通常很难对渗滤液的流量和成分进行精确预测。现有研究中提出了各种模型来预测渗滤液的生成，主要有美国环境保护局开发的 HELP 模型、Lobo 等开发的 MODUELO 模型、Yildiz 等开发的渗滤液迁移及成分分布模型，以及 Komilis 等开发的 MWBM 模型等。

渗滤液收集系统通常由导流层、排水管、集液井、监测井等组成。通过该系统可将填埋场内产生的渗滤液收集起来，并通过污水管输送至附近的城市污水处理厂进行处理，也可设置单独的处理方案，如生物处理、物理/化学处理、膜处理法等。

生物处理是最常见、最经济的渗滤液处理方法，可将填埋场中的有机物降解生成二氧化碳、水、甲烷等对环境影响较小的物质，而不会出现化学污泥造成二次污染的问题，但难以去除氨氮等。经过生物处理后的渗滤液仍然存在腐殖酸和富里酸等难降解的有机物，所以还需要采用混凝沉淀、活性炭吸附、化学氧化等方法进行物理/化学处理。近年来，一些新型填埋场已经采用膜处理技术如膜生物反应器、超滤、纳滤等作为处理手段，以保证排放水质。但膜处理不能降解、消除污染物，相应地会产生大量更难处置的浓缩污水。因渗滤液的成分极其复杂，目前业内多采用"生化＋物化＋膜分离"的工艺组合技术处理渗滤液，从而保证排放达标。

2.4.5　填埋气体的收集利用

填埋场被认为是大气甲烷（CH_4）含量增加的主要来源之一，约占全球人为 CH_4 排放量的 19%。设置填埋气体收集与排放系统是为了有效控制影响环境和气候的气体排放，避免臭味释放；有效疏导填埋气体，以免气体积聚而发生爆炸危险；利用回收的填埋气体进行发电等，实现填埋气体的资源化利用，提高填埋场的经济效益。

2.4.5.1　填埋气体的生成

填埋气体主要是废弃物中可降解有机物的微生物分解产物，主要含有甲烷、二氧化碳、氮气、氧气、硫化氢、氨气等。填埋气体的主要成分及浓度随时间变化的过程如图 2-5 所示。最初，填埋气体的成分和大气是一样的。随着填埋时间的增加，填埋场中的微生物开始分解有机物，氧气逐渐减少，二氧化碳增加，但甲烷含量仍然很少，直至好氧环境转变为厌氧环境。进入厌氧降解阶段后，甲烷比例随着时间增加越来越高，二氧化碳的比例略有减少。经过较长时间，填埋场中的可生物降解物质消耗殆尽，填埋气体产量逐渐减少，甲烷比例不断降低。空气逐渐渗入填埋场的空隙中，直至与天然土壤中的气体质量相似。

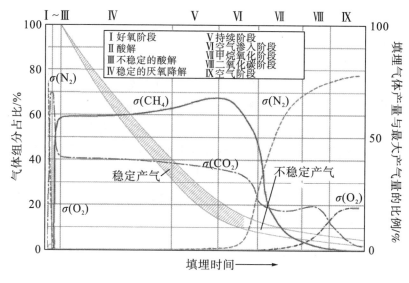

图 2-5 填埋气体成分随时间的变化规律

资料来源：Rettenberger G. Quality of landfill gas［M］//Solid Waste Landfilling. Amsterdam：Elsevier，2018：439-447.

2.4.5.2 填埋气体的影响因素和预测模型

填埋气体的产生主要取决于废弃物中可生物降解有机物的含量。此外，还受到废弃物含水率、pH、温度、压力等环境条件的影响。研究表明，含水率是产气速率的主要限制因素，50%～70%的含水率对填埋场的微生物最适宜。现有研究提出了多种预测填埋气体产生的模型，如 IPCC 经验模型、产气量静态模型、产气速率动力学模型、时空扩散模型等。目前，由于我国生活废弃物的收运管理比较混乱，很难得到准确的废弃物成分，因此，常用经验模型计算填埋气体产量。

2.4.5.3 填埋气体收集系统

填埋气体在压力作用下从填埋场内向外流动，主要有对流和扩散两种方式，其流动程度取决于周围土体情况、废弃物类型及覆盖类型等。当废气大量积累时，易引起火灾或爆炸等安全事故，所以需要进行填埋气体监测并设置适宜的收集系统，以减少填埋气体的无序排放，并回收利用甲烷气体。填埋气体收集系统主要包括导气井、盲沟、抽气井、集气管、气体处理站和气体监测设备等。填埋气体的导排方式一般分为主动导排和被动导排。主动导排是利用负压强迫填埋气体沿导气管道排出至气体利用系统。被动导排是指填埋气体依靠自身压力沿导气井排向场外，无法直接利用，故对环境污染较大，适用于小型填埋场和填埋深度较小的旧填埋场。主动式填埋气体收集系统如图 2-6 所示。

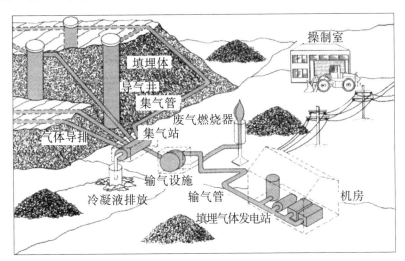

图 2-6　主动式填埋气体收集系统

资料来源：Rettenberger G. Collection and disposal of landfill gas［M］//Solid Waste Landfilling. Amsterdam：Elsevier，2018：449-462.

2.4.5.4　填埋气体的处理和利用

填埋气体的处理主要有两种方式：一是直接燃烧处理，二是进行清理加工和能量回收。填埋气体含有水、二氧化碳、硫化氢等成分，不仅降低了气体热值，而且易腐蚀利用设备，所以必须对其进行净化处理。通常采用硅胶或活性炭等固体吸附、水洗吸收及生石灰化学吸收等方式净化填埋气体。我国每年填埋生活废弃物超过 1.5 亿吨，城市生活废弃物每千克可产生 0.06～0.44 m³填埋气体，因此，全国每年的城市生活废弃物将产生 104 亿～716 亿立方米的填埋气体。填埋气体经过净化处理后，甲烷含量可达 90％以上，其热值与天然气相似，每升填埋气体中所含能量大约相当于 0.45 L 柴油或 0.6 L 汽油的能量，可用于燃气发动机发电，也可作为锅炉燃料、民用或工业燃气及化工原料等。

2.4.5.5　填埋气体的氧化降解

除常规处理方式外，填埋气体还可以在填埋场中通过好氧氧化过程，最终与覆盖层深层的厌氧降解过程结合而降解。Morris 等提出可以实施基于甲烷氧化细菌的生物活化系统，作为气体利用系统的一种替代方案，从而减少甲烷及其他有害物质的排放。Scheutz 等的实验证明，通过全表面生物活性材料覆盖，在土壤、堆肥和其他材料中可以获得非常高的甲烷氧化率，可显著减少填埋场的甲烷排放。

2.4.6　封场覆盖及修复

当填埋场填满以后，就需要对其进行最终封场覆盖。填埋场封场的目的主要如下：避免地表径流和地面降水渗进填埋场，以减少场内的渗滤液产生；控制废弃物、恶臭、病菌、蚊蝇等污染扩散；实现填埋气体的有序释放和综合利用；促进填埋场堆体的稳定化和再利用。封场工程包括排水、防渗、渗滤液收集处理、填埋气体收集处理、堆体稳定、植被类型及覆盖等。常用的封场覆盖材料主要有压实黏土、土工薄膜、土工合成黏土层等。根据 Hauser 等的研究，与传统的封场覆盖设计相比，植物覆盖是一种成本效益高且可持续的替代方案。它依靠土壤等多孔基质的储水能力及表面蒸发和植物蒸腾的自然过程来控制填埋场的水分，可以显著提高土壤的甲烷氧化潜力，其建造成本较低，仅为传统覆盖材料的 35%～72%，具有较高的生态改善和温室气体减排潜力。

对于已封闭的填埋场，随着屏障寿命的终止或失效，将产生不受控制的排放，甚至可能高于露天堆场。因此，需对填埋场系统中缺失或失效的屏障进行及时整治修复，以尽可能消除污染根源。目前，填埋场的修复技术在我国仍处于起步阶段，住房和城乡建设部等相关部门正在推进《生活垃圾填埋场生态修复技术标准》编制工作。

2.4.7　填埋场的稳定化及开发利用

填埋场封场后，需在相当长一段时间内持续进行填埋气体、渗滤液的导排和处理、环境与安全监测等运行管理，直至填埋体稳定至“最终状态”，此时所有的主动控制措施都可以安全移除。

国外卫生填埋场的稳定化周期一般为 25～30 年。如欧洲废弃物填埋指令（1999/31/CE）规定，填埋场的善后处理应持续至少 30 年。但 Fourie 等认为，基于时间的稳定周期评估方法并不代表评估填埋善后终点的最佳标准。在评价填埋场稳定化方面，国外进行了大量研究，主要通过追踪废弃物的组成和性质，监测渗滤液和填埋气体的产量及成分，分析填埋场地的沉降变化，构建数学模型，以预测填埋场的稳定化过程。由于废弃物性质和填埋操作方式的差异，国内填埋场的稳定化周期相对较短。例如，王罗春等根据监测数据预测上海老港填埋场的稳定化时间为 22～23 年；吉崇喆等以渗滤液 COD 为评价指标，预测沈阳赵家沟填埋场稳定化时间为 14.7 年；李玲等以渗滤液 COD、填埋气体 CH_4 含量等作为指标，评估武汉金口填埋场经填埋 8～12 年以上已基本稳定，可进行低中度利用，填埋 18 年以上的废弃物已完全稳定，可直接进行高度利用。我国目前施行的《生活垃圾填埋场稳定化场地利用技术要求》（GB 25179—2010），根据封场年限、有机质含量、地表水质、填埋气体及排放指标、堆体沉降及植被恢复等因素，提出了填埋场稳定化利用的综合判定要求。

对于已达稳定化的填埋场，在确保其环境风险安全可控的情况下，进行土地资源的开发利用，不仅可以节省建设用地，而且能带来良好的生态效益和经济效益。国外在这一方面已有许多成功经验，如将封场后的填埋场建成自然生态区、公园、农业用地、废物处理场址、仓储设施等。例如，Sándor Szabóa 等分析了在已封场的填埋场安装太阳能光伏系统的潜力，并在匈牙利得以应用。另外，对稳定化填埋场中的废弃物进行开采利用，如将开采出来的物料进行循环利用或焚烧获能，也是一种比较新颖的开发利用方法。但由于经济可行性问题，填埋场开采技术在国外的应用案例极少。而我国则因填埋处理的历史不长，填埋场开采尚未普遍列入工程计划。

2.5　填埋技术在农业废弃物处理方面的应用

20 世纪 70 年代以来，发达国家的农村固体废物处理逐渐向规模化、专业化方向发展，注重对废弃物的减量化、资源化和无害化处理。由于发达国家的城乡发展水平差距较小，农村废弃物的处理模式与城市地区基本相同，主要通过严格立法和执法来实现农业废弃物的精确分类及管控，例如，强制规定使用高强度的农用薄膜，限制超薄易碎农用薄膜的生产和使用，以便于实施农用薄膜回收；同时通过市场化手段，采取补贴等激励措施，由专业公司运作农业废弃物的收运及处理服务。通过精细化分类、市场化运营、资源化利用，基本实现农业有机废弃物的有序管控。

2.5.1　农业废弃塑料的填埋

在欧美发达国家，农用薄膜等塑料类农业有机废弃物，主要以卫生填埋、焚烧获能、熔融造粒再利用等方式进行处理，其中填埋仍是最具可行性和经济性的处理方式。据欧盟 LabelAgriWaste 项目于 2006—2009 年的统计，欧盟每年产生农业废弃塑料 61.5 万吨，其中约 50% 的农业废弃塑料通过填埋的方式进行处理。另据欧盟委员会于 2018 年发布的 *A European Strategy for Plastics in a Circular Economy*，欧盟当前仍有 42% 的农业废弃塑料进入填埋场处理。2015 年美国威斯康星州的一项关于农业废弃物和薄膜塑料的调查显示，当地 72% 的废旧农用薄膜被填埋。

由于我国农用薄膜厚度普遍偏小，在田间受光照、高温等影响老化较快，回收过程容易破损，导致田间土壤中残膜情况严重。另外，废旧农用薄膜（图 2-7）等废料在回收处理的过程中会发生自我卷曲，易残存水分和污垢，难以清洗和干燥，导致回收难度较大，而且回收后的材料性能变差，导致其后续应用范围受限。因此，农民为了不影响农作物的正常生长，经常把废旧农用薄膜焚烧或弃入垃圾堆，与生活废弃物混合进行填埋。

图 2-7　废旧农用薄膜

2.5.2　农业废弃生物质的填埋处置

从世界范围来看，秸秆等生物质类废弃物，由于富含作物养分且具有一定的热值，因此一般不混入生活废弃物进行直接填埋处置，而主要通过秸秆还田、焚烧发电、生物质燃料、堆肥等方式进行资源化利用。其中，秸秆还田是各国进行农业废弃生物质循环利用的主导方式。鉴于秸秆还田与填埋技术在反应机理、操作方式及环境影响等诸多方面相似，可以将秸秆还田视为填埋技术在农业废弃物处理领域的特殊应用。

2.5.3 秸秆还田

秸秆是农作物收获主要农产品后剩余的部分副产品，约占作物生物总量的50%，经适当处理后还田可改善农田生态、培肥地力、提高作物品质与产量。据估算，2012 年全球秸秆总产量约为 50.8 亿吨，我国秸秆总产量约为 9.4 亿吨，占全球总产量的 18.5%。近年来，我国粮食作物秸秆产量占比持续减少，而蔬菜、油料、棉麻、烟草等经济作物秸秆占比持续增加。目前，就国内外秸秆资源化利用的情况而言，秸秆还田仍是主导方式。

2.5.3.1 秸秆还田技术

秸秆还田是通过将作物收获后余留的秸秆直接或堆积腐熟后施入农田，以达到改良土壤的目的。秸秆还田作为秸秆资源化利用中最直接、原始的技术，尤其是秸秆直接还田，因易被掌握，故在目前农业生产中仍被大量应用。

秸秆还田后，在土壤微生物和酶的共同作用下，秸秆的一部分被转化为CO_2 释放，剩余的碳组分形成土壤腐殖质进入土壤碳库，以维持或增加土壤有机质含量和总碳储量，从而改善土壤结构、补充碳短板和增强土壤微生物作用。国内外研究报道证明，秸秆有效还田不仅有利于农作物增产，而且降低劳动强度，培肥地力，减轻病虫危害，还有助于消除秸秆焚烧造成的大气污染。

2.5.3.2 秸秆还田的方式

秸秆还田主要分为直接还田和间接还田两大类。

直接还田就是将秸秆直接或粉碎到一定程度后施入土壤，或覆盖于农田表面，使其腐熟的过程。直接还田可分为覆盖还田、翻压还田、高留茬还田等模式。直接还田方法简便，能促进土壤养分转化，改善土壤物理性质，提高土壤微粒的团聚性，保持土壤水分，平衡土温，提高作物产量，特别适于我国北方旱作农业的持续发展。目前推广面积最大的是高留茬还田，约占秸秆直接还田总面积的 60%。

间接还田指秸秆经过肥料化处理后还田，包括堆沤还田、过腹还田、生物反应堆等多种形式。其中堆沤还田是采用厌氧发酵沤制或使用快速堆腐剂使秸秆成为有机肥，该技术的工艺时间长、受环境影响大、劳动强度高，但成本低廉，可以杀死秸秆中的大部分虫卵、病原体、草籽。过腹还田是把秸秆作为饲料喂养家畜，秸秆经家畜消化后，将其粪便制成有机肥还田作肥料。生物反应堆技术是通过定向产生 CO_2、增温、生物防治等，提高土壤的有机质含量，降低病虫草害。

传统的露天焚烧还田会使地面温度急剧升高，直接杀死土壤表层的部分微生物，导致土壤水分损失，造成土壤板结，影响作物对养分的吸收，还会造成严重的环境污染。

近年来，有研究基于稻麦轮作系统开发了一种新的耕作方式——沟埋秸秆还田，即将秸秆残茬集中翻压埋入耕作面两侧的深沟中进行还田，当一个作物季结束后交替秸秆位置进行下一轮沟埋秸秆还田。沟埋秸秆还田不仅充分利用了秸秆残量，而且实现了深耕（10%开沟面积）和少耕（90%剩余面积）的周期性轮作，具有较高的秸秆还田效能和作物增产潜力。

2.5.3.3 秸秆腐解机理及影响因素

秸秆腐解是施入土壤中的秸秆在微生物和酶的共同参与下进行腐解矿化的过程。秸秆的主要成分是纤维素，难以直接分解，必须依靠纤维素酶类进行降解。组成秸秆干物质的除纤维素外，还包括半纤维素、木质素和一些蜡质物质。这些物质形成坚固的组织，大大降低了纤维素酶的利用率。目前，一般认为由土壤中的真菌、细菌、放线菌等腐生微生物产生木质素酶、纤维素酶、脂酶等，将秸秆中的纤维素、木质素分解成单糖、二糖，再进一步氧化成 CO_2 和水，也有一部分被同化到菌体中。这一过程中，纤维二糖脱氢酶（CDH）作用于纤维素使其转化为短小纤维，从而易于与纤维素酶接触，因此，CDH对于促进纤维素酶的降解机制发挥了巨大作用。

影响秸秆腐解的因素主要有土壤温度、水分、碳氮比及秸秆还田深度等。其他因素如土壤的类型、质地、酸碱度，秸秆的粉碎程度，还田时间和还田量等，均对秸秆腐解有一定影响。研究表明，翻压在土壤中的秸秆腐解速度比表层覆盖快，粉碎处理腐解得比整株还田快，秸秆腐解率随着还田量的增加而减小，温室气体排放量随着还田深度的加深呈现减少趋势。

王广栋等的研究表明，还田秸秆的腐解率和秸秆总有机碳、全氮、全磷、全钾的释放趋势一致，呈现为前期快、后期慢的规律。随着还田秸秆的长度和埋深增加，秸秆腐解率、营养释放速率、微生物群落活性均逐渐降低。而随着秸秆还田量的增加，上述腐解指标表现为先增加后减小的趋势。

2.5.3.4　秸秆还田的应用效应

秸秆还田技术的应用，能够综合改良土壤的水、肥、气、热状况，改善农田生态环境，为农作物的高产、稳产、优质奠定基础。如对于烟叶生产领域，目前国内烟叶产区多采取稻草、玉米和小麦秸秆等进行还田，用以改良植烟土壤、提升烟叶品质和烟叶产量。秸秆还田的具体应用效应表现如下：

（1）改善土壤物理性质。

秸秆还田能够提高土壤总孔隙度，降低土壤容重和坚实度，有助于形成良好的土壤团粒结构，抑制水分蒸发，增强表层土壤的集雨效果，进而增强土壤抗旱防涝性能，提高土壤的可耕性。另外，秸秆覆盖隔离了阳光直射，能够起到对土体与地表温热交换的调节作用，提升土壤保墒性能。

（2）提高土壤肥力。

秸秆还田是提高土壤有机质最为有效的方法。农作物秸秆中的纤维素、半纤维素和一定数量的木质素、蛋白质等经过发酵、降解、分解转化成土壤有机质，增强土壤肥力。秸秆腐解释放出的矿质元素，能够丰富土壤养分，尤其是能够提高土壤钾素营养。

（3）促进土壤微生物生长。

秸秆还田为土壤中的微生物带来丰富的能量与营养，能显著刺激土壤微生物大量繁殖，提高土壤的呼吸强度和过氧化氢酶、碱性磷酸酶、脲酶、转化酶等各种土壤酶的活性，从而改良与平衡土壤养分。

（4）提高农作物产量。

长时间的秸秆还田有助于农作物产量及品质的提高。中国农业科学院等单位进行的秸秆还田效果试验，结果表明：秸秆还田能够使农作物增产 10% 以上，持续常年推行秸秆还田，不仅能大大提高培肥阶段的产量，而且后效显著，具有持续的增产效果。

（5）改善农田生态环境。

秸秆覆盖和翻压还田可以不同程度的改良植物养分循环、土壤水热状况、植物病虫害、杂草生长等农田生态环境。如秸秆覆盖还田具有显著的杂草抑制效果，可有效降低稻田杂草的密度、生物量和多样性，秸秆还田有助于改良盐碱土壤等。

2.5.3.5 秸秆还田技术应用存在的问题

我国大部分耕地为两熟制甚至三熟制，这意味着作物秸秆在收获后需要迅速处理，这与还田秸秆的生物降解速度较慢相矛盾。同时实施还田过程中，若使用不当，反而会产生一系列问题。如使土壤中的氮、磷过度富集，导致土壤富营养化；增加土壤反硝化作用和甲烷化作用，造成温室气体排放量增加；多年连续秸秆还田，会影响作物出苗、与作物争氮、影响土壤的秸秆降解能力；当还田量过大时，对土壤微生物活性具有抑制作用；当秸秆直接还田的翻压深度不够时，残存其中的虫卵、病原体、草籽等还可能诱发病虫草害；在受到金属元素（包括镉、汞等）污染的土壤中施用秸秆，还可能由于溶解、络合、甲基化等效应，提高金属元素迁移率和生物利用度，增加作物污染风险。

因此，在施行秸秆还田时，不仅需要综合考虑还田时机、还田量、还田方式、耕作制度和所在区域的气候环境等多种因素，而且应考虑采取适宜措施以减缓秸秆还田的潜在负面影响。当前，研制适用性广且高效低耗型秸秆还田机械设备和开发秸秆还田后快速腐解技术，成为秸秆还田研究领域的两大重点工作，对减少农村生态环境污染和实现农业可持续发展具有重要的现实意义。

2.5.3.5 秸秆还田技术应用现状

20 世纪 80 年代以来，许多发达国家相继出台了秸秆还田培肥和秸秆覆盖保护性耕作等农业法规。欧美及日本等农业发达国家和地区一般将秸秆总产量 2/3 左右的秸秆用于直接还田，杜绝了秸秆废弃与露天焚烧的问题。美国的秸秆直接还田量占其秸秆总产量的 68%，英国的秸秆直接还田量占其秸秆总产量的 73%，日本 2/3 以上稻草秸秆用于直接还田。

由于我国的农业地块较为分散，机械化程度较低，秸秆总量大且种类多，空间分布不均，秸秆的收运成本较高、效率较低，导致综合加工利用的经济性较差。加之农村地区电力的普及、化石燃料的使用及劳动力成本的增加，限制或削弱了秸秆的有效利用，使农村地区产生大量富余秸秆。其中大部分秸秆被焚烧或露天堆弃，只有约 30% 的秸秆用于还田，造成了严重的环境污染和资源浪费。因此，近年来农业农村部持续推动沃土计划，将直接还田或过腹还田作为秸秆资源利用的主要措施，并列入全国丰收计划工程。根据"十三五"农业科技发展规划，今后将进一步鼓励采用新的秸秆利用先进技术，使秸秆综合利用效率达到 85%。

2.6　填埋技术在烟叶生产有机废弃物处理方面的应用

2.6.1　概述

经检索，在国内外的主要学术数据资源库、政府信息报告及相关档案库中，暂未查询到关于烟叶生产有机废弃物填埋处理的具体信息，以及有参考价值的分析报告、规划文件等资料。

由于发达国家关于农业废弃物处理的法规较为完善，资源化利用配套机制较为成熟，烟叶生产有机废弃物的处理往往纳入农业领域的固体废物管理系统，或直接与城市固体废物处理设施对接，按照通行的处理方式来实现废弃资源的循环利用，因此，单独针对烟叶生产有机废弃物的填埋处理进行研究不具有必要性。

从国内来看，由于收运及处理成本高、回收效率低、填埋体量大、烟农环保意识淡薄、管理部门重视程度不够等，我国的烟草秸秆、烟田废旧农用薄膜及育苗盘等烟叶生产废弃物通常并未系统地纳入村镇地区的填埋处理设施。同时，基于我国当前社会经济发展水平，直接参照发达国家的农业固体废物管理经验或全面融入城市固体废物处理范畴，暂时缺乏现实意义。

就解决我国当前烟草农业面源污染问题，现有的有机废弃物综合利用技术存在不同程度的普适性受限、经济性较差等问题，在应用层面需辅以高额的政策补贴，导致在烟区大面积持续推广的难度较大，效果欠佳。基于此，可以对烟田残留生物质（包括烟秆及不适用烟叶）做适当处理后进行还田，而对废弃塑料（包括烟田废旧农用薄膜、育苗盘等）做就地减容处理后连同不宜还田的烟草生物质集中收运至填埋场进行填埋，这是一种投入较少、见效较快、具有可操作性的烟叶生产有机废弃物处理模式。从该处理模式的协同运行效率和投入产出的经济学评价等方面开展相关研究，具有一定现实意义。

当然，从长远来看，推动资源综合利用技术的持续创新和城乡环境治理的统筹协调，逐步建立能够有效适配包括烟叶种植业在内的我国农业领域发展水平，符合可持续发展理念和循环经济政策要求的现代农业废弃物管控系统，是全面解决我国农业生产领域环境污染及资源浪费问题的必然途径。

2.6.2 烟叶生产中废弃塑料的填埋

尽管一些国家在塑料产品的回收利用方面采取了一系列措施，但受到回收成本、技术限制等多方面因素的影响，仍有不少塑料产品（尤其是废旧农用薄膜等污染程度较高的废弃塑料）最终进入填埋场进行处置。例如，在欧洲收集的塑料废物总量中 27.3%仍被填埋；美国目前的回收行业无法处理含有灰尘、杀虫剂和其他有害元素的塑料，需采用填埋作为最终处理方式。因此，烟叶生产有机废弃物中的废旧农用薄膜和漂盘等废弃塑料，仍可参照城市固废填埋模式进行处理，相关理论、工艺及技术问题已在前面章节进行了系统性阐述，本节不再赘述。

2.6.3 烟草秸秆的填埋处置——烟草秸秆还田

秸秆还田可视为一种处理农业有机废弃物的简易填埋技术。目前，关于烟草秸秆还田技术的研究时有报道，故本节主要阐述国内外关于烟草秸秆还田的应用情况及存在的问题，以期为烟叶生产有机废弃物的合理处理和资源回收利用提供具有现实意义的应用方案。

2.6.3.1 烟草秸秆还田的研究情况

根据以往的烟草种植经验，烟叶土传病害较为复杂，所以认为烟草秸秆不适于进行秸秆还田。为防止病原菌传播，当前我国南方烟－稻轮作区的生产技术规程要求晚稻种植前将烟秆离田上岸。但是，由于烟草户均种植规模较大、轮作间隔时间紧张和用工成本高等，在烟－稻轮作区仍有不少烟农直接将烟草秸秆进行粉碎翻耕还田。如在湘南烟－稻复种连作区，这一还田技术已运用20 多年，但连作障碍并非很严重，反而有利于晚稻的高产。该研究表明，通过加强田间病害监测，减少土传病害的传播，同时通过适宜的技术手段加速还田烟草秸秆的腐解，促进烟草秸秆养分的有效释放，可以促进烟草秸秆还田的正向作用。

现有研究关于烟草秸秆还田的研究相对较少，主要集中在还田后秸秆的腐解规律、土壤有机碳和有机氮的矿化特征、腐殖物质及养分含量变化、对土壤微生物的影响、对轮作作物的影响、病害控制、外源肥配施及不同还田方式的比较等方面。

1. 腐解机理研究方面

许多研究结果表明，烟草秸秆还田后的腐解速率表现为前期快、后期慢、逐渐达到稳定的特点；半量还田的累积腐解速率高于等量还田和 1.5 倍量还田处理；各养分释放率由高到低为钾、磷、氮，其中土壤速效钾的含量增加显著。

闫宁等利用 MiSeq 平台对烟草秸秆还田土壤进行 16Sr RNA 测序分析，确认烟草秸秆还田可增加土壤细菌多样性。

张继旭等研究发现，烟草秸秆中的纤维素、木质素等难分解组分的含量较高，糖类、淀粉等易分解组分的含量较低，导致烟草秸秆还田处理的土壤有机碳矿化速率及累积矿化量小于水稻、玉米等秸秆的。但烟草秸秆还田处理的土壤硝态氮含量及硝化率高于水稻、玉米等秸秆，其原因可能如下：①烟草秸秆的氮含量明显较高；②水稻秸秆及玉米秸秆的分解速率较快，造成局部厌氧环境，加速了土壤氮的反硝化作用；③水稻秸秆及玉米秸秆还田前期分解较快，产生的大量微生物对氮素的固持作用明显。

在烟草秸秆还田初期，烟草秸秆腐解过程中微生物活动旺盛，需要消耗过多的土壤氮素，易出现微生物与作物争氮的矛盾，需要适当添加外源氮肥进行调节，以减缓微生物对氮素的固持作用并利于养分释放。而在中后期，由于烟草秸秆养分充分释放，土壤速效养分含量增高，应控制后期施肥量，以避免贪青晚熟甚至倒伏。因此，在烟草秸秆还田条件下的烟稻轮作期内，适宜的碳氮比投入是影响水稻增产的关键因素，需要合理安排外源肥料的配施。

2. 改良土壤方面

现有的田间试验和室内模拟实验研究均表明，烟草秸秆还田可提高土壤肥力，增加植烟土壤有机碳含量、腐殖化程度及氮磷钾养分的含量。烟草秸秆还田能增加地上部钾的累积量，可以替代 10%～22% 的化肥钾（主要成分 K_2O）。

3. 促进水稻产量方面

关于在烟稻轮作模式下烟草秸秆还田对水稻的增产效应已有较多研究，烟秆还田可促进水稻分蘖和干物质积累，同步提高单位面积晚稻的有效穗数、每穗粒数、结实率及千粒重，有效促进晚稻增产。

4. 还田方式方面

研究表明，全层翻耕烟草秸秆还田对后作晚稻的增产效果优于少耕模式。

在烟稻轮作模式下，烟草秸秆添加施腐秆剂后翻耕还田比直接翻耕还田的增产效果更好。烟草秸秆加施腐秆剂后还田能够促进烟草秸秆腐解，缓解还田初期微生物与作物的争氮矛盾，避免后作水稻出现苗期脱氮现象。此外，烟草秸秆加施腐秆剂还田后，基于作物间的化感作用，对控制水稻纹枯病具有明显效果。

在连作模式下，秸秆转化为生物质碳材料进行还田，可以对植烟土壤起到较好的增碳固氮效果。向植烟土壤中添加炭化烟草秸秆，有利于改善土壤理化性质和养分状况，改变土壤微生物丰度，促进烤烟的生长。

樊俊等研究表明，在增加土壤固氮菌相对丰度、改善土壤物理性状和耕层土壤通透性等方面，烟草秸秆直接还田效果优于烟草秸秆腐熟有机肥。但在提高土壤微生物数量和群落丰富度、增加土壤酶活性、降低土壤烟草致病菌的相对丰度及对致病菌的抑制效果方面，烟草秸秆腐熟有机肥的效果更好。

2.6.3.2 烟草秸秆还田的潜在风险

虽然烟草秸秆还田技术的应用能够产生一系列正向效应，但也可能对烟叶生产及生态环境带来一些潜在的负面影响，必须引起注意，如土传病害的传播、生态污染及环境排放的增加等。

1. 病害传播问题

烟草秸秆中含有的烟草花叶病毒（TMV）等烟草病毒具有高度稳定性，如对活性污泥法吸附去除 TMV 的效果进行的研究发现，活性污泥对病毒的去除并非真正意义上的病毒灭活，只是表明病毒由液相转移并富集到固相，且吸附到固相悬浮物之后，病毒的存活期大大延长。烟草病毒可由植物根系释放到环境土壤或水体中，从而导致严重的植物病毒病流行。如 1994 年福建三明地区"5·2"大洪水期间，由于水中带有大量的烟草病毒，导致烟草花叶病大暴发，仅宁化一个县就损失烟叶 5000 多吨。

由于烟草土传病害较多，为减轻连作障碍，一般不提倡采用烟秆还田技术。但目前缺乏高效实用的烟草秸秆综合利用技术，实践中烟草秸秆还田仍然较为常见。在直接还田过程中，残存在烟草秸秆、未腐烂的茎根及土壤中的病源成为翌年烟叶病害的初侵染源。烟草秸秆直接还田会提高土壤中的烟草病毒含量，导致翌年烟草系统性病害的始发期明显较早，发病率和病情指数升高，病害扩展进度较快，抑制烟草的生长和光合作用，并因此降低烟草的农艺性状和植株鲜重，甚至影响烟叶的产量和感官质量。

2. 生态污染及环境排放问题

已有研究表明，不当丢弃在环境中的废弃烟草，可能成为金属污染的长期点源。虽然少量烟草不会对环境构成严重威胁，但在局部地区，大量废弃烟草的累积效应会加剧这一问题，并可能通过环境水源对金属的可浸出性损害当地生态系统。此外，Mumb 等研究发现，烟草废弃物的无序堆弃使得附近水源存在被烟碱污染的风险，从而可能影响附近水域的生物多样性。因此，在烟草秸秆直接还田过程中，由于其腐解过程缓慢，可能在雨水、灌溉或浅层水源的浸出作用下持续析出有害物质，从而对周边生态环境产生累积性污染。

有研究利用纸浆模塑技术将烟草秸秆制成可生物降解的植物育苗盘。这种育苗盘在使用后被还田降解，其原料中的营养成分又被回收到土壤中，从而有助于提高烟草秸秆的利用率。但经过全周期评价发现，育苗盘在生产环节的电力消耗和还田降解期间的甲烷排放导致其对环境的排放影响反而大于烟草秸秆露天燃烧和室内燃烧。因此，对烟草秸秆等农业生产废弃物的综合利用，除考虑其短期经济性外，还有必要通过生命周期评价等分析工具评估潜在环境效应，为改进废弃资源利用方式、完善循环经济配套机制提供更加全面科学的决策依据。

综合上述关于烟草秸秆还田的应用情况及潜在风险的分析，烟草秸秆的直接还田并不是一种恰当的资源利用方式。因此，建议在具备适宜自然条件的地区，采用烟稻轮作模式，将烟草秸秆加施腐秆剂后深耕翻压还田或制成烟草秸秆腐熟有机肥还田，并根据烟草秸秆的田间腐解规律合理配施外源肥料。同时，必须做好烟草秸还田后土壤中病原微生物的动态监测，以及翌年烟草病情发作的监测研究，从而保证植烟土壤的持续改良、轮作晚稻的有效增产、后茬烟草的健康生长，实现烟草秸秆还田预期效应的最大化。

参考文献

安丰华，王志春，杨帆，等. 秸秆还田研究进展 [J]. 土壤与作物，2015，4（2）：57—63.

毕于运. 秸秆资源评价与利用研究 [D]. 北京：中国农业科学院，2010.

别如山. 国内外生活垃圾处理现状及政策 [J]. 中国资源综合利用，2013，31（9）：31—35.

蔡东旭. 垃圾填埋场生态修复技术发展现状及思考 [J]. 资源节约与环保，2020（9）：21—22.

陈丽. 生活垃圾填埋场封场主要影响因素分析 [D]. 武汉：华中科技大学，2013.

陈丽鹃，周冀衡，柳立，等. 不同秸秆对植烟土壤有机碳矿化和腐殖质组成的影响 [J]. 中国烟草科学，2019，40（5）：8—14.

崔新卫，张杨珠，吴金水，等. 秸秆还田对土壤质量与作物生长的影响研究进展 [J]. 土壤通报，2014，45 (6)：1527－1532.

丁永亮. 不同秸秆还田方式对土壤生物学特征的影响 [D]. 西安：西北农林科技大学，2013.

董仁君.《生活垃圾填埋场生态修复技术标准》编制及案例研究 [D]. 武汉：华中科技大学，2019.

杜川. 垃圾卫生填埋场渗漏地下水污染调查与风险评估方法应用研究[M]//2019中国环境科学学会科学技术年会论文集（第三卷）. 2019：2395－2406.

樊俊，谭军，王瑞，等. 秸秆还田和腐熟有机肥对植烟土壤养分、酶活性及微生物多样性的影响 [J]. 烟草科技，2019，52 (2)：12－18，61.

冯杨. 好氧稳定化处理技术在垃圾填埋场的应用 [J]. 东北水利水电，20 15 (8)：49－51.

高静，朱捷，黄益国，等. 农作物秸秆还田研究进展 [J]. 作物研究，2019，33 (6)：597－602.

管益东. 废弃农村固废简易填埋场污染现状调查及其渗滤液处理技术多介质层系统研究 [D]. 浙江：浙江大学，2011.

国家统计局. 中国统计年鉴2020 [M]. 北京：中国统计出版社，2020.

洪昭锐. 广东省某市生活垃圾简易填埋场综合整治工程设计 [J]. 环境卫生工程，2019，27 (4)：72－74.

吉崇喆. 沈阳市赵家沟垃圾填埋场稳定化与场地回用评价 [J]. 环境保护科学，2005，31 (5)：1－17.

江连强，冯长春，秦艳青，等. 烟草可持续发展计划（STP）在四川凉山的评估实践 [J]. 中国烟草学报，2019，25 (4)：106－112.

姜超强，沈嘉，王火焰，等. 烟杆还田对水稻产量和养分吸收的影响及其替代钾肥的效果 [J]. 应用生态学报，2016，27 (12)：3969－3976.

解强. 城市固体废弃物能源化利用技术 [M]. 2版. 北京：化学工业出版社，2019.

靳红强. 城市生活垃圾卫生填埋场设计原理与设计方案研究 [D]. 西安：长安大学，2010.

景一哲. 我国农村秸秆处理法律制度研究 [D]. 海口：海南大学，2016.

赖后伟. 我国村镇生活垃圾简易填埋场特点及治理方案选择 [J]. 环境卫生工程，2018，26 (3)：11－13.

李红. 农村生活垃圾厌氧准好氧生物反应器填埋场稳定化研究 [D]. 成都：西

南交通大学，2017.

李莉. 秸秆生物降解技术研究与应用 [M]. 沈阳：辽宁科技出版社，2014.

李利民，胡平翠. 烟稻轮作模式下烟杆还田效果研究 [J]. 现代农业科技，2016 (4)：201，207.

李玲. 武汉市某简易垃圾填埋场稳定化评价研究 [J]. 环境工程，2015，33 (11)：129－132.

李巧艳，齐绍武. 施用烟草秸秆有机肥对云烟 87 农艺性状及产质量的影响 [J]. 天津农业科学，2016，22 (2)：118－120.

李晓妍. 简易垃圾填埋场内存量垃圾的危害及治理 [J]. 化学工程与装备，2020 (11)：292－293.

李永亮，张儒和，宋贺，等. 保山市植烟区土壤面源污染源分析与评价 [J]. 现代农业科技，2017 (16)：157－159，166.

梁文俊. 农作物秸秆处理处置与资源化 [M]. 北京：化学工业出版社，2017.

刘芳，张长生，陈爱武，等. 秸秆还田技术研究及应用进展 [J]. 作物杂志，2012 (2)：18－23.

刘景岳. 我国垃圾卫生填埋技术的发展历程与展望 [J]. 环境卫生工程，2007，15 (4)：58－61.

刘骁蒨. 秸秆还田方式与施肥对水稻土壤微生物学特性的影响 [D]. 成都：四川农业大学，2013.

刘炎红，姜超强，沈嘉，等. 烟杆腐解速率及养分释放规律研究 [J]. 土壤，2017，49 (3)：543－549.

柳开楼，张俊清，苑举民，等. 不同烟草秸秆还田量在水稻土中的腐解特征及其对水稻产量的影响 [J]. 华北农学报，2019，34 (S1)：268－272.

龙焰. 填埋场中垃圾降解微生物机理研究进展 [J]. 浙江大学学报，2006，32 (1)：9－13.

陆峰. 生活垃圾填埋场覆盖材料研究进展 [J]. 环境卫生工程，2019，27 (6)：11－15.

农业部. "十三五"农业科技发展规划 [EB/OL]. [2017－03－10]. http://www. moa. gov. cn/sjzz/kjs/dongtai/201703 /t20170310 _ 5514395. htm.

彭春艳，罗怀良，孔静. 中国作物秸秆资源量估算与利用状况研究进展 [J]. 中国农业资源与区划，2014，35 (3)：14－20.

申源源，陈宏. 秸秆还田对土壤改良的研究进展 [J]. 中国农学通报，2009，25 (19)：291－294.

史可. 农业固体废弃物的处理与利用 [J]. 世界环境，2018，174 (5)：19-22.

史央，蒋爱芹，戴传超，等. 秸秆降解的微生物学机理研究及应用进展 [J]. 微生物学杂志，2002 (1)：47-50.

苏国樟，张富贵，樊国奇，等. 贵州烟区残膜污染状况与治理技术分析 [J]. 中国农机化学报，2016，37 (7)：273-276.

谭慧，彭五星，向必坤，等. 炭化烟草秸秆还田对连作植烟土壤及烤烟生长发育的影响 [J]. 土壤，2018，50 (4)：726-731.

王广栋. 秸秆还田方式对腐解特征及微生物群落功能多样性研究 [D]. 哈尔滨：东北农业大学，2018.

王红民. 垃圾填埋气的资源化利用 [J]. 当代化工，2015，44 (1)：110-113.

王红彦，王飞，孙仁华，等. 国外农作物秸秆利用政策法规综述及其经验启示 [J]. 农业工程学报，2016，32 (16)：216-222.

王金洲. 秸秆还田的土壤有机碳周转特征 [D]. 北京：中国农业大学，2015.

王罗春. 大型垃圾填埋场垃圾稳定化研究 [J]. 环境污染治理与设备，2001，2 (4)：15-17.

王亚静；毕于运，高春雨. 中国秸秆资源可收集利用量及其适宜性评价 [J]. 中国农业科学，2010，43 (9)：1852-1859.

王银. 农村垃圾污染现状调查与对策研究 [D]. 西安：长安大学，2018.

王瑜堂. 农村生活垃圾重金属含量及其填埋过程的环境风险研究 [D]. 桂林：桂林理工大学，2018.

吴洁. 不同秸秆还田方式与秸秆生物炭施用对农田温室气体排放和土壤固碳的影响 [D]. 南京：南京农业大学，2014.

吴泽刚，何宣庆. 独山县烤烟残留地膜污染及其治理对策思考 [J]. 农业科技与信息，2016 (29)：54-55.

伍琳瑛. 某镇级简易垃圾填埋场封场整治技术研究 [D]. 广州：华南理工大学，2019.

席北斗. 农村固体废物处理及资源化 [M]. 北京：化学工业出版社，2019.

肖汉乾，屠乃美，关广晟，等. 烟-稻复种制下烟杆还田对晚稻生产的效应 [J]. 湖南农业大学学报（自然科学版），2008 (2)：154-158.

谢光辉，王晓玉，任兰天. 中国作物秸秆资源评估研究现状 [J]. 生物工程学报，2010，7 (26)：855-863.

谢佳婕. 简易生活垃圾填埋场封场环境风险评价综述 [J]. 绿色科技，2014 (10)：210-212.

徐国伟. 种植方式、秸秆还田与实地氮肥管理对水稻产量与品质的影响及其生理的研究 [D]. 扬州：扬州大学，2007.

徐敏敏. 苏州吴江区某生活垃圾受控（简易）填埋场整治工程污染现状及评价浅析 [J]. 环境研究与监测，2019，32（3）：32—36.

闫宁，郭东锋，姚忠达，等. 烟草秸秆还田对土壤细菌多样性的影响 [J]. 江西农业学报，2016，28（5）：40—45.

闫宁，郭东锋，姚忠达，等. 烟秆还田对烟草生长、产量、质量及病毒病发生的影响 [J]. 江西农业学报，2016，28（7）：68—72，77.

杨滨娟，钱海燕，黄国勤，等. 秸秆还田及其研究进展 [J]. 农学学报，2012，2（5）：1—4，28.

杨文钰，王兰英. 作物秸秆还田的现状与展望 [J]. 四川农业大学学报，1999（2）：211—216.

姚建刚. 四川红层地区简易垃圾填埋场地下水污染现状调查及防治对策 [J]. 四川环境，2018，37（3）：79—84.

於俊颖. 村镇生活垃圾渗滤液的溶出规律研究 [D]. 苏州：苏州科技大学，2017.

袁文祥. 我国垃圾填埋场现状、问题及发展对策 [J]. 环境卫生工程，2016，24（5）：8—11.

曾木祥，王蓉芳，彭世琪，等. 我国主要农区秸秆还田试验总结 [J]. 土壤通报，2002（5）：336—339.

曾木祥，张玉洁. 秸秆还田对农田生态环境的影响 [J]. 农业环境与发展，1997（1）：1—7，48.

张华. 生活垃圾卫生填埋技术 [M]. 2 版. 北京：化学工业出版社，2020.

张继旭，张继光，申国明，等. 不同类型秸秆还田对烟田土壤碳氮矿化的影响 [J]. 烟草科技，2016，49（3）：10—16.

张磊，杨俊华，韩永连，等. 德宏州主要覆膜作物地膜使用与残留情况调查 [J]. 中国热带农业，2015（4）：35—37.

郑耀通，林奇英，谢联辉. 废水活性污泥处理过程去除 TMV 效果研究 [J]. 环境科学学报，2004（4）：625—632.

中华人民共和国住房和城乡建设部. 2019 年城市建设统计年鉴 [EB/OL]. http://mohurd.gov.cn/xytj/tjzljsxytjgb/jstjnj/index.html.

周孚美，廖标龙，秦剑波，等. 烟秆不同处理方式对烟草主要病害发生的影响 [J]. 湖南农业科学，2011（20）：38—39.

周效志. 我国垃圾填埋气资源化现状与对策研究 [J]. 可再生能源，2012，30 (2)：91—94.

朱立志，冯伟，邱君. 秸秆产业的国外经验与中国的发展路径 [J]. 世界农业，2013 (3)：114—117.

Agrupis S C, Maekawa E. Industrial utilization of tobacco stalks（Ⅰ）preliminary evaluation for biomass resources [J]. Holzforschung, 1999, 53 (1)：29—32.

Alibardi L, Cossu R. Leachate generation modeling [M]//Solid Waste Landfilling. Amsterdam：Elsevier, 2018：229—245.

Andreottola G, Cossu R, Ritzkowski M. Landfill gas generation modeling[M]// Solid Waste Landfilling. Amsterdam：Elsevier, 2018：419—437.

Artuso A, Cossu E, Stegmann R. Afteruse of landfills [M]//Solid Waste Landfilling. Amsterdam：Elsevier, 2018：915—936.

Berge N D, Batarseh E S, Reinhart D R, et al. Landfill operation[M]//Solid Waste Landfilling. Amsterdam：Elsevier, 2018：845—866.

Blight G. Landfills—yesterday, today and tomorrow[M]//Waste. Amsterdam：Elsevier, 2011：469—485.

Bogner J, Pipatti R, Hashimoto S, et al. Mitigation of global greenhouse gas emissions from waste：conclusions and strategies from the Intergovernmental Panel on Climate Change（IPCC）fourth assessment report. Working Group Ⅲ (Mitigation) [J]. Waste Management & Research, 2008, 26 (1)：11—32.

Bos U, Makishi C, Fischer M. Life cycle assessment of common used agricultural plastic products in the EU [J]. Acta Horticulturae, 2008 (801)：341—350.

Briassoulis D, Hiskakis M, Babou E. Technical specifications for mechanical recycling of agricultural plastic waste [J]. Waste Management, 2013, 33 (6)：1516—1530.

Briassoulis D, Hiskakis M, Scarascia G, et al. Labeling scheme for agricultural plastic wastes in Europe：labeling scheme for APW in Europe [J]. Quality Assurance and Safety of Crops & Foods, 2010, 2 (2)：93—104.

Butti L, Peres F, Lops C. Legal framework of landfilling in different areas of the world [M]//Solid waste landfilling. Amsterdam：Elsevier, 2018：41—50.

Chai X, Tonjes D J, Mahajan D. Methane emissions as energy reservoir：context, scope, causes and mitigation strategies [J]. Progress in Energy and Combustion Science，2016（56）：33−70.

Chen Y，Liu X，Xu W，et al. Analysis on stabilization characteristics and exploitability of landfilled municipal solid waste：case of a typical landfill in China［J］. Scientia Sinica Technologica，2019，49（2）：199−211.

Cossu R，Ehrig H J，Muntoni A. Physical-chemical leachate treatment［M］// Solid Waste Landfilling. Amsterdam：Elsevier，2018：575−632.

Cossu R，Garbo F. Landfill covers［M］//Solid Waste Landfilling. Amsterdam：Elsevier，2018：649−676.

Cossu R，Morello L，Stegmann R. Biochemical processes in landfill［M］// Solid Waste Landfilling. Amsterdam：Elsevier，2018：91−115.

Cossu R，Pivato A，Barausse A. Environmental impacts assessment［M］// Solid Waste Landfilling. Amsterdam：Elsevier，2018：939−954.

Cossu R，Pivato A. Aftercare completion［M］//Solid Waste Landfilling. Amsterdam：Elsevier，2018：887−898.

Cossu R，Stegmann R. Landfill planning and design［M］//Solid Waste Landfilling. Amsterdam：Elsevier，2018：755−772.

Cossu R，Stegmann R. Waste management strategies and role of landfilling ［M］//Solid waste landfilling. Amsterdam：Elsevier，2018：3−13.

Cossu R. Principles of landfill remediation［M］//Solid Waste Landfilling. Amsterdam：Elsevier，2018：1053−1059.

Cossu R. Physical landfill barriers［M］//Solid Waste Landfilling. Amsterdam：Elsevier，2018：271−287.

De Feo G，Cossu R. Landfill siting and public involvement［M］//Solid Waste Landfilling. Amsterdam：Elsevier，2018：731−754.

EEA. Annual european community greenhouse gas inventory 1990—2007 and inventory report［EB/OL］. https：//www. researchgate. net/publication/ 271201933 _ Annual _ European _ Community _ Greenhouse _ Gas _ Inventory _ 1990−2007 _ and _ Inventory _ Report.

Ehrig H J，Stegmann R，Robinson T. Biological leachate treatment［M］// Solid Waste Landfilling. Amsterdam：Elsevier，2018：541−574.

Ehrig H J，Stegmann R. Combination of different MSW leachate treatment processes［M］//Solid Waste Landfilling. Amsterdam：Elsevier，2018：633−646.

Ehrig H J. Long-term behaviour of landfills: emissions from old sites in the western part of Germany［M］//Sustainable Landfilling. Padova: CISA, 2014: 139-152.

Fajković H, Ivanić M, Pitarević L, et al. Unsanitary landfill fires as a source of a PCDD/Fs contamination ［J］. Croatica Chemica Acta, 2018, 91 (1): 71-79.

Feo G D, Gisi S D. Using MCDA and GIS for hazardous waste landfill siting considering land scarcity for waste disposal ［J］. Waste Management, 2014, 34 (11): 2225-2238.

Fourie A B. The irrelevance of time as a criterion for aftercare provision ［C］. Italy: Proceedings of Sardinia 2003, Ninth International Landfill Symposium, 2003.

Garciadecortazar A, Monzon I. MODUELO 2: a new version of an integrated simulation model for municipal solid waste landfills ［J］. Environmental Modelling & Software, 2007, 22 (1): 59-72.

Green A. Agricultural waste and pollution ［M］//Waste. Amsterdam: Elsevier, 2019: 531-551.

Hauser V L. Evapotranspiration covers for landfills and waste sites ［M］. Boca Raton: CRC Press, 2009.

Horodytska O, Valdés F J, Fullana A. Plastic flexible films waste management—a state of art review ［J］. Waste Management, 2018 (77): 413-425.

Janke J, Trechter D. Waste agricultural and film plastic survey, Wisconsin ［D］. Survey Research Center of UW-RF, 2015.

Jayawardhana Y, Kumarathilaka P, Herath I, et al. Municipal solid waste biochar for prevention of pollution from landfill leachate ［M］// Environmental Materials and Waste. Amsterdam: Elsevier, 2016: 117-148.

Kjeldsen P, Scheutz C. Landfill gas management by methane oxidation［M］// Solid Waste Landfilling. Amsterdam: Elsevier, 2018: 477-497.

Komilis D, Athiniotou A. A water budget model for operating landfills: an application in Greece ［J］. Waste Management & Research, 2014, 32 (8): 717-725.

Koutela N, Fernández E, Saru M L, et al. A Comprehensive study on the leaching of metals from heated tobacco sticks and cigarettes in water and natural waters [J]. Science of The Total Environment, 2020 (714): 136700.

Lavagnolo M C. Landfilling in developing countries [M]//Solid waste landfilling. Amsterdam: Elsevier, 2018: 773-796.

Li H, Dai M, Dai S, et al. Current status and environment impact of direct straw return in China's cropland—a review [J]. Ecotoxicology and Environmental Safety, 2018 (159): 293-300.

Liu B, Wu Q, Wang F, et al. Is straw return-to-field always beneficial? evidence from an integrated cost-benefit analysis [J]. Energy, 2019 (171): 393-402.

Madon I, Drev D, Likar J. Long-term risk assessments comparing environmental performance of different types of sanitary landfills [J]. Waste Management, 2019 (96): 96-107.

Manfredi S, Christensen T H. Environmental assessment of solid waste landfilling technologies by means of LCA-Modeling [J]. Waste Management, 2009, 29 (1): 32-43.

Mavropoulos A. Identification of the World's 50 Biggest Dumpsites: Italy, 2015.

Melosi M V. Garbage in the cities: refuse, reform and the environment, 1880—1980 [M]. Pittsburgh: University of Pittsburgh Press, 2005.

Morris J W F, Crest M, Barlaz M A, et al. Improved methodology to assess modification and completion of landfill gas management in the aftercare period [J]. Waste Management, 2012, 32 (12): 2364-2373.

Mumba P P. Environmental impact assessment of tobacco waste disposal [J]. International Journal of Environmental Research, 2008, 2 (3): 225-230.

Ogwueleka T. Municipal solid waste characteristics and management in nigeria [J]. Iranian Journal of Environmental Health Science & Engineering, 2009, 6 (3): 173-180.

Pazoki M, Ghasemzadeh R. Municipal landfill leachate management [M]. Berlin: Springer, 2020.

Pivato A. An overview of the fundamentals of risk assessment applied to the aftercare landfill impact [C]. Italy: Proceedings of Sardinia 2003, Ninth

International Landfill Symposium, 2003.

Qin Z, Sun M, Luo X, et al. Life-cycle assessment of tobacco stalk utilization [J]. Bioresource Technology, 2018 (265): 119−127.

Raffaello C. Solid waste landfilling: concepts, processes, technology [M]. Amsterdam: Elsevier, 2018.

Raga R, Cossu R. Landfill mining[M]//Solid Waste Landfilling. Amsterdam: Elsevier, 2018: 1061−1073.

Rao M N, Sultana R, Kota S H. Landfill gases[M]//Solid and Hazardous Waste Management. Amsterdam: Elsevier, 2017: 303−313.

Reinhart D, Stegmann R. Physical/chemical reactions in landfills[M]//Solid Waste Landfilling. Amsterdam: Elsevier, 2018: 117−138.

Rena, Gautam P, Kumar S. Landfill gas as an energy source[M]//Current Developments in Biotechnology and Bioengineering. Amsterdam: Elsevier, 2019: 93−117.

Rettenberger G. Collection and disposal of landfill gas [M]//Solid Waste Landfilling. Amsterdam: Elsevier, 2018: 449−462.

Rettenberger G. Quality of landfill gas [M]//Solid Waste Landfilling. Amsterdam: Elsevier, 2018: 439−447.

Rettenberger G. Utilization of landfill gas and safety measures[M]//Solid Waste Landfilling. Amsterdam: Elsevier, 2018: 463−476.

Ritzkowski M. Clean Development Mechanism (CDM) in landfilling[M]//Solid Waste Landfilling. Amsterdam: Elsevier, 2018: 1141−1152.

Salt M, Yuen S T S, Ashwath N, et al. Phytocapping of landfills[M]//Solid Waste Landfilling. Amsterdam: Elsevier, 2018: 677−688.

Scheutz C, Pedersen G B, Costa G, et al. Biodegradation of methane and halocarbons in simulated landfill biocover systems containing compost materials [J]. Journal of Environmental Quality, 2009, 38 (4): 1363−1371.

Shah F, Wu W. Use of plastic mulch in agriculture and strategies to mitigate the associated environmental concerns [J]. Advances in Agronomy, 2020 (164): 231−287.

Stegmann R. Strategic issues in leachate management [M]//Solid Waste Landfilling. Amsterdam: Elsevier, 2018: 501−509.

Su Y, Kwong R W M, Tang W, et al. Straw return enhances the risks of metals in soil? [J]. Ecotoxicology and Environmental Safety，2021（207）：111201.

Sun D，Wang B，Wang H M，et al. Structural elucidation of tobacco stalk lignin isolated by different integrated processes [J]. Industrial Crops and Products，2019（140）：111631.

Szabó S，Bódis K，Kougias I，et al. A methodology for maximizing the benefits of solar landfills on closed sites [J]. Renewable and Sustainable Energy Reviews，2017（76）：1291−1300.

Tenodi S，Krčmar D，Agbaba J，et al. Assessment of the environmental impact of sanitary and unsanitary parts of a municipal solid waste landfill [J]. Journal of Environmental Management，2020（258）：110019.

Thongyuan S，Tulayakul P，Ruenghiran C，et al. Assessment of municipal opened landfill and its impact on environmental and human health in central Thailand [J]. International Journal of Infectious Diseases，2019，79（1）：55.

Townsend T G，Powell J，Jain P，et al. *Sustainable* practices for landfill design and operation [M]. New York：Springer，2015.

US EPA. Inventory of U. S. greenhouse gas emissions and sinks：1990— 2019 [EB/OL].［2021−03−16］. https：//www. epa. gov/sites/production/ files/2021−02/documents/us−ghg−inventory−2021−main−text. pdf（accessed 2021−03−16）.

Vallero D A，Blight G. The municipal landfill［M］//Waste. Amsterdam：Elsevier，2019：235−258.

Vesilind P A，Worrell W A. Solid waste engineering [M]. Second edition. Stamford：Cengage Learning，2012.

Yang H，Zhou J，Feng J，et al. Ditch-buried straw return：a novel tillage practice combined with tillage rotation and deep ploughing in rice-wheat rotation systems［M］//Advances in Agronomy. Amsterdam：Elsevier，2019：257−290.

Yildiz E D，Ünlü K，Rowe R K. Modelling leachate quality and quantity in municipal solid waste landfills [J]. Waste Management & Research，2004，22（2）：78−92.

Yin H，Zhao W，Li T，et al. Balancing straw returning and chemical fertilizers in China：role of straw nutrient resources [J]. Renewable and Sustainable Energy Reviews，2018（81）：2695−2702.

Youcai Z，Ziyang L. General structure of sanitary landfill［M］//Pollution Control and Resource Recovery. Amsterdam：Elsevier，2017：1—10.

Youcai Z，Ziyang L. Leachate generation processes and property at sanitary landfill［M］//Pollution Control and Resource Recovery. Amsterdam：Elsevier，2017：93—145.

第3章　堆肥化技术

3.1　概述

目前，我国对于有机固体废物的处理主要有三种方式：卫生填埋、焚烧和堆肥化处理。其中堆肥化技术是生物处理最主要的方法，可以对有机固体废物进行减量化、无害化和资源化利用。另外，堆肥化技术因保护环境、节约资源和原料、费用低及投资少的优点被广泛使用，但其并非适合所有固体废物，一般适于易腐、可被微生物降解的有机固体废物，约占全部处理量的20%。

根据生物处理过程的不同和微生物对氧气要求的不同，有机固体废物堆肥化处理分为好氧堆肥和厌氧堆肥发酵两种方法，其可以实现有机固体废物的资源化利用，并对循环农业的发展和生态农业的促进有很高的经济效益和社会效益。经济效益主要体现在两个方面：一是对废弃物的消纳作用，可以直接将有机固体废物转化为肥料，返还大自然，既不占用过多土地填埋，又不需燃烧，不会对大气产生大量污染物；二是可作为肥料或土壤改良剂。从资源化的角度来说，堆肥化处理是最为理想的方式。

综合国内外的有机固体废物堆肥化处理经验，将有机固体废物进行堆肥化处理可使其进入生物循环，减少对环境的污染，是一种减害化、资源化的处理方式。但堆肥化处理也有一定的问题，不同的有机固体废物所含物质差异很大，处理工艺及后续使用千差万别，且一般都有发酵周期长、肥效差等缺点。20世纪70年代初期，日本采用堆肥化技术处理的城市生活垃圾量大幅度减少，导致许多堆肥厂陆续倒闭，其原因是工业化的高速发展将大量的有毒化学物质和高分子塑料带入城市垃圾中，严重影响了堆肥化产品的质量。进入20世纪90年代后，堆肥化技术应用又出现了回升趋势，原因是对城市生活垃圾注意从源头分拣，避免有害成分大量进入堆肥，并在发酵过程中采用生物发酵技术，提高了肥料中的N、P成分，从而保证堆肥的质量。

目前，我国对畜禽粪便、城市污泥、药渣等有机固体废物的堆肥化处理逐渐成熟，特别是在厌氧发酵生产沼气方面。截至 2020 年，农林废弃物、餐厨垃圾、污泥的沼气市场规模分别达到 3321 亿立方米/年、114 亿立方米/年、15.8 亿立方米/年，分别可发电 6641 亿度/年、228 亿度/年、31.6 亿度/年，共计 6900.6 亿度/年。由此看出，我国对这几种农业废弃物的堆肥化利用已经取得了显著成效。

烟叶采收及烟草加工过程中，有大量的烟草废弃物产生，这些废弃物已成为有机固体废物的重要组成部分。有研究表明，采用堆肥化技术处理烟草废弃物，既可减少其对环境的污染，又可将其中的有用成分充分转化为堆肥腐殖质。因此，将烟草废弃物进行堆肥化处理是一种较佳的资源转化手段，可以实现烟草废弃物的减量化、无害化和资源化。

烟草废弃物的化学成分主要为：碳水化合物约占 50%，烟碱占 1%～4%，树脂、多酚、木质素等占 15%～19%，果胶约占 4%，蛋白质约占 30%，灰分占 5%～13%。从成分上看，烟草废弃物是一种优质的生物质资源，具备可生物转化利用的基本条件。但其碳氮比约为 18.3，低于堆肥化处理的适宜碳氮比范围（25～30），且烟草废弃物中含有烟碱（尼古丁）和单宁等抑菌性物质，在一定程度上抑制了堆肥化处理初始发酵过程中的微生物活性，难以实现独立堆肥，所以在烟草废弃物进行堆肥化处理前，需要对其进行原料调配和一定的预处理，从而除去部分抑菌性物质。国内外工作者针对烟草废弃物堆肥化处理的关键问题，开展了一系列研究，确定了烟草废弃物堆肥化处理的可行性，积累了大量基础数据。因此，有必要对烟草废弃物堆肥化处理过程进行更系统的研究。

3.2 堆肥化技术的基本原理

3.2.1 好氧堆肥的基本原理与一般过程

3.2.1.1 好氧堆肥的基本原理

好氧堆肥是在通风条件下，在游离氧存在的状态下进行的分解发酵过程，好氧微生物对废弃物中的有机物进行分解和转化，其最终产物是 CO_2、H_2O、热量和腐殖质。因为堆肥化处理过程中温度会达到 55℃～65℃，有时甚至高达 80℃，所以好氧堆肥又称为高温堆肥。

在堆肥过程中，有机固体废物的可溶性有机物质透过微生物的细胞壁和细胞膜被微生物吸收，固体和胶体的有机物先附着在微生物体外，由微生物分泌的胞外酶分解为可溶性物质，再渗入细胞内。微生物通过自身的生命活动（氧化作用、还原作用及合成作用等）把一部分被吸收的有机物氧化成简单的无机物，并释放出生物生长活动所需要的能量，并在这个过程中将一部分有机物转化为生物体必需的营养物质，重新合成新的细胞物质，从而满足微生物生长繁殖的需要，并产生更多的生物体。

一个完整的堆肥化处理过程一般分为低温、中温、高温和降温四个阶段，每个阶段的温度是变化的。一般情况下，可将堆肥温度变化作为各阶段的评价指标。每个阶段有不同的细菌、放线菌、真菌和原生动物。在每个阶段，微生物利用废物和阶段产物作为食物和能量的来源，这种过程一直进行，直到稳定的腐殖质形成。

堆肥化反应一般包括有机物的氧化和合成两个部分（图 3-1）。在这个过程中，堆肥温度比较高，一般维持在 55℃以上，在部分阶段会超过 70℃，所以部分水将以蒸汽的形式排出。堆肥成品中的营养物质与堆肥原料的营养物质的比一般为 0.3~0.5，主要的能量消耗是氧化分解减量化的结果。

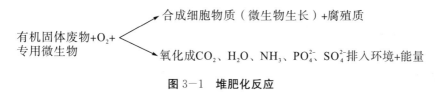

图 3-1　堆肥化反应

3.2.1.2　好氧堆肥的一般过程

好氧堆肥从有机固体废物的堆积到腐熟的微生物生化过程非常复杂，目前一般归纳为四个阶段：预处理、发酵、后处理、储存。

预处理阶段。包括分选、破碎以及含水率和碳氮比的调整。首先去除废物中的金属、玻璃、塑料和木材等杂质，并破碎到粒度约为 40 mm，然后选择堆肥原料进行配料，以便调整含水率和碳氮比，可以使用纯垃圾，也可以使用垃圾与粪便之比为 7∶3 或垃圾与污泥之比为 7∶3 进行混合堆肥。

发酵阶段。我国大都采用一次发酵方式，周期为 30 d。采用二次发酵方式的周期一般为 20 d。一次发酵是好氧堆肥的中温与高温阶段的微生物代谢过程，具体从发酵开始，经中温、高温后温度开始下降的整个过程，一般需要 10~12 d，高温阶段持续时间较长。二次发酵指物料经过一次发酵后，还有一部分易分解和大量难分解的有机物存在，需将其送到后发酵室，堆成高1~2 m的堆垛进行二次发酵并腐熟。当温度稳定在40℃左右时即达腐熟，一般需20~30 d。

后处理阶段。这一阶段对发酵熟化的堆肥进行处理，进一步去除预处理过程中没有去除的杂质，进行必要的破碎，经处理后得到的精制堆肥的含水率为30％左右，碳氮比为15~20。

储存阶段。储存是指堆肥处理前必须加以堆存管理，一般可直接存放，也可装袋存放。储存时要注意保持干燥通风，防止闭气受潮。储存主要分为三个阶段：起始阶段、高温阶段、熟化阶段。

3.2.2 厌氧发酵的基本原理与一般过程

3.2.2.1 厌氧发酵的基本原理

厌氧发酵是在无氧状态下通过厌氧微生物对有机废弃物中的生物质进行分解转化的过程，最终产物是 CH_4（沼气）、CO_2、热量和腐殖质，能获得大量的沼气能源和沼肥，实现有机废弃物的资源化。厌氧发酵技术是将农业废弃物转化为清洁能源（沼气）的有效手段之一。有机固体废物中的有机物质主要包含碳水化合物、蛋白质和脂类物质。其中碳水化合物主要由C、H、O 三种元素组成，最主要的是淀粉类物质、纤维素类物质、木质素类物质、多糖和单糖等。大分子物质会在各种酶的作用下逐步降解为小分子单糖。

与传统的卫生填埋相比，堆肥化处理将厌氧发酵过程由几年的周期缩短至几十天甚至更短，并且堆肥化技术具有过程可控、操作技术简单、降解速度快、全过程封闭、产物可计量和再利用的特点。现在使用的有农村小型沼气技术和大型厌氧处理污水工程。我国目前已成为世界上利用沼气最好的国家，沼气技术相当成熟，且进入了商业化应用阶段。

厌氧发酵可将有机废弃物中的生物质转化为氢气或乙醇，拓宽了生物质的利用途径，但目前还不成熟，仅处于实验室研究和小试阶段。因此，本节主要介绍采用厌氧发酵技术制取沼气能源和沼肥的过程。

3.2.2.2 厌氧发酵的一般过程

有机固体废物厌氧发酵过程分为水解、酸化、乙酸化和甲烷化四个阶段，如图 3-2 所示。每个阶段都由一个独特的微生物菌群介导。

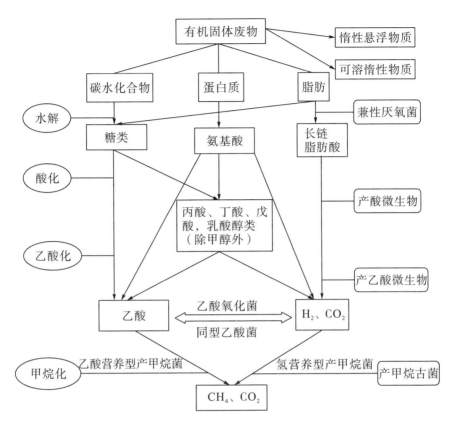

图 3-2 有机固体废物厌氧发酵过程

水解阶段。纤维素、蛋白质、脂肪等大分子有机物在兼性厌氧和厌氧细菌胞外酶的作用下转化成可溶性糖类、氨基酸和长链脂肪酸等小分子单体物质。这一阶段的本质是经过生化反应破坏大分子物质内部共价键。由于这一阶段要水解碳水化合物、蛋白质、脂肪，所以其是整个发酵过程的限速步骤。因此，原料厌氧发酵前通常会先进行预处理。

酸化阶段。这一阶段以水解阶段产物为原料，进行进一步水解反应，生成短链脂肪酸（如丁酸、丙酸、乳酸和乙酸等）、醇类、氢气和二氧化碳。这一阶段的本质是把糖类、氨基酸、长链脂肪酸转化为有机酸和醇类。

乙酸化阶段。这一阶段主要是将酸化阶段产生的含两个碳以上的有机酸或醇类等物质转化为乙酸、H_2 和 CO_2 等可为产甲烷菌直接利用的小分子物质。现有研究已经证明，在厌氧发酵过程中，有机酸的产氢和产乙酸过程不能自发进行，因为氢气会抑制此阶段反应的进行，降低系统的氢分压。如果氢分压超过 10^{-4} atm，有机酸浓度增大，但甲烷的产量会受到明显抑制。

甲烷化阶段。这一阶段伴随着反应释放能量，乙酸营养型产甲烷菌会将乙酸代谢生成甲烷和二氧化碳，氢营养型产甲烷菌将 H_2 和 CO_2 转化为甲烷，甲基营养型产甲烷菌将甲酸和甲醇转化为甲烷和水。

3.3 堆肥化技术工艺

3.3.1 好氧堆肥工艺

目前，国内使用好氧堆肥生产有机肥的工艺主要有条剁式堆肥工艺、动态好氧发酵工艺、仓式堆肥工艺。由于仓式堆肥工艺需要的条件较多、投资较大，因此，国内大部分企业选择条剁式堆肥工艺和动态好氧发酵工艺。

3.3.1.1 条剁式堆肥工艺

在整个堆肥过程中，根据通风供氧的方式，条剁式堆肥工艺分为静态堆肥、翻堆堆肥及 Metro-Waste 工艺。每个企业根据生产时间和备料的不同，可以选择不同的工艺。

1. 静态堆肥

当一批物料堆积成垛或置入发酵装置后，不再添加新料和翻垛，直至物料腐熟后运出。静态堆肥由于堆肥物料始终处于静止状态，有机物和微生物分布不均匀，特别是当有机物含量高于 50% 时，静态强制通风难以在堆肥中进行，导致发酵周期延长，影响工艺的推广应用。

2. 翻堆堆肥

翻堆堆肥在国外使用较多，采用机械堆肥的手段使堆肥物料与空气充分接触，从而补足需要的氧气。翻堆堆肥的典型工艺是利用输送机将预处理后的有机固体废物堆积成一定的堆体，在堆置之前调节好碳氮比，整个堆肥过程中间温度可达到 75℃，通过机械翻抛的方式进行降温和氧气补充，一般翻抛周期为每周 2~3 次，整个堆肥周期需要 6~8 周，即可完成发酵。

3. Metro-Waste 工艺

Metro-Waste 工艺又称为圆筒仓式沤肥技术，它结合了机械好氧堆肥和翻堆堆肥两种工艺的优点，空气可以通过底部设置的穿孔从发酵仓底部强行进入堆体，在发酵仓的上面依靠搅拌装置对堆体翻堆供氧，整个物料在发酵仓内的停留时间约为 6 d。Metro-Waste 工艺的优点是通气阻力小，堆肥物压实现象少，发酵周期明显缩短，一般 3~6 d 即可完成。Metro-Waste 工艺的缺点是一次性处理的物料相对较少，餐厨垃圾等可采用该工艺。

3.3.1.2　动态好氧发酵工艺

目前，根据工厂化生产方式，动态好氧发酵工艺分为以下几种类型：

（1）连续式动态好氧发酵工艺。

连续式动态好氧发酵工艺在物料预处理后，利用机械将其输送到发酵反应器内，发酵反应器是滚筒式的，物料在整个发酵过程中缓慢旋转、翻滚、搅拌和混合，并逐步向反应器下方移动，最后排出反应器外，新鲜空气通过鼓风机的作用从发酵反应器（滚筒尾部）进入，与物料出口逆向流动，尾部物料通过滚筒筛分后进入二次发酵车间进一步腐熟，此时底部可以通空气或采用专用翻堆设备进行翻堆，约 40 d 的生物降解时间能够完全腐熟，经铲车运送到料斗，再经传送带输送到筛分区进行筛分，最后做成粉状有机肥。

（2）间歇式动态好氧发酵工艺。

间歇式动态好氧发酵工艺是对物料分批进行发酵，其特点是分层均匀进料，一次发酵仓底部每天出料一批，顶部每天进料一批，分层发酵。这种工艺极大地缩短了发酵周期，所需发酵仓量也明显减少，但操作起来比较复杂，处理规模一般较小。

（3）好氧和厌氧结合发酵工艺。

好氧和厌氧结合发酵工艺是将好氧堆肥作为厌氧发酵的预处理方式进行。高温堆肥的过程提高厌氧发酵的效率，获得较高的产气量。但这种工艺是基于高温短期发酵后进行厌氧发酵，在厌氧发酵过程中可以获得相对较少的病原菌。

（4）强制通风发酵工艺。

强制通风发酵工艺适用于大剁且不翻堆的条件。通风是通过机械抽风的方式使空气渗透到整个堆肥物料内部。这种工艺不采用回流物料，而是直接添加膨胀剂。在发酵过程中，抽出的风需要先通过过滤池去掉臭气。

3.3.1.3　仓式堆肥工艺

预处理后的物料经过传送带由物料仓转到一次发酵仓内均匀布料，一次发酵仓一般采用矩形仓式结构，由仓顶或侧面进料，在底部设置供风管道进行强制通风，保证整个发酵过程中氧气的充足供应，在发酵仓上面利用抽风管将一次发酵仓内气体抽出，再经过排臭处理后排放。另外，在仓底设置水管道用于收集滤液，如果物料在发酵过程中水分含量降低过快，可将上述滤液回喷到发酵堆体。仓式堆肥工艺一次发酵周期约为 10 d，二次发酵周期约为 20 d。

3.3.2 厌氧发酵工艺

在实际生产过程中，因不同地区原料来源存在差异，厌氧发酵工艺主要分为三种类型。

3.3.2.1 单相厌氧消化工艺

目前，大部分沼气厂采用单相厌氧消化工艺，由于操作简便、成本投入低，其被推广应用于单相反应器中。水解是在酸化微生物和甲烷化微生物同时存在的环境下进行的，当处理的有机废弃物的有机负荷很高时，单相反应器会因挥发性脂肪酸的积累而降低 pH，抑制产甲烷菌的活性，导致产气降低甚至停止。Lane 等的研究表明，为有机负荷为 4 kg VS[①]/(m·d) 时，反应器内 pH 降低，沼气中 CO_2 比例增大。也有研究认为，当有机负荷为 3 kg VS/(m·d) 时，再提高负荷就会产生酸抑制。

厌氧序批式反应器可实现固体停留时间和水力停留时间的合适分离比，在反应器内保持较高的污泥浓度，以抵抗温度、高有机负荷和毒害物质的影响。曾有研究者利用厌氧序批式反应器，在有机负荷为 2.46~2.51 kg VS/(m·d)、水力停留时间为 10 d 的条件下处理果蔬废弃物，沼气产量为 0.31 L/g VS，VS 去除率为 76.4%。采用管式反应器的研究也有报道，最佳水力停留时间为 20 d，有机负荷为 2.8 kg VS/(m·d)，pH 维持在 7.2 左右。如果将水力停留时间缩短为 10 d，将会导致 pH 降低到 5 左右，出现明显的抑制现象。这种工艺的一个优点是能够将酸化阶段和甲烷化阶段分离，主要是因为内部存在的一定的长度陡坡避免了酸抑制现象。

除上述湿式单相厌氧反应器外，现在用得较多的还有干式单相厌氧反应器。这种反应器主要用于处理含水率比较低的有机废弃物，目前在欧洲等国家应用比较多，反应器多为水平或垂直的活塞流式，整个物料以活塞流形式在反应器内运动。这种装置对于推流过程实现厌氧消化的水和酸化功能较好，能够有效地避免完全混合造成反应器酸化，使在不同相中进行两相厌氧消化在单相厌氧反应器的推流过程中得以实现。整个反应器内部不设置机械搅拌，仅靠叶

---

① VS，Volatile Solids，挥发性固体。

轮缓慢转动。

3.3.2.2　两相厌氧消化工艺

两相厌氧消化工艺是 20 世纪 70 年代由美国科学家 Ghosh 和 Pohland 开发的一种厌氧发酵工艺。目前，两相厌氧消化工艺在国内仍然处于起步阶段。这种工艺与其他工艺相比，不侧重于对反应器内部进行改造，其最大的进步是对工艺的改革。

厌氧发酵的关键是控制酸化阶段和甲烷化阶段能够达到合适的条件。一般认为甲烷化阶段是整个过程的控制阶段，为了使厌氧发酵过程完整进行，必须满足产甲烷菌的生长条件，如 pH、温度、增加反应时间等，尤其是难以降解的有机物或含有一定有毒物质的原料，需要对产甲烷菌进行长时间驯化。两相厌氧消化工艺就是根据酸化阶段和甲烷化阶段微生物种群在组成和特有生理生化方面的巨大差异，采用两个完全独立的反应器并将其串联运行，满足了产酸菌和产甲烷菌各自的最佳生长条件，不仅能发挥各自的优势，而且提高了处理效果，减少了反应容积，提升了运行稳定性。从微生物学的角度认为，产酸相一般存在产酸菌；产甲烷相既存在产甲烷菌，又存在产酸发酵细菌。

3.3.2.3　混合物料共发酵工艺

混合物料共发酵工艺指发酵特性互补的几种原料混合在一起作为厌氧发酵的底物进行沼气发酵。其优点是能够稀释原料中的有毒成分，提升整个发酵过程的稳定性，并提高甲烷的产率。现在利用甲烷发酵的原料有有机固体废物中的畜禽粪便、农业废弃物（如秸秆）、城镇生活污水和一些企业的有机废水。利用混合物料共发酵工艺可以解决原来的营养比例单调、发酵过程稳定性差和生物降解速率偏低，尤其是原料来源受季节性限制的问题，所以其被认为是厌氧发酵工艺发展的一个重要方向。利用混合发酵的方法能够产生协同效应，这是因为易生物降解的有机物水解产生的挥发性酸类物质和醇类物质能够明显促进纤维素和木质素的水解，有机酸的作用相当于酸性预处理所有原料，在这个过程中同时促进了厌氧产酸菌的生长和繁殖，提高了水解木质纤维素原料的能力。

三种类型的厌氧发酵工艺均存在同一个问题，即厌氧发酵中间产物的抑制作用。在整个厌氧发酵过程中，不产甲烷菌能够为产甲烷菌提供生长和繁殖的必需基质条件，同时产甲烷菌能够为不产甲烷菌的生化反应解除反馈抑制作用，从理论上讲，这是相辅相成的；但在整个厌氧发酵过程中，中间产物过量或物质的性质发生变化，会使系统发生反馈抑制现象。厌氧发酵过程中最常见的抑制现象主要有两种：一是挥发性脂肪酸在积累到一定数量后抑制产甲烷菌的活性；二是丙酸的积累抑制产甲烷菌的活性。

在实践中，物料差异导致的抑制现象差异较大，如在处理容易水解酸化的餐厨垃圾时，水解产酸的速率往往超过产甲烷的速率，产生的有机酸不能被产甲烷菌完全吸收利用，从而导致整个环境的 pH 迅速下降，从而抑制了水解酸化的继续进行以及产甲烷能力的下降。挥发性脂肪酸中的丙酸含量能够明显抑制产甲烷菌的活性，这是因为丙酸的产酸和分解生成乙酸的速率比较慢，使丙酸含量积累过度导致 pH 严重降低，同时，丙酸的产生和积累使氢分压较高。有部分学者认为，pH 和氧化还原电位是影响丙酸产生和积累的主要原因，氢分压并不起主要作用。

3.4 堆肥化技术的影响因素

3.4.1 好氧堆肥的影响因素

好氧堆肥过程中，关键影响因素为原料的碳氮比、原料的含水率、通风、粒度、pH 和温度。

3.4.1.1 原料的碳氮比

C 和 N 是堆肥微生物繁殖和代谢所需的重要养分。根据微生物繁殖和代谢所需 C 和 N 的含量计算，碳氮比以 25～30 最为合适。当碳氮比高于 30 时，微生物的繁殖会由于所需氮素的相对不足而减缓，有机物发酵时间长，堆肥腐殖化系数低。当碳氮比低于 25 时，一方面，会使相对过量的 N 元素以 NH_3 形式释放而损失；另一方面，C 元素供应不足，影响微生物活动。因此，有必要在堆肥前对原料的碳氮比进行调节，以使其更适于堆肥微生物的繁殖和代谢。

不同堆肥原料所需碳氮比也不同，主要表现在两个方面：一是堆肥原料中有机物的生物有效性不同；二是原料的粒度不同。当原料中难生物降解物（如木质纤维素）含量高时，其初始碳氮比应设置成一个较高值；粒度不同的原料，其比表面积不同，可被微生物利用的碳（即被微生物分解的速度）存在差异，在堆肥设计时应同时给予考虑。

3.4.1.2　原料的含水率

水分是微生物活动的必要条件，其含量适宜是好氧堆肥成功的重要因素。在好氧堆肥过程中，过高的含水率（超过 70%）不利于堆肥的进行，因为颗粒空隙结构太低，不易于溶氧，并且对温度的维持和热量的产生都不利，易导致臭气产生。但过低的含水率（低于 30%）也不利于好氧堆肥的进行，因为微生物在水中摄取的可溶性营养物质含量过低，将导致有机物的分解逐渐缓慢，如果含水率低于 12%，微生物的繁殖将停止。以污泥为例，其原料本身含水率很高（超过 80%），但影响生化反应的不是水，而是含水率高而导致的物料透气性差。

3.4.1.3　通风

通风是影响好氧堆肥过程和堆肥产品质量的重要因素之一。适合的通风量能为微生物分解有机质提供所需氧气。在规模大的批量生产工厂，更需要充足的氧气，为了达到这一目的，往往通过机械方法增加氧气含量。增加氧气可以带来很多好处，例如，增加氧气可以调节堆体内的温度和湿度，并为好氧细菌提供丰富的氧气，从而影响有机固体废物的降解。氧气浓度维持在 20%～30% 最适于好氧微生物的生长。氧气浓度过高，会导致要分解的废弃物中氮的过多损失。

在实际堆肥过程中，测得耗氧速率远小于《城市生活垃圾好氧静态堆肥处理技术规程》（CJJ/T 52—93）规定的通风设计值（标准状态的风量为每立方米垃圾 0.05～0.20 m³/min），效率低下，既无法获得预期结果，又浪费了大量能源。

通风还会增加整个堆肥系统的能量消耗和阻力。过量的通风对已经增加结构性物质的堆肥中氧气的扩散并不会起到明显作用。在整个系统中，通风不足和过量通风交替进行，不能保证氧气适宜，而会导致有气味气体的释放。产生这种现象的原因主要是通风不足时，厌氧状态下细菌产生的中间产物会在堆体的固、气表面积累；而在之后的氧气过量阶段，氧气流速过大，大部分挥发性、有气味物质在没有生物好氧降解之前就被解析和吹脱，使大量臭气产生并释放出来。

3.4.1.4　粒度

堆肥微生物对堆肥物料的分解和利用主要发生在物料表面一个极薄的能够

溶解进氧气的水层内，因此，为保证足够的物料比表面和氧气供应，加强生物的分解活动，应将堆肥原料破碎成适宜的颗粒大小后再进行堆肥。物料颗粒粒径宜为 1.0~6.0 mm，生产中应根据物料实际粒径来选择适宜的堆肥系统。通常，小粒径的堆肥原料由于通风性差，应使用强制通风堆肥；大粒径的堆肥原料由于通风性较好，可以采取静态堆肥或条垛式堆肥。朱能武等的研究表明，不同的堆肥原料对应不同的最佳初始堆肥颗粒粒度，应进行适当改变。

3.4.1.5 pH

pH 是影响微生物生长繁殖的重要因素之一。相关研究显示，中性或偏碱性环境有利于多数堆肥微生物的繁殖与活动。

常见的堆肥原料一般不需要进行 pH 调节，但当原料的 pH 与正常堆肥的 pH（5~9）相差较大时，就必须通过加入石灰或氯化铁等的方式调节 pH。一般认为，当 pH 为 7.5~8.5 时，可以得到最大的堆肥速率。

3.4.1.6 温度

理想的堆肥过程需经历三个温度变化阶段：初期温度平稳或快速上升，中期维持适度高温，后期下降并趋于环境温度。在堆肥初期，发酵起温要快，且尽量平稳升温。在堆肥中期，高温维持的温度及时间要适度，理想高温不宜突破 70℃，应为 50℃~60℃，维持高温时间以 5~10 d 为宜，过短或过长都不利于堆肥的进行。

在堆肥温度控制方面，为避免堆肥形成厌氧环境，在堆肥前 48 h，不管发酵起温慢还是不起温，都必须进行翻堆或通风；而在堆肥中后期，当堆肥温度达到一定值时，必须及时翻堆以降温，避免堆肥温度过高。

3.4.2 厌氧发酵的影响因素

3.4.2.1 原料的组成

有机废弃物的主要组成元素为 C、H、O、N、S、P，其中，C、H、O、N 是在微生物生长过程中对细胞的物质合成及代谢最重要的元素。城市有机固体废物中还含有少量金属离子及其他无机元素。在实际工程操作中，对于原料的调节，需要有合适的碳、氮、磷的比例来满足厌氧发酵微生物的生长代谢。例如，若氮元素含量过高，容易使氨、氧浓度过高，产生抑制作用；若氮元素含量过低，则不能提供细胞正常生长的营养，导致挥发性脂肪酸积累，使系统缺乏缓冲能力。

微量元素铁（Fe）、钴（Co）、镍（Ni）等可以促进产甲烷菌的生长，在微生物的酶系统中对甲烷化阶段起调控作用，加快甲烷的生成进度。微量元素不仅可以提高挥发性脂肪酸的转化效率，消除挥发性脂肪酸在厌氧发酵系统中的积累，提高甲烷产量，而且可以拮抗氨氮和钠离子的抑制作用，进一步保证厌氧发酵系统的稳定运行。

3.4.2.2 有机负荷和水力停留时间

传统厌氧发酵过程中，产酸菌和产甲烷菌在反应器内进行发酵，本身不能提供各自最佳的生长条件，产气效率和容积负荷率一般较低。厌氧发酵是有机物降解产沼气的过程，为了维持发酵微生物正常的生长代谢，反应器内必须维持足够的底物供其利用，所以进料的有机负荷直接影响发酵产气的性能，过低或过高的有机负荷都会对厌氧发酵产生不利影响：当有机负荷过低时，反应器容积产气量低；当有机负荷过高时，可使挥发性脂肪酸积累，抑制产甲烷菌的活性，从而降低产气量。因此，反应器在适宜的有机负荷下运行可以充分利用原料且稳定产气。

水力停留时间（HRT）是指反应器内的发酵液按照体积计算被全部置换所需要的时间。HRT 是影响两相厌氧发酵的重要参数之一，其与有机负荷密切相关，直接影响反应器的厌氧处理效率。对于同样的反应器容积，一般认为，HRT 越长，有机负荷越小，厌氧处理的时间越长；HRT 越短，有机负荷越大，反应器的处理能力越大，但会使有机物去除效率下降。有报道指出，产酸相的最佳水力停留时间为 3 d，产生的乙酸和丁酸之和的百分含量能达到 80% 以上；产甲烷相的最佳水力停留时间为 6 d，能够保证甲烷含量最大。不同的 HRT 对酸的产能有影响，需要选择合适的 HRT，所以 HRT 的优化尤其是在技术改造中的应用，是厌氧发酵系统运行和设计的一项重要内容。反应器有机负荷发生化时，一定要兼顾水力负荷的变化，进水 COD_{Cr} 浓度一定时，以缩短 HRT 的方式提高负荷，随着 HRT 的缩短系统运行特征会发生变化。在两相发酵的过程中，一般采用连续补料的方式，使得产酸相和产气相反应在有效容积情况下，适当调整产酸和产气的发酵设备，在连续厌氧消化过程中，如果 HRT 小于微生物增长的时间，会造成微生物随出料流出，同时 HRT 缩短而相应的有机负荷提高，使微生物在反应器内不能有效地维持，从而导致反应器处理效率降低；如果 HRT 过长，使反应器在低有机负荷下运行，同样处理效率较低。因此，选择适宜的水力停留时间也非常重要。

3.4.2.3 pH

生物学中，pH 是影响微生物生长和繁殖的关键条件，也是影响酶活性的决定条件之一。在厌氧发酵过程中，大多数水解产酸菌能够适应较大范围 pH 的变化，微生物能够在 pH 为 3~10 的范围内进行水解和产酸，整个反应器内 pH 的变化将导致最终产物类型发生变化，如果 pH 较低，生物需要消耗更多能量将自身细胞体内的质子向体外排出，从而保证细胞内部的酸碱度处于中性；如果过度降低 pH，将使产甲烷量迅速受到影响，严重时会导致微生物死亡。因此，适宜的 pH 是厌氧发酵的重要保证。

一般认为，有效产甲烷的产甲烷菌适应的 pH 范围较窄，7~8 最合适，在这一范围内，有机酸的产量一般很低。有研究表明，当环境中 pH 较低时，会产生较多的丙酸，而过多的丙酸对厌氧细菌具有抑制作用，从而使沼气产量降低。以餐厨剩余物进行厌氧发酵为例，当 pH 为 6 时，沼气产量和产气速率均达到最大；当 pH 超过或低于 6 时，厌氧发酵的产气速率减慢，产气量也显著降低。厌氧发酵过程中，要将 pH 调节到最佳状态，需要对反应器内的条件进行适当控制，一般情况下，随着产酸量的增加，整个环境的酸碱度呈酸性，这时需要外加碱进行控制。长期实践显示，一般进水的最小碱度是将 1 g 进水的 COD 转化为挥发性脂肪酸需要约 1.2 g 碱石灰的碱度。

3.4.2.4 温度

温度是通过影响细菌生长代谢及酶活性影响厌氧发酵效果的，从理论上讲，温度为 10℃~60℃ 时，厌氧发酵都能正常产气。厌氧发酵按温度可以分为低温发酵（10℃~30℃）、中温发酵（30℃~40℃）和高温发酵（50℃~60℃）。在一定温度范围内，厌氧发酵的产气量和产气率都随着温度的升高而增加。

以秸秆厌氧发酵产甲烷为例，随着厌氧发酵的进行，温度逐渐升高（从 37℃ 升高到 55℃），产气量呈现先升高后降低的变化趋势，实验测得，40℃ 时甲烷产量达到最大。一般认为，中温条件下产气总量高于低温条件和高温条件。产生这种差异的原因主要是温度对水解酶活性的影响。研究表明，在 5℃~35℃ 内，每升高 10℃~15℃，产气速率都能增加 1~2 倍，在 35℃ 左右能够达到最大；40℃~50℃ 属于微生物中温菌和高温菌的过渡期，这两类微生物均不适宜该温度，导致产气量急剧降低；如果温度控制在 32℃~40℃，则能够获得相对较佳的产气量。

3.4.2.5 合适的碳氮比

厌氧发酵过程中,不同的有机底物的碳氮比对产甲烷过程的重要影响。如果底物中营养元素不均衡,将导致产气率明显下降,碳氮比为 20~30 适合厌氧发酵过程的进行,25 是最适宜的厌氧菌生长条件,可以得到理想的甲烷产量。该条件如果不合适,将会使总氨浓度偏高或有机酸积累,抑制产甲烷菌活性,最终导致发酵失败。如果碳氮比过高,产甲烷菌将快速消耗有机底物中含氮元素,从而满足对蛋白质的要求,生物的碳源底物将不会被再利用;如果碳氮比过低,氮元素被束缚,且以铵根离子的形式过度积累,将导致整个环境的pH 升高,抑制产甲烷菌活性。在牛粪厌氧发酵过程中,碳氮比接近 25 是比较合适的营养结构配比,在此条件下,产甲烷相对稳定。调节合适的碳氮比的最佳方法是混合物料共发酵工艺,既充分利用了各种有机固体废物,又能够满足厌氧发酵营养条件的合理配比。

除上述影响因素外,环境中的硫化物和金属离子也会对厌氧发酵产生较大影响。

3.5 堆肥化技术的评价体系

3.5.1 好氧堆肥腐熟度的评价体系

腐熟度是评价堆肥腐熟程度的指标,指堆肥中的有机物经过矿化、腐殖化后达到稳定的程度。腐熟度是堆肥原料所含能量和营养物质形成稳定的腐殖质的完成度,即堆肥中的有机物经过矿化、腐殖化过程最后达到稳定的程度,堆肥产品必须腐熟,若将未完全腐熟的堆肥产品施用于农田,会提高土中微生物的活性,在一定程度上引起作物氮的缺乏,易造成根部缺氧腐烂,并释放出有毒物质,增加土壤中某些重金属离子的溶解性,抑制作物种子发芽和幼苗根系生长,也会产生臭味。但堆肥过腐熟则会使大量养分得不到充分利用而被消耗掉。

完全腐熟的堆肥对于农作物已无毒性,可以用于农业生产。未完全腐熟的堆肥施用于土壤后,可能造成以下三个方面的不利影响:

(1)未腐熟堆肥中所含未被杀死的病原菌会进入土壤。

(2)未腐熟堆肥在土壤中进行呼吸作用,会与植物竞争氧气,从而抑制植物生长。

（3）未腐熟堆肥可能有含量过高的盐离子和有机酸等，会对植物特别是幼苗的生长发育造成不利影响。

国内外学者在评价堆肥腐熟度方面进行了大量有价值的工作。由于堆肥过程受多方面的影响，因此，腐熟度不能由单一的评价指标确定，而是通过堆肥的物理、化学、生物及波谱学等指标来共同确定。

3.5.1.1 物理评价指标

物理评价指标指人的感官能直接感觉到的堆肥表观现象，如堆肥释放出的气味，堆肥物质的松散度、颜色及温度等。

在理想的堆肥化过程中，温度先逐渐上升到50℃，并在50℃～70℃内维持一段时间，然后开始缓慢降温，最后达到与环境温度一致。有经验的堆肥操作人员在熟悉堆肥温度曲线之后，能够很容易地通过温度来简易判断堆肥进程。

因堆肥原料不同，堆肥过程中会有不同的异味，当异味逐渐消失并出现芳香泥土气味时，表明堆肥已达到稳定。

堆肥化过程中，颜色会逐渐变深，至堆肥腐熟时，其颜色因原料不同而呈棕色、褐色或黑色。评价堆肥色度用得最多的是 Wood Ends 实验室发明的 Solvita 测试法，其将堆肥中产生的 CO_2 与测试胶条反应，对照胶条改变后的颜色，从而判断堆肥腐熟度。

3.5.1.2 化学评价指标

评价堆肥腐熟度的化学指标有以下几种：

（1）pH 和电导率（EC）。腐熟堆肥一般呈弱性（pH＝8～9），但 pH 受堆肥原料影响，所以只能作为参考。EC 表示堆肥中可溶性盐的含量，其值越高，对土壤或植物的毒害作用越强，腐熟堆肥要求 $EC<4.0$ mS/cm。

（2）有机质变化。堆肥化过程中，堆料中不稳定的有机物不断分解转化，其含量变化显著，尽管有机物的变化也受堆肥原料及堆肥时间的影响，但在堆肥化后期一般会稳定在一定水平，可用来判定堆肥腐熟度。部分反映有机物变化的参数及腐熟堆肥要求阈值如下：淀粉消失，水溶性糖（SC）$>0.1\%$，二氧化碳的释放量（CO_2）<5 mg/g 有机物，水溶性有机质<2.2 g/L，化学耗氧量（COD）<700 mg/g 干堆肥，生化需氧量（BOD_5）<5 mg/g 干堆肥。

（3）氮成分变化。堆肥化过程中含氮有机物发生降解和转化，在堆肥化后期，硝化菌将一部分 NH_4^+ 转化为 NO_3^-，因此，NH_4^+/NO_3^- 比值可有效判断堆肥腐熟度。研究结果表明，基本腐熟堆肥产品的 NH_4^+/NO_3^- 比值为 0.5~3.0，小于 0.5 则达到完全腐熟，而未腐熟堆肥产品的 NH_4^+/NO_3^- 比值大于 3.0。

（4）碳氮比。对于初始固相碳氮比大于 25 的堆肥来说，腐熟堆肥的固相碳氮比为 15~20。但是，由于有机物的分解过程主要发生在堆肥物料的水相部分，因此，水相碳氮比比固相碳氮比更能准确反映堆肥产品的腐熟度。当水相碳氮比为 5~6 时，说明堆肥产品已达腐熟。另外，评价指标 T（终点碳氮比/初始碳氮比）由于受原料不同的影响较小，可以更好地指示堆肥腐熟度，当 $T<0.6$ 时，堆肥达到腐熟。

（5）阳离子交换容量（CEC）和腐殖化参数。这两个参数与腐殖化程度相关，腐熟堆肥的 CEC 一般为 414~1230 mmol/kg，其范围较宽，主要受原料不同的影响，因此，需要和其他指标结合来判断堆肥是否腐熟。腐殖化参数有腐殖化指数（HI）、腐殖化率（HR）、腐殖化度（DH），其计算公式如下：

$$HI = 胡敏酸(HA)/富里酸(FA)$$

$$HR = HA/(FA+非腐殖质成分)$$

$$DH = （胡敏酸与富里酸碳/总可溶性碳）\times 100\%$$

其中，HI 是采用较多的腐殖化参数，但不同学者对其评价标准看法不一。

3.5.1.3　生物评价指标

用于评价堆肥腐熟度的生物学指标主要有呼吸速率、酶活性变化、微生物变化及种子发芽指数等。

在好氧堆肥中，微生物活性及有机物变化可通过耗氧率和 CO_2 释放率来反映。一般将堆肥末期 2~3 d 时 CO_2 释放率小于 2 mg/（g·h）作为堆肥腐熟的标准。Mengchun 和 Lopez 等用氧气呼吸速率来表征堆肥的稳定性和腐熟度。但由于测定值和实际值误差较大，其更多用来指示微生物代谢活动强度。

许黎明等在木薯渣的堆肥化研究中发现，纤维素、蛋白酶和淀粉酶可以作为反映堆肥腐熟度的优选指标；Li 等在鸡粪堆肥化研究中发现，堆肥化过程中纤维素酶、过氧化氢酶可以很好地指示堆肥的稳定性和腐熟度。

堆肥化的不同阶段，微生物群落特征明显不同，因此，可根据微生物群落的变化很好地指示堆肥的腐熟度。

未腐熟堆肥中通常含有毒性物质，会抑制种子萌发和植物生长，而腐熟堆肥中则出现了促进种子萌发和植物生长的成分。因此，种子发芽实验可以评价堆肥腐熟度。考虑到堆肥无毒性（促进发芽）及营养性（促进根的生长）两个方面的种子发芽指数（GI）是评价堆肥腐熟度最佳和最有说服力的指标，许多堆肥研究者均以 GI 为标准来考量和筛选其他腐熟度指标，以建立堆肥腐熟度评价体系。通常用水芹种子 GI 作为测定腐熟度的标准：当 $GI>50\%$ 时，堆肥基本腐熟；当 $GI>80\%$ 时，堆肥完全腐熟。

3.5.1.4 波谱学评价指标

从物质结构的角度认识堆肥化过程和堆肥腐熟度的波谱分析法有紫外－可见光谱法、红外光谱法、核磁共振法、荧光光谱法。

（1）紫外－可见光谱法（UV－Vis）。胡敏酸和水溶性有机物（DOM）的 UV－Vis 特性是判断堆肥腐熟度的重要依据。Zhao 等对 9 种堆肥 DOM 的 UV－Vis 特性进行研究发现，随着堆肥化的进行，DOM 的稳定度增加，而且 $A_{226\sim400}$、$SUVA_{254}$、$S_{350\sim400}$、$SUVA_{280}$ 和 $S_{275\sim295}$ 等吸光度及相关比值可作为评估堆肥腐熟度的重要参数。

（2）红外光谱法（IR）和核磁共振法（NMR）。化合物的特征官能团可以用红外光谱法辨别，有机分子骨架的信息可以由核磁共振法提供，两者结合可以为堆肥中有机物结构的确定提供强有力的支撑。Sun 等对含不同百分比秸秆在堆肥化过程中胡敏酸的红外光谱特性进行研究发现，堆肥化处理后，多糖和脂肪类成分减少，胡敏酸的芳构化程度和稳定性明显提高。核磁共振法分为 ^{1}H－NMR 和 ^{13}C－NMR 两种，通过这两种方法所得核磁共振谱图可将堆肥样品的功能团分为几个组分，并根据各组分相对含量随堆肥时间的变化情况判断堆肥的物质结构变化。崔东宇等在研究牛粪堆肥化过程中 DOM 的 ^{1}H－NMR时发现，大量聚亚甲基链和支链脂肪族结构通过微生物作用转化为碳水化合物、有机胺和含甲氧基类物质，随堆肥化过程向缩聚腐殖质方向不断进行。

（3）荧光光谱法（FS）。堆肥化过程中，DOM 比固相组分更能灵敏地反应堆肥物质的转化特性及堆肥腐熟状态。DOM 中的很多物质都能产生荧光，如带有芳香结构的物质（如色氨酸、酪氨酸、苯丙氨酸、富里酸及胡敏酸等），因此，可以采用荧光光谱法来研究堆肥物质转化过程及腐熟度。城市生活垃圾在堆肥化后期，DOM 中胡敏酸的荧光峰（400 nm）逐渐消失，同时其位置发生了红移。Cui 等在微生物接种对堆肥腐殖化进程影响的三维 FS 研究中发现，利用投影追踪回归联合荧光激发发射矩阵光谱技术，可以更快速、更准确地评估堆肥的植物毒性。

在以上评价堆肥腐熟度的指标中，常用的快速测定指标有耗氧速率、碳氮比、NH_4^+/NO_3^- 比值。但因受堆肥原料不同和工艺条件等因素的影响，这些评价经常会得到不同的结果，所以不能用单一指标来评价堆肥腐熟度。由于堆肥产品最终要作为有机肥应用于作物生产，故能综合反映堆肥植物毒性的种子发芽指数是一个很好的生物指标，因此，目前较为认同的是以种子发芽指数为标准来考量和筛选其他腐熟度指标，建立堆肥腐熟度评价体系。

3.5.2　厌氧发酵的评价体系

在厌氧发酵过程中产生的残留物沼液和沼渣中富集了丰富的养分，如氯、磷、钾、锌、铁、钙、镁、铜、硼等营养元素。同时，在沼气发酵过程中，复杂的厌氧微生物代谢产生了氨基酸、B 族维生素、水解酶类、植物激素、腐殖酸等生物活性物质。发酵原料的分析、发酵过程的监测和发酵残留物的检测对厌氧发酵的启动、运行以及发酵产物的综合利用具有十分重要的意义。

3.5.2.1　评价项目的设置

在厌氧发酵的研究或生产中，评价项目的设置取决于试验目的、各项指标的生物学意义等。厌氧发酵中常用的分析项目见表 3-1，按照使用意义分为三大类，即厌氧发酵运行条件、运行效率和抑制因子。

表 3-1　沼气发酵分析项目的设置

类型	分析项目		备注
	基本测定项目	选测项目	
厌氧发酵运行条件	TS、VS、COD_{Cr}、BOD、TOC（总有机碳）、总氮、总磷、E_h、pH、总碱度、氨态氮、VA	木质素、纤维素、半纤维素、脂肪、总糖、蛋白质、K、Na、Ca、Mg、Fe、Mn、Cr、Zn	TS—总固体；VS—挥发性固体；COD_{Cr}—化学耗氧量；BOD—生化需氧量；TOC—总有机碳；E_h—氧化还原电位；VA—挥发性脂肪酸；TVA—挥发性脂肪酸总量；UVA—未电离挥发性有机酸总量
运行效率	TS、VS、COD_{Cr}、BOD 的减量、TOC 的减量、总氮、氨态氮、VA、CH_4、O_2、N_2、CO_2、H_2	木质素、纤维素、半纤维素、脂肪、醇、酯、酮	
抑制因子	氨态氮、TVA、UVA、NO_2^-、NO_3^-、硫化物	CN^-、Hg^{2+}、Na^+、K^+、Cu^+、Cu^{2+}	

为了了解发酵系统中微生物生长的环境与营养条件、底物浓度，以便掌握发酵进行的条件，将常需检测的项目定为运行条件，如总固体、挥发性固体、化学耗氧量、生化需氧量、纤维素、脂肪、木质素、pH、总碱度、氨态氮、挥发性脂肪酸、总氮、总磷等。在具体实验中，这些项目不需要全部测定，应将它们分为基本测定项目和选测项目。

基本测定项目包括氧化还原电位、总固体、挥发性固体、生化需氧量、化学耗氧量、pH、总碱度、氨态氮、挥发性脂肪酸、总氮等。氧化还原电位和pH分别表示发酵系统的厌氧密封性和酸碱度，以碳酸钙及乙酸钙为主要成分的总碱度表示发酵系统所具有的酸碱缓冲性能，这些都是沼气发酵中重要的环境因素。碳、氮、磷的分析是用以了解基质中营养物质的含量及其搭配比例的，也反映发酵的底物浓度。各种挥发性脂肪酸的测定具有重要意义，它们可表示原始基质的分解转化及利用情况。氨态氮是沼气发酵中微生物可利用的唯一氮素形态，既表示有效氮素营养水平，又是控制基质浓度和原料配比的指标。选测项目包括纤维素、半纤维素、脂肪、木质素、总糖和某些金属元素等。基质组成的种类不同关系到发酵工艺的选择及管理控制方法的差异。因此，根据基质来源及种类不同，对有机物成分的含量进行选择性测定是有必要的。无机金属元素的测定则应根据研究目的及基质来源决定。

运行效率的各个分析项目用来考察发酵工艺的优劣，衡量发酵的效率，主要包括产气量测定、气体成分分析、基质负荷的减量。这些指标反映发酵过程的最终结果，是最基本的指标。应用这些分析结果可以了解发酵的基质产气速率和基质利用率。此外，各类挥发性脂肪酸的含量及组分变化的测定可以检验发酵过程中基质的分解转化效率，并预示一定时期内的发酵潜力。

抑制因子主要考察阻碍沼气发酵正常进行的化学因素，其中最常见的是氨态氮、非电离的挥发性脂肪酸及硫化物等。

当需要分析的项目较多时，分析测定应按照一定顺序进行。一般来说，容易变化的组分安排在前，相对稳定的组分安排在后。如氧化还原电位、pH的测定应于现场即时分析，总固体、挥发性固体、生化需氧量、化学耗氧量应尽早分析。同时，分取部分试样进行离心处理，以供氨态氮、碱度、挥发性脂肪酸、可溶性磷分析用；离心的沉淀部分做干燥处理，供木质素、纤维素等分析用。取原始试样以硫酸调节pH约为2，然后干燥，并保存于干燥器中，待液态样品分析完毕后供总氮、总有机碳、总磷、脂肪等分析用。

最关键的评价指标为总固体、挥发性固体、碳氮比、pH、氧化还原电位。

3.5.2.2　总固体和挥发性固体

在厌氧发酵中，总固体和挥发性固体是两项基础性指标，有较大的实用价值，是表征厌氧发酵基质浓度的重要参数，借助总固体和挥发性固体的测定，可以获得一系列有意义的发酵参数，如容积有机负荷率、水力停留时间、基质转化量和甲烷产量等。这些参数是衡量被研究和使用的发酵工艺条件优劣的标准，也是评价发酵经济效益的依据之一。

3.5.2.3　原料碳氮比

1. 碳

碳源是厌氧发酵的主要基质成分，许多有机物都能够作为碳素营养被微生物转化利用，如糖类、脂类、醇类和有机酸等。在厌氧发酵中，碳源是发酵产沼气的主要生物转化成分。通过测定碳含量，可以了解基质的负荷水平，进行碳和氮比例的调节，以建立适于厌氧发酵的碳氮比。在厌氧发酵原料中，参与发酵的碳元素主要以有机碳的形式存在，有机碳含量的测定主要采用重铬酸钾法。

2. 氮

厌氧发酵原料中的氮包括蛋白质氮、可溶性有机态氮和无机氮化合物（包括氨态氮和硝态氮）。试样中的硝态氮在 H_2SO_4 消化过程中会分解而损失，为测定包括硝态氮在内的全氮量，可采用水杨酸－H_2SO_4 消化法。

表 3－2 是我国农村常用厌氧发酵原料的碳氮比。从表中可以看出，作物秸秆类发酵原料的碳氮比较高，属富碳原料；粪便类发酵原料的碳氮比较低，属富氮原料。因此，两类原料配比发酵能够获得较佳的产气效果，尤其在第一次投料时，可以加快启动速度。如果使用秸秆发酵时人畜粪便数量不多，则可添加适量的碳酸氢铵等氮肥补充氮素，以调节适宜的碳氮比。

表 3－2　我国农村常用厌氧发酵原料的碳氮比

发酵原料	碳含量/%	氮含量/%	碳氮比
干麦草	46.0	0.53	87
干稻草	42.0	0.63	67
玉米秸秆	40.0	0.75	53
花生茎叶	11.0	0.59	19

发酵原料	碳含量/%	氮含量/%	碳氮比
落叶	41.0	1.00	41
大豆茎	41.0	1.30	32
野草	14.0	0.54	27
鲜羊粪	16.0	0.55	29
鲜牛粪	7.3	0.29	25
鲜马粪	10.0	0.42	24
鲜猪粪	7.8	0.60	13
鲜人粪	2.5	0.85	2.9
鲜人尿	0.4	0.93	0.43
鸡粪	35.7	3.70	9.7

目前，厌氧发酵原料通常是混合原料，根据表3－2可以算出原料的碳氮比。同时，也可确定各种原料的配比，公式如下：

$$K = \frac{w_1(C)m_1 + w_2(C)m_2 + \cdots + w_n(C)m_n}{w_1(N)m_1 + w_2(N)m_2 + \cdots + w_n(N)m_n} = \frac{\sum\limits_{i=1}^{n} w_i(C)m_i}{\sum\limits_{i=1}^{n} w_i(N)m_i}$$

式中 K——混合原料的碳氮比；

$w(C)$ ——某种原料的碳质量分数，%；

$w(N)$ ——某种原料的氮质量分数，%；

m——某种原料的质量，g。

3.5.2.4 氧化还原电位

厌氧发酵过程中，严格厌氧是基本条件。产甲烷菌要正常生长，需要氧化还原电位小于－330 mV，厌氧条件越严格，越有利于甲烷的产出。氧化还原电位是指培养环境中一切氧化还原因素总和的定量指标，氧化还原电位越高，反映厌氧条件越好。在厌氧发酵研究中，正常测定一般为－500～－330 mV。影响氧化还原电位的因素有很多，其中作用最突出的是发酵系统的密封条件。密封条件直接影响发酵系统与空气中氧的隔离状况。

此外，发酵基质中各类物质的组成比例也会明显影响发酵系统的氧化还原电位。因此，氧化还原电位的测定将有助于了解以上情况。

3.6 堆肥化技术在烟草领域的应用

截至 2020 年 10 月，关于烟草废弃物研究的相关论文有 200 多篇。研究主要分布在欧洲、亚洲、美洲，以中国、美国和土耳其居多。最早关于烟草废弃物研究的文献发表于 1995 年，是印度学者开展的利用烟草废弃物生产甲烷的工作。在此后的 20 多年间，人们陆续开始针对烟草废弃物的焚烧烟雾危害、共燃烧热解动力学、直接施用提高作物产量与品质、尼古丁和植物甾醇的生物降解、提取尼古丁或茄尼醇、好氧堆肥生产有机肥等方面进行相关研究。

3.6.1 好氧堆肥技术的应用

3.6.1.1 国外应用

在国外众多烟草废弃物相关研究中，仅有 7% 左右的报道是关于烟草废弃物堆肥的。以烟草废弃物为基质的好氧堆肥生产有机肥的研究最早发表于 2003 年，此后关于烟草废弃物堆肥的报道全部为实验室反应器内的好氧堆肥过程研究，主要集中在以下五个方面：①堆肥过程基本理化性质（温度、二氧化碳、湿度、挥发分、物料重）和生物相变化；②堆肥条件对于堆肥过程的影响，包括通风方式、纤维素酶活性等；③堆肥过程中有毒有害物质的减毒减量研究，包括尼古丁降解、重金属减量等；④堆肥产品营养成分评价；⑤堆肥产品的应用。其中以烟草废弃物堆肥中尼古丁降解方面的研究居多。

据报道可知，国外从事烟草废弃物堆肥研究的机构主要集中在欧洲的克罗地亚、土耳其和波兰，此外可见于泰国和南非。最早关于烟草废弃物堆肥研究是 2003 年克罗地亚萨格勒布大学的 Briski 等发表的，此后该团队开展了一系列研究。2003 年，Briski 等 25 人采用两种密闭的绝热反应器（1 L 和 25 L），对加入了少量调理剂（糖、有机酸）的烟草废弃物进行 16 d 的好氧堆肥研究，主要研究堆肥化过程中的温度、二氧化碳、嗜温和嗜热微生物的变化情况，堆肥结束时的水分含量、烟碱含量及堆体的体积与质量，并依据 25 L 绝热反应器内测定的数据建立了堆肥化过程中温度及有机质降解随堆肥时间的变化模型，这一模型与实测数值较为吻合。2012 年，Briski 等针对外排和自然渗滤可能导致土壤及水体污染的烟草废弃物堆肥渗滤液降解展开研究。研究分为渗滤液中的生物质降解和烟碱降解两个方面：在渗滤液中的生物质降解方面，采用四个常用的堆肥生物质降解动力学经验模型对渗滤液的生物质降解实验数据进行计算和拟合，最终优选出适用于烟草废弃物堆肥渗滤液中生物质降解的模型为 Endo-Haldane 模型；在渗滤液中的烟碱降解方面，使用在烟草基质上分离并鉴定的一株铜绿假单胞菌（FN 菌株）进行研究，发现该菌株对烟碱具有良好的代谢降解能力，并根据不同初始烟碱浓度条件下的烟碱降解情况建立了拟合度较好的烟碱降解模型。此后，该研究团队开始了烟草废弃物联合堆肥的研究，并于 2014 年发表了关于烟草固体废物和苹果渣皮联合堆肥的报道。该研究以苹果渣皮和烟草固体废物的混合物料（1∶7，干重）为基质，在 24 L 反应器内进行了 22 d 的堆肥实验，监测堆肥化过程中的温度、挥发性固体、碳氮比、pH、耗氧率及中温菌群的变化情况。研究发现，温度变化曲线与耗氧曲线间存在镜像关系，表现为温度曲线总是迟于耗氧曲线 9.5 h；堆肥初期的低温度和低 pH 条件有利于中高温细菌及真菌的活动，而堆肥高温期后，中高温细菌数量明显降低，仍保持较强活性与数量。

　　土耳其关于烟草固体废物堆肥的研究集中在加齐奥斯曼帕夏大学和艾杰大学。2005 年，加齐奥斯曼帕夏大学的 Gebologlu 等进行了烟草固体废物堆肥研究，主要考察堆肥产品的重金属和营养元素含量及其作为蔬菜育苗基质的应用。研究采用混合物料（烟草废弃物∶粪肥∶青草∶麦秸＝65∶18∶13∶4）进行好氧堆肥。堆肥结束时，堆肥产品中重金属含量均处于安全阈值以下，营养元素（尤其是 N、P、K、Ca、Mg）含量很高。将烟草废弃物混合物料好氧堆肥产品施加在番茄、辣、茄子、黄瓜上的实验表明，烟草废弃物有机肥不适于作为育苗基质，但由于其富含营养元素及较低的重金属，在蔬菜种植上体现出较好效果。2008 年，艾杰大学的 Okur 等对比了烟草固体废物堆肥产品和农家肥在修复土壤及结球生菜种植上的使用效果。在土壤的使用结果表明，烟草固体废物堆肥产品施用量较高的两种处理（烟草废弃物堆肥产品 100％，烟草固体废物堆肥产品∶农家肥＝75∶25）均显著提高了土壤中有机碳及总氮含量、土壤呼吸强度、脱氢酶、酶及碱性磷酸酶活性；在结球生菜种植上的使用结果表明，烟草固体废物堆肥产品和农家肥均显著提高了结球生菜的产量。2011 年，Okur 等研究了烟草废料与葡萄渣或橄榄果渣混合堆肥化过程中基本理化性质及酶的变化，结果表明，总碳含量下降，N、P、K 含量升高，脱氢酶于第 3 周时活性最高，蛋白酶于第 9 周时活性最高，β-葡萄糖苷酶和碱性磷酸酶于第 5 周时活性最高，所有酶的活性在堆肥 4 个月后趋于稳定。

　　波兰开展烟草固体废物堆肥研究的是波兹南生命科学学院 Piotrowska-

Cyplik 团队，其主要研究了烟草废弃物联合堆肥的抑菌性能、烟碱降解、酶活性及毒性问题。2008 年，Piotrowska-Cyplik 等将卷烟厂产生的烟尘固体废物与谷物秸秆、污泥混合后，再加入玉米秸秆或木屑进行堆肥，研究两种堆肥对 10 种真菌病原体的抑制性能，发现两种堆肥均在堆肥高温期后对真菌病原体有抑制作用，而添加木屑的堆肥化处理在第二个中温期显示了极强的抑制真菌病原体的作用，且其堆肥腐熟度也较高。2009 年，Piotrowska-Cyplik 等将烟草废弃物与活性污泥和小麦秸秆混合后进行堆肥研究，采用 125 dm^3 绝热双室生物反应器（供气设备 2 L/min），经过 21 d 高温反应阶段和 69 d 低温反应阶段后，产品达到腐熟。该研究考察了烟草废弃物堆肥化过程中烟碱降解动力学、酶活性及产品的潜在毒性问题。结果表明，堆肥化过程使烟碱得到78%~80%的降解；烟碱降解速率及酶活性均在堆肥高温阶段最高；最终产物的碳氮比（12~13）显示堆肥已高度腐熟；埃姆斯试验法测定显示堆肥产品没有致突变毒性。

2009 年，泰国清迈大学 Saithep 等对烟草废弃物与牛和尿素进行了混合堆肥研究，堆肥尺寸为 2.5 m×3.5 m×1.5 m，主要研究手动转向通风和机械强制通风对堆肥的影响，并考察堆肥化过程中温度、含水率、pH、碳氮比、纤维素酶活性、微生物（嗜温、嗜热细菌和真菌）总量及烟碱总量的变化情况。结果显示，两种通风系统中，堆肥的温度、pH 及含水率变化相似，相较于常规堆肥化技术，其堆肥腐熟时间均缩短了 30~40 d；相较于手动转向通风系统，机械强制通风系统显示出堆体中细菌总数多、繁殖速度快、纤维素水解酶活性高及烟碱降解率高的优点，但其需要适当调节供气的时间间隔。

2012 年，南非福特海尔大学的 Adediran 等对烟草固体废物进行了联合堆肥并研究了堆肥过程中的基本理化性质变化和其在生菜上的应用。Adediran 等以烟草固体废物和木屑为主原料，再任意加入牛粪、猪粪、禽粪、卷心菜中的一种进行堆肥。研究发现，堆肥料的加入并没有改变堆肥化处理 pH 和电导率的变化规律；45~49 d 后，四种堆肥化处理均腐熟，堆肥后烟碱得到强力降解，堆肥产品可促进生菜生长，且与氮磷钾化肥混施后促生长效果更佳。

2017 年，巴西的 Zitel 等进行了烟草废弃物与木屑等有机废物联合堆肥的研究，通过堆肥化过程中理化性质、植物毒性及微生物分析，优化了堆肥发酵条件，堆肥产品的最终种子发芽指数均达到高于 50%的初步腐熟标准。

综上可见，国外烟草废弃物堆肥研究主要涉及堆肥的可行性、堆肥化过程中的理化与生物学指标、堆肥产品的毒性及品质三个方面，但是对减少烟草废弃物毒性和提高堆肥品质的研究不足，尤其是缺少对堆肥化工艺和堆肥腐熟度评价指标的研究。

3.6.1.2 国内应用

我国开展烟草废弃物堆肥研究的大学（云南农业大学、云南大学、福建农林大学、湖南农业大学、南京师范大学、郑州大学等）和企业（云南省烟草公司、云南省福发生物科技有限公司、常熟市有机复合肥有限公司、郑州天昌国际烟草有限公司、贵州省烟草公司、四川省烟草公司等）几乎均分布在南方，且以云南农业大学的研究最为集中和连续。各研究团队分别对田间废弃烤烟茎秆、卷烟厂废弃烟末、烤烟复烤厂废弃烟梗进行了联合堆肥以及菌剂的促腐研究。

2005 年，南京师范大学生命科学学院的陈育如课题组率先在我国开展了烟草废料联合堆肥研究，筛选了能够同时耐受烟草废料基质和对污泥具有除臭效果的发酵菌株，研究这几种发酵菌株用于纸浆污泥和烟草废料联合堆肥的发酵性能，发现多菌株共发酵能发挥较好的协同作用。之后，福建农林大学和云南农业大学同时展开了关于废弃烤烟茎和废弃烟末的堆肥研究，其主要是通过堆肥化过程中的理化性质和种子发芽率变化研究堆肥的腐熟进程。2007—2009年，福建农林大学熊德中课题组研究了废弃烤烟的联合堆肥问题，主要对比添加碳酸氢铵与鸡粪、对比添加尿素与泔水对烤烟堆肥的影响。研究表明，添加有机物（鸡粪或泔水）的处理，对烤烟茎秆堆肥的促腐及堆肥品质的影响均优于添加无机物（碳酸氢铵或尿素）的处理，其堆肥产品还促进了菜心的生长，提高了菜心的品质，改善了被施土壤的营养状况。云南农业大学汤利课题组在2007—2013 年较为系统地研究了卷烟厂废弃烟末的堆肥利用问题，研究主要分为三个方面：微生物菌剂的促腐作用、外源猪粪的促腐作用、袋式堆肥基础工艺参数研究。研究表明，在废弃烟末的堆肥化过程中，纯烟草废弃物处理均未进入堆肥化高温阶段，而添加三种不同的市售商用菌剂、不同比例的猪粪，以及添加猪粪后再添加不同微生物菌剂的处理，均进入了堆肥化高温期，并保持了较长时间，从而提高了烟末的腐熟化进程和堆肥产品的品质。

郑州大学朱大恒课题组于 2009—2012 年开展了对烤烟复烤厂废弃烟梗的堆肥研究，主要研究加入 0.5％自制催腐菌剂对于堆肥发酵进程中理化性质、酶活性变化、堆肥产品品质的影响，提出可将果胶酶和碱性酸酶作为烟梗有机肥腐熟的参考指标，并研发了一种采用经烟梗基质驯化而得的烟梗发酵专用微生物菌剂来制造烟梗有机肥的方法与产品。2013 年，河南农业大学的任天宝等研究了利用烟草秸秆快速生产生物有机肥的方法，并制造了相应的生物有机肥。

近年来，云南大学张克勤课题组、湖南农业大学谢桂先课题组及云南省烟草企业也开始了烟草废弃物堆肥研究。2012 年，云南大学的燕晋媛系统研究了烟草废料中土著微生物及其对烟草废料堆肥的促腐作用。其从烟草废弃物的自然堆肥中分离出不同堆肥时期的微生物菌株 217 株，并从中筛选出水解纤维素、蛋白质、淀粉能力较强的菌株 2 株，通过菌株拮抗实验和复合微生物对烟草废料的降解性能实验，筛选出对烟草废弃物有较强降解能力的复合微生物菌剂 Y4，研究了 Y4 对烟草废弃物与麦草混合物料（9∶1）的堆肥发酵效果，发现 Y4 加快了堆肥化进程，提高了堆肥腐熟度和堆肥品质，最后研究了堆肥中酶及微生物群落的变化。2013 年，湖南农业大学的何云龙研究了添加鸡粪对烟草废弃物堆肥进程的促腐作用。研究表明，当烟草废弃物与鸡粪配比为 1∶1.373 时，促腐效果较优，在堆肥 35 d 时，堆肥产品基本没有生物毒性（$GI=$79.09%）。将腐熟堆肥代替氮肥施用于玉米作物时，10% 的替代比例在提高玉米的净光合速率、氮素利用效率和玉米产量上优于 20% 和 30% 的替代比例，但在提高土壤微生物数量、土壤微生物中 C 和 N 含量及土壤酶活性时，以 20% 的替代比例最好。2012 年，云南省烟草公司和云南瑞升烟草技术有限公司联合开展了以废弃鲜烟叶为原料的好氧堆肥研究，在添加 0.1% 复合微生物菌剂的前提下得到了良好的堆肥产品。2014 年，云南福发生物科技有限公司将烟草废弃物进行高温灭菌后，添加辅料及 1.0% 的市售发酵生物菌剂生产出有机肥。

2013 年，常熟市有机复合肥有限公司在 58℃～63℃ 的高温下进行烟草废弃物的高温堆肥生产。2013 年，云南大学和贵州省烟草公司联合开展了复烤厂和田间废弃烟叶快速堆肥研究，以新鲜马粪、小麦秸秆和废弃烟叶等制备发酵菌剂后，将复烤厂和田间废弃烟叶进行堆肥转化，生产出有机肥。

综上所述，国内烟草堆肥研究均针对南方温暖地区的烟草废弃物进行，且侧重于外加菌剂或粪肥对堆肥化过程的促腐效果、基本理化性质变化、酶与微生物群落变化、堆肥产品对土及作物的改良增产方面，而对烟草废弃物堆肥转化的原料条件、工艺条件、腐熟度快速测定评价指标等方面尚未见报道。

3.6.1.3 烟草废弃物好氧堆肥的难度

堆肥化过程中，通过堆肥的高温阶段（>50℃）摧毁有害病原体，通过微生物的代谢将堆肥原料中的有机物稳定化和腐殖化，最终使生物质废弃物得到有效的减量化和资源转化。堆肥化过程顺利完成需要的条件是适宜的原料碳氮比、适宜的初始微生物种类和数量、适宜的堆肥工艺条件。对于初始碳氮比适宜的原料及南方温暖地区，堆肥化过程较容易实现，但对于初始碳氮比条件较差及北方低温地区，除常规的工艺条件控制外，还需进行原料调配、原料预处理、外加生物菌剂，以及更有效的工艺优化和条件控制等来促进堆肥快速启动，提高堆肥品质。

烟草废弃物的化学成分主要是：碳水化合物约占 50%，烟碱占 1%~4%，树脂、多酚、木质素等占 15%~19%，果胶约占 4%，蛋白质约占 30%，灰分占 5%~13%。从成分上看，烟草废弃物是一种优质的生物质资源，具备可生物转化利用的基本条件。但是，烟草废弃物的碳氮比约为 18.3，低于堆肥适宜碳氮比（25~30），所以对烟草废弃物进行堆肥化处理前，有必要进行原料调配。另外，烟草废弃物中含有抑菌性物质如烟碱（尼古丁）和单宁，其在一定程度上抑制了堆肥初始发酵过程中的微生物活性，使得独立堆肥不易实现。例如，在云南农业大学李少明和竹江良的研究中，两个纯烟草废弃物的堆肥化处理均没有达到堆肥高温阶段（>50℃），纯烟草废弃物堆肥化处理的最高温度分别为 45℃和 43℃，而加入粪肥和催腐菌剂的堆肥化处理的最高温度分别达到了 54℃和 60℃，且高温阶段均持续了 5 d 以上；在阮爱东对烟碱的土壤微生物生态毒理研究中，也发现了不同浓度烟碱对土壤微生物表现出生态毒性。因此，烟草废弃物堆肥化处理前，有必要经过恰当的预处理除去部分烟碱等抑菌性物质。

好氧堆肥是利用有机固体废物中好氧菌进行高温发酵，要求堆肥温度在 50℃以上，并维持至少 5 d，以保证有充足的高温阶段杀灭病原菌、寄生虫卵、杂草种子，使有机物得到深度降解，最终转化为稳定腐殖质的过程。由于我国烟草废弃物产生于 10 月至次年 4 月，刚好处于低温季节，因此，需要采取相应的预处理和有效的促腐方式来促进堆肥初期的快速启动和堆肥过程的顺利完成。

烟草废弃物堆肥化处理的目的是对烟碱进行减量减毒，以及获得高质量的堆肥产品。国内外研究团队针对烟草废弃物堆肥的关键问题，开展了外源菌剂强化、调整碳氮比、优化堆肥过程工艺条件等研究，确定了烟草堆肥的可行性，也积累了大量的基础数据。但是，烟草废弃物堆肥效率还有待于进一步提高，尤其是低温条件下的启动；烟碱减毒减量方法还有待进一步拓展和深入研究；堆肥质量的评价体系需要进一步完善等。因此，有必要对烟草废弃物堆肥资源转化过程进行更为细致和有针对性的研究。

3.6.2 厌氧发酵技术的应用

为了能够合理地利用烟草废弃物，近年来，部分高校或科研机构已开始关注利用烟草废弃物进行厌氧发酵产沼气技术的研究。但是，相对于传统农作物的废弃物，烟草废弃物有一些特有性质，如含有烟碱、可能携带病原体等，这些特点可能会对厌氧发酵过程和沼肥的利用产生影响。

相对于主要农作物秸秆，烟草秸秆的纤维素含量略高（表 3－3），所以烟草秸秆进行厌氧发酵预处理的难度可能更大。而烟叶的纤维素含量较低，大量碳元素分布在果胶和还原糖中，故从纤维素含量和碳元素分布的角度来看，烟叶厌氧发酵的可行性较大。相对于纤维素，木质素成分更难被厌氧发酵微生物直接快速利用，烟草秸秆的木质素含量与主要农作物秸秆相差不大。通常认为，厌氧发酵原料的碳氮比宜为 20～30。烟草秸秆的碳氮比高于厌氧发酵适宜碳氮比的范围，且其氮元素含量高于其他农作物秸秆，因此，普遍认为采用烟草秸秆与富氮原料（通常是畜禽粪便）混合进行厌氧发酵可以获得更高的厌氧发酵效率。厌氧发酵原料中的有机成分，若其中挥发性成分多，则可生物降解或产沼气的潜力可能高。从表 3－3 可知，烟草秸秆和烟叶的挥发性成分含量比主要农作物秸秆高，故烟草废弃物产沼气的潜力理论上较好。但与主要农作物不同，烟草废弃物中含有烟碱，生物碱的存在可能抑制厌氧发酵微生物的代谢活动，从而降低烟草废弃物的沼气产量。

表 3－3　烟草废弃物和主要农作物秸秆理化特性

		玉米秸秆	小麦秸秆	水稻秸秆	烟草秸秆	烟叶
成分（%）	纤维素	37.24±3.38	38.26±4.40	41.30±3.60	41.38±4.76	14.66±1.75
	半纤维素	17.38±3.16	21.94±3.69	18.65±2.90	21.34±0.34	—
	木质素	23.13±2.92	21.73±2.53	18.51±3.04	18.49～20.74	—
	总氮	1.07±0.27	0.61±0.17	0.87±0.23	1.87～2.18	1.10～3.27
	挥发性成分	71.26±2.50	67.92±2.94	69.49±2.64	68.68～87.93	79.99
	烟碱	—	—	—	0.15～0.47	1.05～5.65
碳氮比		53.00	87.00	67.00	44.95～55.56	13.00

此外，烟草秸秆、烟叶不同部位的理化特性也有一定区别，在烟草废弃物沼气化利用中需要有针对性地考虑。

3.6.2.1 可行性的研究进展

烟草废弃物的理化特性表明，其从成分上是可以进行厌氧发酵生产沼气的。杨斌等以废弃烟叶为发酵原料，以污水处理厂的厌氧活性污泥为接种物，采用全混合批量发酵模式进行探索性试验。结果表明，废弃烟叶的碳氮比偏低，且含有对厌氧微生物有毒害作用的烟碱等生物碱，不能单独用来启动厌氧发酵，但可将其与牛粪、猪粪等农村常见厌氧发酵原料进行混合，从促进烟碱的厌氧降解、调节碳氮比等方面对发酵过程进行控制，以达到提高废弃烟叶厌氧发酵效果的目的。陈智远等将没有经过预处理的废弃烟草秸秆切碎至 2~3 cm 后与畜禽场沼液、沼渣混合，在 38℃的恒温条件下进行高浓度厌氧发酵产沼气研究。发酵持续 90 d，累计甲烷含量达 60% 以上，说明烟草秸秆是高浓度厌氧发酵的较好原料。丁琨等以烤烟秸秆与接种物的总固体质量比为 4∶6 配制发酵底物，研究烤烟秸秆在不同温度下采用厌氧发酵工艺产沼气的情况。结果表明，在室温和中温下，产气规律基本一致，都在第 5 天和第 25 天出现产气高峰；但中温下的沼气总生成量比室温下低约 50%。另外，丁琨等还利用 Chenoweth 方程建立动力学模型，对烤烟秸秆厌氧发酵过程的两个阶段进行拟合，所建模型得出的相关系数均大于 0.97，拟合所得结果与试验真实数据非常接近，为烤烟秸秆利用厌氧发酵工艺产沼气的实际应用提供了理论支撑。

3.6.2.2 预处理方式的研究进展

废弃物原料中的纤维素通常难以被厌氧发酵微生物直接快速利用，当原料中的纤维素含量较高时，水解过程通常是厌氧发酵过程的限速步骤，所以农作物秸秆类厌氧发酵原料在发酵之前通常采用切碎、碱处理等理化手段进行预处理，从而获得更高的发酵效率。因此，有效的预处理是保证烟草废弃物进行正常厌氧发酵的前提，也是提高沼气产量及发酵效率的关键。目前，预处理方式主要有物理预处理、化学预处理和生物预处理。

粉碎法是应用最普遍的物理预处理技术，但其不能有效地破坏原料内部晶体结构，可以与生物预处理或化学预处理结合使用，能有效提高处理效果。此外，研磨预处理、蒸汽爆破预处理和超声波预处理等也是较常见的物理预处理技术，这些预处理技术均对设备要求高、能耗较大，从而限制了其在实际生产中的应用。目前，挤压膨化预处理的研究具有较大热度，这是因为其处理过程在不消耗蒸汽的情况下能够达到类似蒸汽爆破预处理的效果，且连续生产性较好。

常见的化学预处理技术有酸预处理和碱预处理。酸预处理、碱预处理能直接与物料产生生化反应,去除木质素,可有效地打开作物内部的晶体结构,使纤维素和半纤维素更容易被发酵微生物菌群利用,从而产生沼气,但其可能造成二次污染,还需进一步考察和研究。

近年来,生物法预处理已成为研究热点,其反应较温和,对设备要求简单,能耗更少,更加环保可靠。生物法预处理是将作物中的木质素通过好氧微生物菌群降解,使作物更有利于厌氧发酵菌群进行分解的预处理方法。但其速度偏慢、耗时较长,所以需要寻找经济价值高、降解速率高的微生物菌种,并与其他预处理方式结合,以提高预处理环节的效率和经济效益。

3.6.2.3　接种物的研究进展

接种物的实质就是菌种,主要是指发酵过程中所需含有大量微生物的厌氧活性污泥。烟草具有杀菌效应,对许多厌氧菌有抑制作用,所以不同厌氧菌群的消化效果不同,进而得到不同的产气量和产气率。目前,普遍应用的传统厌氧发酵菌群极少有适应底物为烟草废弃物的,虽然各种接种物的驯化工艺已经有了长足进步,但尚未看到大规模应用的报道。

李雪等在中温(35℃)条件下,以玉米秸秆和牛粪为原料驯化获得的活性污泥作为接种物对烟草秸秆进行批式试验,结果表明,甲烷含量的最高峰出现在第 16 天,24 d 后日产气量下降到初期水平。李亚纯等以烤烟废弃鲜烟叶为发酵底物,分别对比了接种物为牛粪和碳铵的产气周期和产气率等参数,结果表明,牛粪的效果更好,因为牛粪经牛反刍后消化更充分,烤烟废弃鲜烟叶和牛粪混合,对沼液产生的酸化程度较轻,从而对菌群的活性影响较小,有利于沼气的快速产生。赵崧岐等研究了五种接种物对低次烟叶厌氧发酵产沼气的影响,结果显示,以猪粪+人粪+沼气池底泥+玉米芯为原料,并经过一年培育后的接种物对低次烟叶厌氧发酵的产气率和产气量都有较为明显的促进作用。

目前,国内烟草行业利用烟草废弃物产沼气的实际工程应用还较少,现有报道只见两例:一是昆船能源环保装备工程公司利用高温干式厌氧发酵对烟草废弃物进行中试研究,记录了发酵过程中沼气产量、pH 及甲烷含量等数据的动态变化。结果显示,发酵底物的 pH 为 7.3~7.9,产气量为 257.2 m^3/t,甲烷含量为 50%~60%,显示了对烟草废弃物采用高温干式厌氧发酵工艺产沼气的良好发展潜力,为规模化和工程化应用奠定了基础。二是云南省烟草红河州公司联合云南师范大学共建了国内第一个沼气替代燃煤烘烤烟叶项目,充分利用太阳能辅助热泵,实现了中温发酵沼气,进行烟叶烘烤,并形成了烟草农业建设与新农村相结合的生态循环经济新模式。

在今后的研究中，针对堆肥化处理烟草废弃物，预处理技术的组合使用及能应用于实际工程的预处理方式将是未来的主要研究方向。同时，对优秀接种物中的优势菌群进行筛选和培育，也是未来实现实际应用或工业化生产研究的重点。另外，应不断优化工艺参数，如发酵温度、酸碱度、碳氮比、干物质浓度等，并针对这些参数对整个发酵效果的影响程度进行分析和评价，以寻求经济合理、过程理想的控制范围。随着研究的不断深入，利用烟草废弃物厌氧发酵产沼气技术将有更广阔的应用前景。

参考文献

陈江华，刘建利，龙怀玉. 中国烟叶矿质营养及主要化学成分含量特征研究 [J]. 中国烟草学报，2004，10 (5)：20—27.

陈育如，骆跃军，李雪梅. 纸浆污泥和烟草废料的联合堆肥处理研究 [J]. 江苏农业科学，2005 (1)：92—94.

陈智远，姚建刚. 秸秆厌氧干发酵产沼气的研究 [J]. 农业工程技术，2009 (10)：24—26.

邓小刚，杨永平，高福宏，等. 以废弃鲜烟叶为主要原料的好氧堆肥法：中国，201210104739.8 [P]. 2012—04—11.

丁琨，田光亮，苏有勇，等. 烤烟秸秆厌氧发酵产沼气的动力学研究 [J]. 农机化研究，2013 (2)：217—220.

杜传印，杨晓东，赵振宇，等. 沼液在烟叶生产上的应用研究初报 [J]. 中国烟草科学，2015，36 (3)：46—50.

范建民，向培彩，刘长喜，等. 沼肥对香料烟生长及调制质量的影响 [J]. 中国沼气，1993，11 (2)：36—38.

高定，张军，陈同斌，等. 好氧生物堆肥过程中有机质降解模型的研究进展 [J]. 中国给水排水，2010，26 (1)：153—156.

高明，郭灵燕，席宇，等. 烟梗生物发酵制造有机肥 [J]. 烟草科技，2010 (12)：57—60.

郭松. 我国烤烟烟叶果胶、纤维素含量分布特点及对评吸品质的影响 [D]. 郑州：河南农业大学，2011.

郭秀芳，潘洁，陆文龙，等. 提高生活垃圾堆肥质量的试验 [J]. 环境卫生工程，2002，10 (3)：128—129.

何云龙. 烟草废弃物快腐及其堆肥在玉为上的应用效果研究 [D]. 长沙：湖南农业大学，2013.

江蕴华. 沼气发酵微生物群对某些植物成分的生理反应 [J]. 太阳能学报，1983，4 (1)：16−20.

李放，唐莉娜，蔡海洋，等. 废弃烤烟茎秆与鸡粪堆肥利用的研究 [J]. 农业环境科学学报，2009，28 (1)：194−198.

李放. 烤烟茎秆对水体环境的影响及其堆肥利用的研究 [D]. 福建：福建农林大学，2007.

李少明，邓文祥，郭亚妮，等. 微生物菌剂对烟末堆肥理化性状及种子发芽指数的影响 [J]. 云南农业大学学报，2007，22 (5)：706−713.

李少明，郭亚妮，陈成卫，等. 废弃烟末高温堆肥中氮变化研究 [J]. 云南农业大学学报，2008 (1)：109−112.

李少明，汤利，范茂攀，等. 不同微生物腐熟剂对烟末高温堆肥腐熟进程的影响 [J]. 农业环境科学学报，2008，27 (2)：783−786.

李世好，蒋云霞，温林川，等. 校园垃圾和园林废弃物堆腐物作为花卉栽培基质可行性研究 [J]. 安徽农业科学，2015，43 (3)：273−276.

李素兰. 烤烟茎秆与城市汭水堆肥利用的研究 [D]. 福建：福建农林大学，2007.

李晓平，吴章康，张聪杰. 烟秆纤维部分物理性能在纵向上的变异特性 [J]. 浙江农林大学学报，2013，30 (4)：548−551.

李雪，张欣，葛长明，等. 不同秸秆厌氧发酵产沼气潜力研究 [J]. 江苏农业科学，2016，44 (6)：496−499.

李亚纯，朱红根，彭桃军，等. 烤烟废弃鲜叶作为沼气发酵原料的适用性研究 [J]. 湖南农业科学，2014 (17)：45−52.

林长松，李玉英，刘吉利. 能源植物资源多样性及其开发应用前景 [J]. 河南农业科学，2007 (12)：17−22.

刘超，王若斐，操一凡，等. 不同碳氮比下牛粪高温堆肥腐熟进程研究 [J]. 土壤通报，2017，48 (3)：662−668.

刘绍鹏，李清秀，贺峰. 秸秆不同还田方式的堆肥效果 [J]. 江苏农业科学，2016，44 (8)：483−485.

任天宝，张百良，刘国顺，等. 一种利用烟秆快速生产生物有机肥的方法及生物有机肥：中国，201310029390.0 [P]. 2013−01−25.

佘安容，沈吉娜，胡建平. 沼肥在烤烟生产上的应用及其发展探讨 [J]. 中国沼气，2012，30 (4)：57−59.

宋彩红，李鸣晓，魏自民，等. 初始物料组成对堆肥理化、生物和光谱学性质

的影响 [J]. 光谱学与光谱分析，2015，35（8）：2268−2274.

唐蓉. 烟草废弃物高温干式厌氧发酵的中试研究 [C]. 中国农业工程学会 2011 年学术年会，2011：352.

王洪敏，贾立明，段辉. 水溶性有机物荧光指标 LM 神经网络法评价堆肥腐熟度研究 [J]. 化学工程师，2017，31（2）：21−25.

吴凤光，王林，汪健，等. 沼液施用量对烤烟生长发育及其产量和品质的影响 [J]. 湖北农业科学，2011，50（8）：1606−1610.

吴水福，尹增松. 利用烟草固体废弃物生产天然有机肥的方法：中国，201410021420.8 [P]. 2014−01−17.

辛熊. 功能型真菌发酵烟草废弃物制备生物肥料的研究 [D]. 昆明：云南大学，2011.

徐智，范茂攀，王宇蕴，等. 废烟末袋式堆肥基础工艺参数研究 [J]. 云南农业大学学报，2013，28（4）：607−611.

燕晋媛. 烟草废弃物静态堆肥微生物菌剂及其动态过程研究 [D]. 昆明：云南大学，2012.

杨斌，李彦，张无敌，等. 废弃烟叶厌氧消化的实验探索 [J]. 云南师范大学学报，2012，32（3）：28−33.

杨懂艳，李秀金，高志坚，等. 化学与生物预处理对玉米秸生物气产量影响的初步比较研究 [J]. 农业工程学报，2003，19（5）：209−213.

叶协锋，刘红恩，孟琦，等. 不同类型烟秸秆化学组分分析 [J]. 烟草科技，2013（10）：76−79.

殷浩金. 一种微生物发酵有机肥：中国，CN201310327763.2 [P]. 2013−07−31.

云南省烟草公司红河州公司. 走烟草农业可持续发展的道路——红河州弥勒现代烟农业循环经济沼气烤烟示范项目简介 [J]. 云南科技管理，2010（5）：155.

张阅，王磊，陈金海. 物料预处理对堆肥减量化、腐殖化和稳定化的影响及其微生物机制 [J]. 工业微生物，2015，45（1）：7−14.

赵德清，戴亚，冯广林，等. 烟秆的化学成分、纤维形态与生物结构 [J]. 烟草科技，2016，49（4）：80−86.

赵高岭，杜雷，高明，等. 烟梗有机肥发酵过程中酶活性的变化 [J]. 中国烟草科学，2012，33（1）：43−47.

赵会纳，雷波，陈懿，等. 沼液对烟苗生长及生理特征的影响 [J]. 中国烟草科学，2011，32（5）：87−91.

赵崧岐，宋洪川，高旭红，等. 不同接种物对低次烟叶厌氧消化产沼气的影响 [J]. 安徽农业科学，2015，43（22）：191—192.

周思，刘水霞，葛永. 碳氮比对猪粪堆肥腐熟度的影响 [J]. 贵州农业科学，2017，45（9）：65—68.

朱大恒，袁红星，席宇，等. 一种烟梗有机肥及其制造、使用方法：中国，200910165144.1 [P]. 2009—07—17.

朱能武. 固体废物处理与利用 [M]. 北京：人民出版社，2006.

竹江良，刘晓林，李少明，等. 两种微生物菌剂对烟草废弃物高温堆肥腐熟进程的影响 [J]. 农业环境科学学报，2010，29（1）：194—199.

竹江良，汤利，刘晓琳，等. 猪粪比例对烟草废弃物高温堆肥腐熟进程的影响 [J]. 农业环境科学学报，2010，29（4）：779—784.

Adediran J A, Mnkeni P N S, Mafu N C, et al. Changes in chemical properties and temperature during the composting of tobacco waste with other organic materials, and effects of resulting composts on Lettuce (*Lactuca sativa* L.) and Spinach (*Spinacea oleracea* L.) [J]. Biological Agriculture & Horticulture, 2004, 22 (2): 101—119.

Alonso J M, Górzny M, Bittner A M. The physics of tobacco mosaic virus [J]. Trends in Biotechnology, 2013, 31 (9): 530—538.

Briski F, Kopcic N, Cosic I, et al. Biodegradation of tobacco waste by composting: genetic identification of nicotine—degrading bacteria andkinetic analysis of transformations in leachate [J]. Chemical Papers, 2012, 66 (12):1103—1111.

Briski, Horgas N, Vukovic M, et al. Aerobic composting of tobacco industry solid waste—simulation of the process [J]. Clean Technology Environment Policy, 2003, 5 (3—4): 295—301.

Chandra R H, Takeuchi T, Hasegawa, et al. Methane production from lignocellulosic agricultural crop wastes: a review in context to second generation of biofuel production [J]. Renewable and Sustainable Energy Reviews, 2012 (16): 1462—1476.

Chun M L, Akiber C W, Huan T, et al. Biogas production and microbial community properties during anaerobic digestionof corn stover at different temperatures [J]. Bioresource Technology, 2007, 98 (1): 9—11.

Cosic, Vukovic M, Gomzi Z, et al. Comparison of various kinetic models for batch biodegradation of leachate from tobacco waste composting [J]. Revista de Chimie—Bucharest，2012，63（9）：967—971.

Fu S F，Wang F，Shi X S，et al. Impacts of micro—aeration on the anaerobic digestion of corn straw and the microbial community structure [J]. Chemical Engineering Journal，2016（287）：523—528.

Gebologlu N，Durukan A，Cetin S C. Determination of heavy metal and nutrient contents and potential use of tobacco waste compost in vegetable seedling production [J]. Asian Journal of Chemistry，2005，17（2）：829—834.

Hongyan Z，Jie L，Jiajia L，et al. Organic loading rate shock impact on operation and microbial communities in different anaerobic fixed—bed reactors [J]. Bioresource Technology，2013（140）：211—219.

Kayikcioglu H H，Okur N. Evolution of enzyme activities during composting of tobacco waste [J]. Waste Management & Research，2011，29（11）：1124—1133.

Kopcic N，Vukovic M，Kucic D，et al. Evaluation of laboratory—scale in—vessel co—composting of tobacco and apple waste [J]. Waste Manage，2014，34（2）：323—328.

Latifah O，Ahmed O H，Susilawati K，et al. Compost maturity and nitrogen availability by co—composting of paddy husk and chicken manure amended with clinoptilolite zeolite [J]. Waste Management & Research，2015，33（4）：322—331.

Liu Y，Dong J，Liu G，et al. Co—digestion of tobacco waste with different agricultural biomass feedstocks and the inhibition of tobacco viruses by anaerobic digestion [J]. Bioresource Technology，2015（189）：210—216.

Meher K K，Panchwagh A M，Rangrass S，et al. Biomethanation of tobacco waste [J]. Environmental Pollution，1995，90（2）：199—202.

Monlau F，Sambusiti C，Ficara E，et al. New opportunities for agricultural digestate valorization：current situation and perspectives [J]. Energy & Environmental Science，2015，8（9）：2600—2621.

Okur N，Husnu H K，Okur B，et al. Organic amendment based on tobacco waste compost and farmyard manure：influence on soil biological properties and buter—head lettuce yield [J]. Turkish Journal of Agriculture and

Forestry，2008，32 (2)：91—99.

Piotrowska－cyplik A，Olejnik A，Cyplik P，et al. The kinetics of nicotine degradation, enzyme activities and genotoxic potential in the characterization of tobacco waste composting [J]. Bioresource Technology，2009，100 (21)：5037—5044.

Ren J，Yuan X，Li J，et al. Performance and microbial community dynamics in a two－phase anaerobic co－digestion system using cassava dregs and pig manure [J]. Bioresource Technology，2014 (155)：342—351.

Saithep N，Dheeranupatana S，Sumrit P，et al. Composting of tobacco plant waste by manual turning and forced aeration system [J]. Maejo International Journal of Science and Technology，2009，3 (2)：248—260.

Shah F A，Mahmood Q，Rashid N，et al. Co－digestion, pretreatment and digester design for enhanced methanogenesis [J]. Renewable and Sustainable Energy Reviews，2015 (42)：627—642.

Stachowiak B，Piotrowska－cyplik A，Dach J. Assessing the fungi static activity of a compost prepared from plant biomass with the addition of tobacco waste [J]. Ochrona Srodowiska，2008，30 (3)：27—29.

Steffen F，Requejo A，Ewald C，et al. Anaerobic digestion of fines from recovered paper processing－Influence of fiber source, lignin and ash content on biogas potential [J]. Bioresource Technology，2016 (200)：506—513.

Wang S P，Zhong X Z，Wang T T，et al. Aerobic composting of distilled grain waste eluted from a Chinese spirit－making process：the effects of initial pH adjustment [J]. Bioresource Technology，2017，245 (2018)：778—785.

Xu A，Zhao Z，Chen W，et al. Self－interaction of the cucumber mosaic virus 2b protein plays a vital role in the suppression of RNA silencing and the induction of viral symptoms [J]. Molecular Plant Pathology，2013，14 (8)：803—812.

Xu F，Li Y. Solid－state co－digestion of expired dog food and corn stover for methane production [J]. Bioresource Technology，2012 (118)：219—226.

Yueh F L，Jian S，Michael N，et al. Impact of different ratios of feedstock to liquid anaerobic digestion effluent on the performance and microbiome of solid－state anaerobic digesters digesting corn stover [J]. Bioresource Technology，2016 (200)：744—752.

Zhang L，Sun X Y. Effects of rhamnolipid and initial compost particle size on the two－stage composting of green waste ［J］. Bioresource Technology，2014，163（7）：112－122.

Zhou Y，Selvam A，Wong J W C. Chinese medicinal herbal residues as a bulking agent for food waste composting ［J］. Bioresource Technology，2017（249）：182－188.

Zhu N W. Effect of low initial C/N ratio on aerobic composting of swine manure with rice straw ［J］. Bioresource Technology，2007，98（2）：9－13.

Zittel R，Pinto da Silva C，Domingues C E，et al. Treatment of smuggled cigarette tobacco by composting process in facultative reactors ［J］. Waste Management，2018（71）：115－121.

第4章　燃料化技术

4.1　概述

有机废弃物燃料化技术，是指将有机废弃物经预处理后，制成定型或不定型，具有较高热值的固态原料，并通过燃烧方式获能的技术。主要包括焚烧技术、废弃物衍生燃料（RDF）技术、生物质燃料技术等。其中，RDF 技术和生物质燃料技术用于将有机废弃物制成具有较高热值且易于储运的优质燃料；焚烧技术是通过高效燃烧以分解有机物并获取热能的废弃物处理技术。

国内外城市固体废物处理利用的实践表明，有机废弃物焚烧技术的减容减量程度高，在能量回收利用及污染物控排方面具有优势，是一种可同时实现有机废弃物的减量化、无害化、能源化的处理技术，目前已处于有机废弃物处理技术的中心地位，在世界范围得到了广泛应用。本章主要就焚烧技术及相关废弃物衍生燃料技术、生物质燃料技术进行介绍。

4.2　焚烧技术

4.2.1　焚烧技术简介

焚烧技术是一种对有机废弃物进行高温热处理的技术，通过将有机废弃物作为燃料送入焚烧炉内，与过量的空气进行氧化燃烧反应，有机废弃物中所含的化学能以热能的形式释放出来，转化为高温气体，最终产生少量性质稳定的固体残渣。同时，有机废弃物中的有毒有害物质在 850℃～1200℃的高温下经氧化、热解而被破坏。

一般城市固体废物的热值与褐煤、油页岩接近，大约 2 t 城市固体废物的热能相当于 1 t 煤或 0.4 t 石油，焚烧 1 kg 城市固体废物可得到 1200～1400 kcal

的热量，约为城市煤气热量的 30%。不仅如此，包括城市固体废物在内的各类生物质燃料（如农业废弃物、木材、废弃物衍生燃料等）均可以在工业化的焚烧炉中燃烧，产生的热蒸汽用以驱动涡轮机，涡轮机再驱动发电机进行发电，从而将存储在生物质中的化学能转化为热能、机械能或电能。

焚烧技术的主要优点如下：

（1）无害化。有机废弃物经焚烧处理后，其中的病原体被彻底杀灭，有毒有害的有机物被分解破坏，燃烧过程中产生的有害气体和烟尘经处理后达到排放要求，无害化程度高。

（2）减量化。经过焚烧，可实现有机废弃物的质量或体积大幅度减小，一般可减重 80% 和减容 90% 以上，减量效果好，可节约大量填埋场占地。

（3）资源化。有机废弃物焚烧所产生的高温烟气，其热能被废热锅炉吸收转变为蒸汽，用来供热或发电。

（4）经济性。垃圾焚烧厂占地面积小，尾气经净化处理后污染较小，可以靠近市区建厂，既节约用地，又缩短了运输距离，对于经济发达的城市尤为重要。焚烧处理可全天候操作，不易受天气影响。随着对城市生活垃圾填埋处置要求的愈加严苛，焚烧处理费用可望低于填埋法。

需要指出的是，焚烧技术远未完善，其主要缺点及存在的问题如下：

（1）成本较高。焚烧技术投资较大，占用资金周期长。

（2）燃料要求高。焚烧适宜处理有机成分多、热值高的固体废物。要求燃料的热值一般不能低于 3360 kJ/kg（800 kcal/kg）。对于可燃有机组分很少、热值较低的有机废弃物，需添加煤粉等辅助燃料才能进行焚烧，或者需要进行适宜的预处理，如进行分选或加工成废弃物衍生燃料，从而增加了运行成本。另外，当不同来源的有机废弃物的成分跨度较大、热值差异较大时，也限制了焚烧技术的应用。

（3）污染控排。由于焚烧过程中的不完全燃烧等因素，可能产生较为严重的二噁英问题。同时，焚烧后排出的灰渣和粉尘通常含有汞、铅等有害金属，若处理不善将造成环境的二次污染。因此，必须对可能排放的污染物进行净化处理。

（4）沉积腐蚀。有机废弃物中的碱金属、硫等浓度相对较高，这些化学物质在焚烧过程中发生许多化学反应，最终导致在锅炉传热表面的沉积或结垢，这将降低系统的有效传热，所以需要对焚烧炉进行频繁的清洗维护。另外，由于垃圾中常含有聚氯乙烯塑料、食盐及其他含氯化合物，在高温受热时产生氯化氢气体，对炉内金属部件产生剧烈腐蚀，并最终降低管道强度，导致孔洞的形成。

上述问题导致将有机废弃物中的能量变为电能的投资及运行成本相对较高，焚烧技术的经济性及资源化利用仍有较大的改善余地。

4.2.2　焚烧技术的发展及应用现状

4.2.2.1　国外发展情况

采用焚烧法处理城市固体废物已有 100 多年的历史。由于有机废弃物焚烧处理具有优异的减量化效果，体积和重量可分别缩减 70%～90% 和 50%～80%，因此，从 20 世纪 60 年代开始，焚烧技术快速发展，以缓解填埋技术带来的土地资源供应紧张的问题。到 70 年代，能源危机爆发，使得各国更加关注焚烧有机废弃物以获能利用，焚烧技术得到了进一步广泛使用。尤其在近 20 年，为应对填埋技术带来的渗滤液污染及甲烷排放等环境问题，有机废弃物焚烧发电技术得到了迅速发展，已在发达国家得到大量应用，并产生了良好的环保效益和经济效益。

从全球范围来看，典型的土地资源紧缺型国家大多主要采用焚烧方式处理废弃物。目前全世界已拥有 2000 多座现代化垃圾焚烧厂。其中，日本就有 300 多座，其 3/4 的城市垃圾是通过焚烧进行处理的；美国有 200 多座，其垃圾焚烧发电站的总装机容量位居世界第一；西欧各国利用垃圾焚烧热能的工厂近 200 座。在工业发达的欧洲和美国、日本等地区和国家，城市垃圾经焚烧处理的比例高达 50%～70%，部分国家甚至超过 90%。就有机废弃物焚烧的比例而言，瑞典是焚烧处理能力最高的国家之一。2017 年，有超过 760 万吨有机废弃物被用作焚烧设施的燃料，其中 610 万吨有机废弃物用于具有能量回收功能的专用有机废弃物焚烧装置。

目前，许多国家都在论证或实施材料利用率更高的循环经济，以减少产生的有机废弃物总量。反过来，这种循环经济也将改变可供焚烧的有机废弃物燃料组成。特别是塑料和纺织品等热值较高的有机废弃物将更大限度地被预先分离，但这并不会完全消除对焚烧技术的需要。例如，由于增加回收意味着有害物质将会在所回收材料中持续积累，因而必须采取适宜的处理模式来去除这类物质；还存在许多不适合进一步回收的材料，如纸张和纺织纤维每次经过机械回收，其寿命都会缩短，最终会因寿命太短而无法正常使用。因此，即使在循环经济模式下，仍然需要采用焚烧技术对有机废弃物进行最终的减量获能处理。

4.2.2.2　国内发展情况

我国城市固体废物焚烧技术的发展起步较晚。自 20 世纪 80 年代末开始，在少数大型城市引入垃圾焚烧处理设施，随后发展较为缓慢。进入 21 世纪后，这一技术才得到迅速发展，从 2003 年的 47 座焚烧厂（年处理量 369.9 万吨，占无害化处理总量的 4.9%）扩增到 2019 年的 389 座焚烧厂（年处理量达 12174.2 万吨，占无害化处理总量的 50.1%）。经过近 16 年的发展，我国城市固体废物焚烧处理量增加了约 32 倍，焚烧技术在无害化处理总量中的占比约为 2003 年的 10 倍，占比超过 50%，已成为我国城市固体废物无害化处理的首要方式。

从地域分布情况来看，我国现有垃圾焚烧厂主要分布在广东、山东、浙江、江苏、北京、上海等经济较为发达、固体废物热值较高、人口密度大、土地资源短缺的东部沿海地区，以及四川等人口稠密且地理条件较为特殊的地区。

焚烧垃圾获得能源以实现城市固体废物的减量化、无害化和资源化，是我国处理城市固体废物的一个重要发展方向。2000 年我国城市固体废物抽样调查结果表明，城市固体废物的热值为 1850～6413 kJ/kg，大多约为 4000 kJ/kg。随着经济水平的提高，城市固体废物中可燃有机物的比例增加，固体废物热值相应提高，将进一步促进焚烧技术在我国的广泛应用。

4.2.2.3　焚烧技术的应用及新趋势

从实际运营的经济性和环保性的角度来看，当前废弃物焚烧的根本出路在于既要保证废弃物减量，又要尽可能降低处理过程中的二次污染，尽量减少处理过程中的自身能耗，最大限度地外供热能。因此，发展出两类主要的废弃物焚烧厂，即混烧式废弃物焚烧厂和废弃物衍生燃料焚烧厂。

与单纯焚烧废弃物相比，将煤与废弃物混烧的技术能够保证燃烧稳定，提高发电效率。按我国目前的固体废物热值状况，在达到良好焚烧效果的前提下，混合燃料中的煤含量需保持在 10% 以上。而随着城市固体废物热值的增大，混合燃料中的煤含量可逐渐减少。当固体废物热值增大到 6000 kJ/kg 以上时，即可单纯焚烧固体废物，不用再采用混合燃料。因此，从技术进步和经济发展的角度看，煤与废弃物混烧技术是一种"过渡"技术。

与传统的废弃物焚烧处理相比，废弃物衍生燃料焚烧具有适用容量大、余热利用高、可资源回收等优势。近年来，我国在利用城市固体废物、农业废弃物、木材等生物质原料制造衍生燃料方面的研究和应用越来越广泛。随着经济和技术的发展，城市固体废物热值逐渐增加，农业废弃物等可利用的生物质原料供给更加丰富且稳定，废弃物衍生燃料焚烧技术将得到更具经济性的应用。

除了上述主流焚烧技术，催化焚烧技术等也得到了广泛关注和持续研究。在废弃物的热转化处理过程中加入催化剂，可以降低反应活化能，加速燃烧反应进程，促使反应向较低的温度偏移，从而能在较低燃烧温度下进行燃料的热转化。例如，Ciambelli 等的研究证明，在 $Cu-V-K$ 复合催化剂的作用下，炭的催化燃烧温度可以降低约 300℃；解强等使用金属氧化物作为催化剂，初步研究了废塑料、废纸张、树叶等的催化燃烧试验，结果表明，与不加催化剂的反应比较，废弃物燃料的反应终温、最大反应速率对应的温度均有所降低，最大降幅达 120℃。可以预见，催化焚烧技术在降低废弃物热处理能耗、减少二次污染方面将为废弃物的高效焚烧获能提供一种新的解决方案。

4.2.3 焚烧技术的基本原理

4.2.3.1 焚烧的机理和类型

通常把具有强烈放热效应、有基态和电子激发态的自由基出现并伴有光辐射的化学反应现象称为燃烧。燃烧可以产生火焰，而火焰又能在合适的可燃介质中自行传播。在燃烧反应中，蒸发、混合、扩散、对流、热传导、辐射和发光等化学过程及物理过程快速复杂地进行。这些过程相互影响、相互制约，共同组成一个极为复杂的综合过程。燃烧是获取热量的最简单的方式。燃料中的碳、氢、氧等与过量的空气或氧气完全燃烧，产生热的燃烧气体（如 CO_2、水蒸气等），可用于锅炉产生蒸汽并进一步转化为电能。燃烧反应一般由下式表示：

$$C_x H_y O_z + \left(x + \frac{y}{4} - \frac{z}{2}\right)O_2 == xCO_2 + \frac{y}{2}H_2O$$

对于木质纤维素生物质燃料，其燃烧反应可表示为

$$C_6 H_{10} O_5 + 6O_2 == 6CO_2 + 5H_2O + 17.5\ MJ/kg$$

4.2.3.2 焚烧过程的物理化学变化

从工程技术角度看，可将有机废弃物的焚烧分为三个阶段：干燥加热阶

段、燃烧阶段、燃尽阶段。由于焚烧是一个传质、传热的复杂过程，故这三个阶段没有严格的划分界限。从炉内实际过程看，送入的有机废弃物中，有的还在干燥加热，而有的已开始燃烧，甚至已燃尽。对于同一物料，物料表面已进入燃烧阶段，而内部可能还在干燥加热。

(1) 干燥加热阶段。随着物料送入炉内，温度逐渐升高，其表面水分开始以蒸汽的形式逐步释放出来，此时物料温度基本稳定。随着不断加热，物料中的水分大量析出，物料逐渐干燥。当水分基本析出完全后，物料温度开始迅速上升，直至着火进入燃烧阶段。由于要为物料的水分蒸发提供汽化热能，因此该阶段需要吸收大量的热量，是一个吸热过程。物料的水分越多，干燥时间越长，使炉内温度降低，影响后续着火燃烧，此时需投入煤粉等辅助燃料，以提高炉温，改善干燥条件。

(2) 燃烧阶段。待物料基本干燥之后，如果炉内温度足够高，且有足够的氧化剂，物料将顺利进入燃烧阶段。燃烧阶段包括强氧化反应、热解、原子基团碰撞三个同时发生的化学反应模式。①强氧化反应：即产热且发光的快速氧化过程，在锅炉中提供高温。②热解：是一种热诱导的裂解反应，指在无氧或近乎无氧的条件下，利用热能破坏化合物元素间的化学键，使化合物破坏或进行重组。尽管焚烧工艺要求确保有过剩空气量，以提供足够的氧与待焚烧物料进行有效接触，但仍有不少物料难以与氧接触。这部分物料在高温条件下被热解释放出组分简单的物质，如气态的 CO、H_2O、CH_4，剩余的固体由无机物和焦炭组成。③原子基团碰撞：燃烧过程出现的火焰实质上是高温下富有含原子基团的气流，它们的电子能量跃迁和分子的旋转以及振动产生量子辐射，包括红外线的热辐射、可见光以及波长更短的紫外线。火焰的性状取决于温度和气流组成。通常温度在 1000℃ 左右就能形成火焰。

(3) 燃尽阶段。物料在燃烧阶段进行了强烈的发热、发光、氧化反应之后，参与反应的可燃物质浓度相应减少，惰性物质增加，氧化物质的量相对较多，反应区温度降低。要使物料中未燃的可燃成分反应燃尽，就必须保证足够的燃尽时间，从而使焚烧过程延长。

4.2.3.3 燃烧结果

在整个焚烧过程中，燃烧结果（图4-1）有以下三种可能情况：

(1) 有机废弃物的主要部分很可能在一级燃烧室就被氧化或全部破坏；或者一部分有机废弃物在一级燃烧室被热解，而在二级燃烧室或后燃室完全燃尽。

(2) 很少一部分有机废弃物由于某种原因在焚烧过程中逸离而未被燃尽，

或只有部分被燃尽，可能导致原有机废弃物有害组分未被有效破坏或去除。

（3）可能会产生一些中间产物，如某些不完全燃烧的排放物。这些中间产物可能比原有机废弃物更有害。

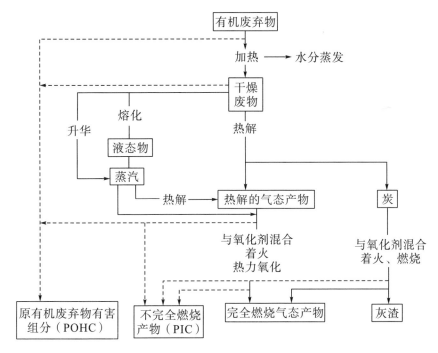

图 4-1　燃烧结果

4.2.4　焚烧技术工艺

焚烧技术工艺主要包括有机废弃物原料的预处理、储存和进料、焚烧炉燃烧、废热回收、灰渣处理、烟气净化等。基本工序为：有机废弃物原料经预处理后，由进料设备加入焚烧炉内，依次经过干燥、高温引燃、燃烧，最后烧成灰烬，落入冷却设备，经磁选回收废铁后，送往填埋场处理。焚烧产生的高温烟气经锅炉进行能量交换以供热或发电，冷却后的烟气进入净化设备，依次去除酸性气体、粉尘、二噁英等污染物后排入大气扩散。其中，原料的预处理、焚烧炉燃烧、烟气净化是整个焚烧技术的关键环节，决定了焚烧厂的工艺流程、设备结构及焚烧效能。

4.2.3.4　有机废弃物原料的燃烧特性及预处理

有机废弃物热值分为高位热值和低位热值（即净热值）。高位热值是物料完全燃烧氧化释放出的化学能。在实际燃烧过程中，烟气中水蒸气的汽化潜热是不能加以利用的。高位热值扣除烟气中水蒸气的汽化热后，剩余热值即低位热值。废弃物含水量越高，其净热值越小。废弃物能否采用焚烧技术进行处理的最基本条件之一就是其热值能否支持对自身的干燥，并维持一定的焚烧温度。一般来说，净热值小于 3300 kJ/kg 的废弃物不适宜进行焚烧处理，净热值为 3300～5000 kJ/kg 的废弃物适宜进行焚烧处理，净热值大于 5000 kJ/kg 的废弃物适宜进行焚烧处理并回收热能。

考虑到废弃物成分的复杂性、品质的差异性及热值偏低，如果不经预处理直接焚烧，不仅不利于设备的安全运行，增加焚烧处理的难度，而且浪费了一定的可回收利用资源。因此，需要在进入焚烧炉之前对废弃物原料进行分选、破碎等预处理，去除其中的大多数不燃物，并将废弃物粒径减小至适宜尺寸，从而提高燃烧温度，减少有害气体的排出，提升焚烧效率。经过预处理的废弃物原料，其可燃组分的含量明显增大，低位热值可从 4000 kJ/kg 提升至 6000 kJ/kg 以上。

4.2.3.5 焚烧炉系统

焚烧炉是整个工艺流程中最关键的环节，其类型主要由废弃物的燃烧特性和补充燃料的种类来决定，还与系统的后处理及是否回收废热等因素有关。根据废弃物的焚烧方式，焚烧炉系统主要分为炉排式、流化床式、回转窑式等。对于常规固体废物的焚烧处理，主要采用炉排式焚烧炉和流化床式焚烧炉。其中，炉排式焚烧炉是使用最多的类型，占世界焚烧市场总量的 80% 以上，其优势在于运行稳定可靠，无须严格的预处理，对燃料的适应性较好，适用于低热值、高灰分的城市固体废物的焚烧。与炉排式焚烧炉相比，流化床式焚烧炉没有运动部件，设备成本较低，但其燃料需要更高程度的预处理，因此运行成本较高。回转窑式焚烧炉多用于有毒有害工业垃圾等危险废物的处理。

我国城市生活废弃物中不可燃组分较多且成分变化较大、水分含量较高、热值偏低，所以要求焚烧系统对于废弃物原料具有很强的适应性，以保证废弃物的稳定燃烧。因此，我国当前固体废物的焚烧处理多采用以马丁炉为代表的炉排式焚烧炉系统。

4.2.3.6 焚烧的影响因素

影响有机废弃物焚烧过程的四个主要因素是焚烧温度、混合程度、停留时间、空气过量系数，这也是反映焚烧炉系统性能的主要指标。

（1）焚烧温度。焚烧温度是可燃固体焚烧所能达到的最高温度，与有机废弃物的燃烧特性有直接关系，有机废弃物热值越高、水分越低，焚烧温度越高，越有利于有害成分的分解和破坏，焚烧效果越好，还可抑制黑烟产生。但过高的焚烧温度不仅会增加燃料消耗，而且会增加烟气中挥发的金属及氮氧化物，造成二次污染。为防止 NO_x 形成，焚烧温度最好控制在 1300℃以下。通常大多数有机物的焚烧温度范围为 800℃～1100℃。不同类型的有机物具有不同的最适焚烧温度。例如，含氯物质的最适焚烧温度为 800℃～850℃，含氰物质的最适焚烧温度为 800℃～950℃。

（2）混合程度。混合程度是表征有机废弃物和空气混合程度的指标。要使有机废弃物燃烧完全，减少污染物形成，必须使其与助燃空气充分接触。扰动是增大有机废弃物与助燃空气混合程度的关键。焚烧炉的扰动方式有空气流扰动、机械炉排扰动、流态化扰动及回转扰动等，其中流态化扰动的效果最好。

（3）停留时间。有机废弃物中有害组分在焚烧炉内发生氧化、燃烧变成无害物质所需时间为焚烧停留时间。一般认为，有机废弃物燃料需要的停留时间与其粒径、含水量等因素相关。燃料粒径越小，燃烧速度越快，其停留时间就越短。燃料含水量越大，干燥所需时间越长，其停留时间就越长。

（4）空气过量系数。在实际焚烧系统中，如果仅按化学计量测算的理论值供给空气，无法达到预期的燃烧效果。为使燃烧完全，需要增加比理论值更多的助燃空气，以使有机废弃物与空气充分混合燃烧。空气过量系数用于表示实际空气量与理论空气量的比值。空气过量系数过低，会使燃烧不完全，有害物质焚烧不彻底；空气过量系数过高，则会降低燃烧温度，影响燃烧效率，增加燃烧系统的排气量和热损失。

4.2.3.7 焚烧系统的效能评估

实践表明，由热能转变为机械能再转变为电能的过程，热效率不高，能量损失很大，如焚烧炉－废热锅炉系统的典型热效率约为 3％，蒸气透平发电系统的典型热效率约为 30％。因此，焚烧后可利用的热能应是从焚烧产生的总热量中减去各种热损失。

焚烧过程中的能量损失如图 4－2 所示。当燃料存储的化学能在 850℃条件下经完全氧化转化为高温烟气时，损失约 49％；在 420℃和 40 bar 的条件下产生蒸汽时，如果低温烟气直接进入烟囱排放，则热交换器将损失 2％的初始能量；最终生成的热蒸汽携带有约 30％的初始能量。该过程还未考虑由于缺乏隔热措施或发生泄漏而造成的热损失，实际的热损失可能更大。

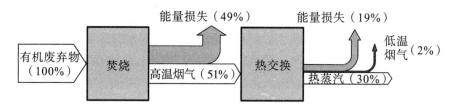

图 4-2　焚烧过程中的能量损失

4.2.4　焚烧技术的污染控制

4.2.4.1　焚烧排放的污染物及排放标准

有机废弃物经焚烧获能后主要以烟气和灰渣的形式排放。烟气中的污染物主要为烟尘、SO_2、NO_x、HCl 和二噁英等，灰渣中的污染物主要为金属氧化物或非金属氧化物。其中，二噁英（PCDDs/PCDFs）是焚烧过程中最突出的污染物。尽管二噁英的生成量极少，但其毒性大、可致癌，在环境迁移过程中进行化学反应、光化学反应、代谢和生物降解，并可持久蓄积。

许多国家规定了焚烧烟气污染物的排放限值，如有害组分的去除率、HCl排放量、烟气颗粒物含量等。对于二噁英，发达国家早在 1990 年前后就提出了严格的排放标准为 0.1 ng TEQ/m^3。我国的控排标准要求相对较低，实施进程相对较晚，于 2014 年实施的《生活垃圾焚烧污染控制标准》要求二噁英排放量应低于 0.1 ng TEQ/m^3。

4.2.4.2　二噁英的控排

对于二噁英的产生原理，主流观点认为：①在燃烧过程中，有机废弃物中的低沸点烃类物质析出，在乏氧条件下不完全燃烧而生成二噁英前体；②有机废弃物中含有氯元素，燃烧时可能生成 HCl；③二噁英前体及未燃尽的烷烃物质，在烟尘中 Cu、Ni、Fe 等金属的催化作用下，与烟气中的 HCl 和 O_2 在 300℃下发生反应，从而生成二噁英，即"二次合成"。基于此，可通过三个方面的措施来控制焚烧烟气中的二噁英排放，即控制有机废弃物来源，避免含二噁英及 PVC 塑料等含氯物质进入垃圾；改善燃烧条件，构筑高温燃烧区，添加脱氯剂以减少炉内形成；采用干/湿法喷粉、袋式除尘并结合活性炭吸附，以去除尾段烟气中的二噁英。这些方法取得了一定的成效，但也有局限性。如要建立炉内高温区，需添加煤或燃油，导致运行成本增加，且高温燃烧将造成

NO_x 排放浓度升高。

4.2.4.3 有害气体的控排

焚烧烟气中的 HCl、SO_2 等酸性气体主要通过碱液洗气法去除。对于 NO_x，往往通过控制焚烧温度和氧浓度的措施以减少生成；还可采取选择性非催化还原（SNCR）和选择性催化还原（SCR）方法，以控制 NO_x 的排放。在 SNCR 方法中，将氨或尿素注入燃烧室上部，在 850℃～950℃ 的条件下，通过还原反应可以使氮氧化物的含量减少 60%；在 SCR 方法中，通过催化还原反应，可以去除 90% 以上的氮氧化物，但该法由于需要加入催化剂，净化成本相应增加。

4.2.4.4 灰渣的处理与利用

焚烧后残留的灰渣中存在大量的 Pb、Cd 等重金属，这源于生活垃圾所含重金属及其化合物的燃烧和蒸发。焚烧前控制重金属残留的最主要方法就是将垃圾分类分拣。将重金属浓度较高的废旧电池及电器、杂质等从原生垃圾中分拣出，可以大大减少垃圾焚烧产物中的 Hg、Pb、Cd 含量。焚烧中控制重金属残留的方法主要是重金属捕获技术，即采用冷凝、喷入特殊试剂（如活性炭）吸附、催化转变等方式加以控制。焚烧后控制重金属残留的方法是将焚烧炉中的底灰、飞灰等，通过水泥混凝固化处理法、熔融固化处理法、药剂处理法及酸溶液浸出处理法等进行无害化处理后，进行填埋或作为建筑用材。

4.2.4.5 粉尘的处理

焚烧烟气中粉尘的主要成分为惰性无机物质，如灰分、无机盐类、可凝结的气体污染物质及有害的重金属氧化物。通常采用洗涤器水洗脱尘、静电除尘与织物袋除尘或烟气冷凝器相结合的方式去除粉尘。选择除尘方式时，应综合考虑粉尘特性、粉尘负荷、粒径大小、处理风量、容许排放浓度及废气特性等因素。

4.3 废弃物衍生燃料（RDF）技术

4.3.1 RDF 技术简介

由于城市固体废物（Municipal Solid Waste，MSW）的组分变化幅度大、水分含量高、密度小，导致其热值波动大、单位体积的热容量低，所以在能源利用过程中不能不经处理而直接作为燃料使用。因此，自 20 世纪 70 年代起发展出一种以提高废弃物能量密度为目的的燃料制备技术，可将 MSW 加工成热值高、成分均匀稳定、易于运输和储存的新型固体燃料，即废弃物衍生燃料（Refuse Derived Fuel，RDF）。欧洲标准委员会将其命名为固体回收燃料（Solid Recovered Fuel，SRF）

RDF 是城市固体废物经破碎、分拣、干燥、挤压成型等工序，制成固体形态的燃料，其特点为大小均匀、所含热值均匀、易运输及储存，RDF 在常温下可储存几个月，且不会腐败。与之类似，采用废旧塑料类可燃废弃物制成的固体形态燃料为再生塑料燃料（Recycle Plastic Fuel，RPF）。

4.3.2 RDF 技术的发展情况

4.3.2.1 国外发展情况

RDF 技术可以追溯到 1973 年。经过几十年的发展，RDF 技术日趋成熟，已在美国、日本、英国和瑞典等国家大量运用。美国是世界上利用 RDF 技术发电最早的国家，已有 RDF 发电站 3 处，占垃圾发电站总量的 21.6%。近年来，日本也兴起建设 RDF 发电站的热潮，日本长野工业株式会社、川崎重工业株式会社、神户制钢所等公司展开了 RDF 资源化利用的相关研究。日本及欧美等国家和地区，迄今已将 MSW 中间处理技术推向以 RDF 技术为主的处理方式。意大利在 2003 年将垃圾填埋的处理量从原先的 80% 降至 35%，以 RDF 技术和其他处理技术进行处理。可见，RDF 技术极具发展潜力。

4.3.2.2 国内发展情况

我国对 RDF 技术的研究起步较晚。自 1996 年起，中国科学院广州能源研究所和太原理工大学率先在国内开展了一系列废弃物衍生燃料的成型、热解、气化、污染物控制等方面的研究。

RDF 的资源化充分利用了固体废物中蕴藏的大量能源，用于发电或提供生产、生活用能，既解决了环境污染问题，又节约了能源，形成资源和生态的良性循环，是我国城市固体废物资源化利用的适用技术。

近年来，我国 MSW 中有机可燃组分的比例不断增加，其低位热值（净热值）基本保证了不需添加外来燃料能自行维持燃烧的要求，如深圳市 MSW 低位热值最高可达 7200 kJ/kg，北京、上海、广州以及沿海大中城市的 MSW 热值已高于 4500 kJ/kg，一些中等城市的 MSW 热值也在 4000 kJ/kg 以上，一些小城市的 MSW 经筛选等简单预处理后热值也可达到 4000 kJ/kg。虽然我国 MSW 中有机可燃成分含量呈逐年上升趋势，但与发达国家相比仍然较少，且无机不可燃成分特别是灰土砖石成分较多。鉴于这一特点，并考虑 RDF 的制备成本，我国在生产 RDF 时一般将 MSW 与粉煤适当混合以提高热值，并借鉴成熟的型煤加工工艺。另外，我国 MSW 中金属含量相对较低，考虑到工艺的经济成本，则在 RDF 加工过程中可省去电选和磁选工序。MSW 经过分选、干燥、破碎、成型，最后可制得颗粒状 RDF 成品。

4.3.3　RDF 技术的分类及特点

4.3.3.1　RDF 技术的分类

美国材料试验协会（ASTM）按 RDF 的加工程度、形状、用途等将其分成七类。其中，RDF-5（即密实化 RDF，d-RDF）应用较为广泛，主要用于焚烧发电或热电联产，其基本制作工艺有两类：一类是丁-卡托莱尔方式，将可燃固体废物破碎，并加入 5% 的石灰使之发生化学反应，加压成型，经干燥成为燃料；另一类是 RMJ 方式，将可燃固体废物（含废塑料、废纸、木屑、果壳等）破碎、混合、干燥后，加入 1% 的消石灰固化成型为燃料。

目前，大多数欧美国家都明确地规定了 RDF 质量标准。意大利、芬兰等根据组成 RDF 的元素及含量制定了通用及专用标准。意大利针对 RDF 的性质提出了热值、水分、不可燃无机质含量、有害元素含量等方面的要求。由于国外 RDF 燃料的质量标准较高，使其燃烧特性能够基本满足传统焚烧系统的要求，所以大多数焚烧系统稍加改造即可使用 RDF 作为替代或辅助燃料。我国 RDF 技术起步较晚，尚未制定 RDF 相关标准。

4.3.3.2　RDF 技术的特点

RDF 的性质随着地区、人们生活习惯、经济发展水平的不同而存在差异。RDF 的物质组成一般为：纸 68.0%，塑料胶片 15.0%，硬塑料 2.0%，非铁类金属 0.8%，玻璃 0.1%，木材、橡胶 4.0%，其他物质 10.1%。与直接焚烧技术相比，RDF 技术在能源利用、环保、运营等方面具有以下优势：

（1）能源利用方面。热值高，发热量为 14600~21000 kJ/kg，接近煤炭的发热量；形状一致而均匀，有利于稳定燃烧；既可单独燃烧，又可与煤或木屑等生物质燃料混合燃烧；燃烧效率和热效率均高于垃圾直燃发电站。

（2）环保方面。RDF 经干燥、脱臭处理和加入石灰后，可在炉内进行脱氯，抑制了氯化氢的产生，减少了二噁英等有机污染物的排放量，因此其焚烧产生的烟气更易治理。另外，与焚烧技术相比，RDF 在制造和焚烧过程中产生的灰渣等不燃物较少，占 8%～25%。用 RDF 作为水泥回转窑燃料时，因其焚烧产生的灰分含钙较高，可转变为有用的水泥原料，所以减少了最终的填埋处理量。

（3）运营方面。RDF 生产装置无高温部，工艺系统寿命较长，运行管理较为简易。RDF 可不受场地和规模的限制而生产，适于在各个原料基地分散制造后集中运至成规模的发电站使用，有利于提高发电效率和二噁英等污染物的集中治理。另外，RDF 的水分约为 10%，制造过程中加入一些钙化合物添加剂，具有较好的防腐性，可在室内储存至少 1 年，且具有一定的强度和体积密度，因此可作为固体燃料进行储运，适于广域处理和多途径使用。

当然，RDF 技术在应用层面仍存在以下不足之处：

（1）RDF 在制取的便利性和使用效能方面不及石油或煤气，与低质煤类似。

（2）由于组分和燃烧特性的差异，为实现预期的燃烧效率和热效率，RDF 不宜直接使用常规的废弃物焚烧炉系统，而炉面需使用专门的焚烧炉。

（3）RDF 在燃烧过程中仍存在一定的残留物沉积问题，需进行妥善处置。

（4）RDF 在干燥和加工环节还需额外耗热，运营成本高于焚烧技术。

4.3.4 RDF 制备工艺

不同国家和地区根据各自城市固体废物的组成和性质，发展出不同的制备工艺，应用较多的是散状 RDF（f-RDF）工艺和密实化 RDF（d-RDF）工艺。其中，d-RDF 的能量密度更高，性质更加稳定，燃烧性能非常接近燃煤，因此，针对 d-RDF 的研究和应用最多。RDF 通用制备流程如图 4-3 所示。

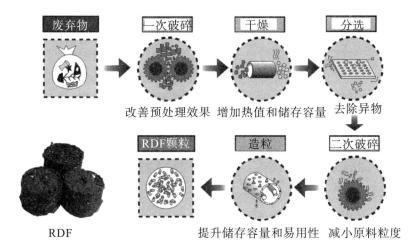

图 4-3　RDF 通用制备流程

4.3.4.1　废弃物分选技术

对废弃物原料进行合理有效的分选，是制备高品质 RDF 的首要环节。分选是指利用物料各组分在物理、物理化学及化学性质上的差异，将其分离，以调节至合适的可燃物质含量和热值，为 RDF 的均匀化做好准备。对于城市固体废物，多数情况下是根据颗粒物理性质的差别进行分选，如以粒度差、密度差为基础进行筛分、重力分选、风力分选、摇床分选等，通常将其作为主要分选技术。而以磁性、电性、光学性质的差别为基础的分选技术，如磁力分选、电力分选，常用于辅助分选。典型的分选技术组合为：废弃物破袋→磁力分选→机械分选→风力分选→人工分选→分选组分的利用与处置。

4.3.4.2　散状 RDF 制备工艺

散状 RDF（f-RDF）制备工艺非常简单，是通过破碎—分选—粉碎的工序，将废弃物制成尺寸小于 50 mm 粗颗粒状，主要用作锅炉辅助燃料和水泥生产燃料。与原生废弃物相比，f-RDF 具有不含大件物料、不含非可燃物、粒度比较均匀和利于稳定燃烧等优点。但是，由于 f-RDF 未经精细处理，因此仍存在不宜长期储存、长途运输的缺点，易于发酵产生沼气、CO、CO_2 和恶臭等，造成二次污染。

4.3.4.3　密实化 RDF 制备工艺

密实化 RDF（d-RDF）是在 f-RDF 基础上，通过进一步干燥、成型而得的衍生化燃料。其工艺包括原料分选/筛分、破碎、干燥、成型等一系列工序。其中，分选和成型是影响 d—RDF 质量的关键环节。

d—RDF 的制备工艺需要在成型过程中加入一定量具有活度的化学试剂（一般为 CaO 或 CaOH），得到的衍生燃料基本克服了 f—RDF 工艺的不足：①d—RDF 具有防腐性，可长时间储存而不腐败；②可固硫、固氯并减少 RDF 中的氮含量，从而使燃烧时的 HCl、NO_x、SO_x 的排放量减少，并抑制二噁英的生产；③加入的添加剂可通过化学反应起到固化 RDF 的作用，因而在成型时不需要使用高压固化装置；④通过压缩成型使城市固体废物的容量降低，密度和强度增大，便于机械抓取和长途运输。

4.3.4.4　d—RDF 制备工艺的控制要求

为保证工艺质量，在制备 d—RDF 的过程中必须关注以下控制要求：

（1）在原料破碎环节，必须将纤维和塑料片破碎到规定粒径以下，否则将影响 d—RDF 成品的质量。

（2）在分选环节，尽可能减少废弃物原料中的不可燃组分，以降低 d—RDF 燃烧过程中的灰分含量。总灰分含量应控制在 10%～15% 之间，这样可以减小 d—RDF 在制造过程中对造粒机的磨损以及锅炉排渣对锅炉的磨损。但是，不可燃组分也不宜太低，否则会增大分选负荷，不利于最后的加压成型。

（3）废弃物原料中的水分含量是 d—RDF 制造过程中的关键因素，至少要控制在 25% 以下。当成型前的半成品水分含量减小到 12% 以下时，才能挤压出致密稳定的 d—RDF，如使用造粒机，RDF 颗粒的密度可达 700 kg/m^3。随着原料水分含量的增加，成型时物料的摩擦减小，成品颗粒表面更加粗糙，且质地松散，易碎。

（4）为了保证成品强度，还需向 RDF 原料中加入添加剂。效果最好的添加剂是氢氧化钙或石灰。加入氢氧化钙有助于形成高强度、防水的颗粒，还可以降低 d—RDF 焚烧过程中的氯腐蚀。

（5）准确控制成型压力，对 RDF 最终品质至关重要。在一定范围内，升高成型压力有利于提高 RDF 质量。当成型压力达到一定值后，RDF 的干密度和落下强度均开始下降。这是因为刚开始加压时，物料所占体积随着压力的增加逐渐减小，但物料颗粒并未发生变形，此时虽能制成一定形状的型块，但强度很低，稍碰即碎。而在成型阶段，成型压力逐渐增大，直到足以使物料颗粒产生形变，这时颗粒进一步密集，颗粒之间的接触面积大大增加，强度随之提高。当成型压力超过一定值后，其继续增加会导致物料中不坚固颗粒特别是煤粒及灰土颗粒破坏，此时物料内部的弹性力占主导地位，例如，成型压力过高，卸除压力后物料颗粒会出现反弹，RDF 出现胀裂，强度相应下降。

4.3.5　RDF 技术的应用

RDF 技术的应用范围较广，主要有供热、发电和用作工业原料等。

（1）供热。在特制的锅炉中焚烧 RDF，可为居民住所和公共场所供热，也可为干燥工程和热脱臭工艺等提供热源。另外，RDF 热解制得的可燃气体也可进行燃烧，作为干燥工程的热源。

（2）发电。在火力发电站，将 RDF 与煤混烧进行发电，具有十分经济的优点。目前，在特制的 RDF 燃烧锅炉中进行小型规模的燃烧发电，也得到了较快的发展。

（3）用作工业原料。对 RDF 的焚烧灰渣进行处理，需要增加运行费用。而在水泥回转窑中，将 RDF 作为燃料供热的同时，还可将燃烧生产的灰渣作为水泥制造中的原料进行利用，无须专门处置灰渣，从而降低了运行成本。另外，RDF 热解后残留的碳化物，可作为还原剂在炼铁高炉中替代焦炭进行利用。

4.4　生物质燃料技术

4.4.1　生物质燃料简介

生物质这个术语，最早由俄罗斯科学家 Bogorov 于 1934 年在《海洋生物协会杂志》提出。为研究浮游生物的季节生长变化，Bogorov 测定了海洋浮游生物干燥后的重量，并将其命名为"生物质"。根据欧盟可再生能源指令，生物质被描述为"来自农业（包括植物和动物物质）、林业和相关产业的产品、废物和残留物的可生物降解部分，以及工业和城市废物的可生物降解部分"。

生物质源于空气中的二氧化碳、水、阳光，它们通过光合作用产生碳水化合物，从而形成生物质的组成部分。生物质的成分包括木质素、半纤维素、纤维素、提取物、脂类、蛋白质、单糖、淀粉、水、灰分和其他化合物等。在生物质中，太阳能通过光合作用转化为化学能储存在化学键中。当相邻的碳、氢和氧分子之间的键被消化、燃烧或分解破坏时，这些物质的化学能就被释放出来。

生物质是地球上最古老、最有价值和最广泛的能源来源之一，可作为化石燃料的替代品，用于发电、供热以及生产气体和液体燃料等能源。生物质能约占世界能源消耗的 14%，高于煤炭（12%），与天然气（15%）和电力（14%）相当。随着化石燃料价格的上涨，生物质能将在总能源供应中占据更大份额。预计到 2035 年，全球生物能源使用量将增加 1 倍以上，主要用于供应热能和电力。

与化石燃料相比，生物质的最大优势是其被认为是"碳中和"的，即植物在生长过程中吸收的二氧化碳的量相当于其燃烧产生的二氧化碳的量，实现了零碳排放，且所释放的能量是生物在生命周期中储存的，属于可再生资源。而化石燃料产生的二氧化碳只会单向地进入大气中，产生温室效应，导致全球变暖。另外，化石燃料需要数百万年的时间来合成，从人类的时间尺度上来说，它们是不可再生的。

生物质成型燃料按形状可以分为颗粒状、方块状（图 4-4）和中空棒状，其密度较高，一般为 $1.0 \sim 1.3 \ g/cm^3$。燃烧时灰尘少，可实现零碳排放，大幅降低向大气中排放的 NO_x、SO_2 含量。生物质成型燃料的能量密度取决于其化学成分，不同生物质原料的干基高热值为 $13.1 \sim 22.2 \ MJ/kg$，低热值为 $12.0 \sim 20.8 \ MJ/kg$。由于木质原料的能量密度较高、残渣中灰分含量较低，因此，生物质能目前主要来自木材和木材废料（64%），其次是城市固体废物（24%）、农业生产废料（5%）和填埋气体（5%）。

图 4-4　生物质成型燃料（方块状）

目前，利用生物质燃料主要有三种转化路线：通过燃烧直接产生热能和发电；通过气化等方式将其转化为气体燃料，如甲烷、氢气和一氧化碳；通过热解或生化转化等方式将其转化为液体燃料，如乙醇和甲醇等。其中燃烧获能是应用最早、最主要的能源化方式。

4.4.2　生物质燃料的发展历程

4.4.2.1　国外发展情况

20 世纪 70 年代后期，对石油供应枯竭的预期和对化石燃料影响大气环境的担忧，促使人们开始重新考虑使用植物基生物质作为能源之一。西欧国家普遍开始重视生物质成型燃料技术的研究与开发。1995 年，欧盟通过了发展生物质能的决议，美国也在国内推广利用生物质燃料，生物质资源成为热门研究领域。

20 世纪末，欧美及日本等一些发达国家和地区已经将生物质成型燃料大量应用于日常生活中。丹麦能源投资公司 BWE 率先成功研制出第一座生物质成型燃料发电厂，随后，瑞典、德国、奥地利等先后开展了利用生物质成型燃料发电和作为锅炉燃料的研究。其中，瑞典生物质固体燃料成型技术已成熟，并形成了完整的配套应用和服务体系，其人均生物质成型燃料消耗量达到每年 160 kg。

由于各国社会经济发展水平存在差异，生物质作为一种能源在各国的应用情况各不相同。在发展中国家，生物质通过薪柴等形式提供大部分基本能源；而发达国家的能源需求只有一小部分来自农业和农产品加工废料，如在美国，生物质能仅占总能耗的 4.8%，且木材是最大的生物质能来源。

无论如何，生物质能源项目仍正在全球范围内向前稳步推进。据预测，2010—2030 年，全球生物质能的使用每年可能增长 3.7%，比 1990—2010 年的速度快两倍。

4.4.2.2　国内发展情况

我国是农业大国，生物质资源产量居世界首位，但长久以来以直接燃烧为主，热效率极低，甚至大部分作物秸秆被遗弃或直接就地焚烧，不仅污染环境，还造成了巨大的能源浪费。从 20 世纪 80 年代开始，我国引进生物质燃料技术设备，一些科研院所和企业开始对生物质成型理论进行研究。但由于设备磨损较快、产品市场需求较少等，相关研究发展缓慢。1999 年，辽宁省能源研究所成功研发生物质致密成型机组，标志着我国的生物质成型燃料加工达到新高度。近年来我国生物质成型技术的研发及推广应用进展较快。截至 2020 年年底，我国生物质发电装机规模已达 2952 万千瓦，居全球首位。但作为能源转化的途径，生物质固化成型技术的一些关键技术问题仍有待解决，如物料压缩时螺杆的使用寿命、成型燃料的密度控制及碳化技术等。

目前，我国生物质资源的开发利用主要是以农林废弃物，特别是农作物秸秆类为原料，利用生物质成型技术将其加工转化为质地致密、形状规则的高品质成型燃料，以替代煤炭和薪柴用于生活生产的供热及发电领域。

4.4.3　生物质燃料的特点

4.4.3.1　生物质燃料的优势

生物质燃料的合理利用可以为环境、经济、社会和能源等多方面带来益处。

（1）生物质能是一种可再生能源，是碳循环的自然组成部分，其原料来源非常丰富。

（2）生物质燃料在环境中释放的碳，即植物在生长过程中吸收的碳量，所以生物质能是一种洁净能源，有助于减少温室气体，对改善自然生态和缓解气候变化有益。

（3）对生物质能的资本投入，可促进农村经济发展，并有助于减少对传统电力的过度依赖和对进口石油的依赖。

（4）使用生物质燃料，有助于解决有机废弃物资源浪费的问题，还可减少对垃圾填埋模式的使用，从而节省土地资源。

4.4.3.2　生物质燃料的不足

尽管生物质是一种相对清洁的化石燃料替代品，但它并不是一种完美的能源。生物质燃烧的不足之处如下：

（1）虽然生物质能是可持续的，但植物的种植和收获具有自然周期，使其生产效率和供应稳定性不能完全满足燃料需求。因此，限制了生物质燃料的大规模使用，这是最易被忽视的缺点。

（2）生物质燃料生产如果失控，可能会导致森林滥伐、作物饱和连作，从而影响生态环境。生物质燃料的过多利用，还会使作为肥料还田的生物质比例减少，从而影响土壤养分的维持。

（3）与同体积化石燃料相比，生物质燃料的能量密度更小，获能效率较低。生物质燃料通常要与少量化石燃料混合使用，以提高其利用效率。

（4）生物质原料的生长需要大量的土地空间，加之运输成本的限制，需要生物质能发电厂的建设区域远离城市和人口稠密区域。

（5）一些不发达国家的生物质燃料通常是在封闭、通风不良的环境中燃烧的，不完全燃烧可能会带来烟尘污染及健康问题。

（6）生物质燃料燃烧时不能达到完全清洁，其灰分在燃烧室和气化炉内产生沉淀物，称为结渣和污垢，会削弱热转换过程的效能，并增加维护成本。

尽管对生物质能可持续性的看法还存在分歧，但它仍是一种更便宜、环保的替代能源，是对传统能源的有益补充。基于上述情况，应考虑尽量选用多年生作物为生物质原料，在对环境影响最小的情况下，以更加经济的方式生产所需的生物质燃料。

4.4.4 生物质燃料技术工艺

生物质成型燃料是指将松散、没有一定形状的生物质原料经过破碎、干燥等预处理后，利用生物质所含半纤维素、纤维素与木质素在一定温度和高压下的黏合特性，使用机械加压成型设备，在不加入任何添加剂和黏结剂的情况下，通过高压使生物质内部相邻颗粒之间互相黏合，压缩成具有一定形状、密度较大的生物质成型燃料。生物质成型燃料（颗粒状）如图 4-5 所示。

图 4-5 生物质成型燃料（颗粒状）

生物质燃料成型技术是合理利用生物质能的有效途径之一，改变了生物质不易储存、不易运输、能量密度低的缺点。生物质成型燃料的密度因成型技术的不同而有差异，一般为 0.8～1.3 g/cm³，其热值约为普通烟煤的 75%，灰渣残炭含量约为 1%，而传统的煤灰渣残炭含量为 15%～20%。生物质成型燃料不仅储运、使用方便，而且清洁环保，燃烧效率高，既可作为农村的炊事和取暖燃料，又可作为城市分散供热的原料。生物质原料的含水量为 10%～60%，其实际热值更低。因此，为降低运输成本，提高转化效率，需要提高生物质原料的能量密度。解决这一问题的基本方法是自然干燥或烘烤、制粒或压块，以及转化成木炭。

一个完整的生物质燃料成型技术工艺过程主要包括收集、干燥、粉碎、成型、燃烧等工序。根据成型过程中是否添加黏结剂，可将其分为两类：添加黏结剂的工艺一般是冷压成型；不添加黏结剂的工艺根据是否对原料采取加温措施，又可分为常温成型、热压成型（原料在挤压部位被加热）、预热成型（挤压之前加温）和成型炭化（挤压后热解炭化）四种主要类型。

4.4.5 生物质燃料技术工艺的影响因素

生物质燃料技术工艺受到原料特性、含水量、粒度、成型压力、成型温度及添加剂等因素的影响。

（1）原料特性。

许多植物原料都可用于生产生物质燃料，如速生林、木材废料、糖料作物、淀粉作物、草本木质纤维素作物、油料作物等。这些原料的化学组成决定了其适宜的能量转化路线和加工特性。其中，纤维素、半纤维素和木质素的相对丰度是决定生物质能转化途径的主要因素，而木质素含量与生物质的燃烧特性密切相关。另外，不同种类生物质的压缩成型特性差异较大。生物质种类不仅影响成型燃料的质量（成型块密度、强度和热值）和产量，而且影响成型机的动力消耗。例如，玉米秸秆粉碎以后容易压缩成型，而小麦、稻草类秸秆压缩成型就比较困难。

（2）含水量。

生物质燃料应具有较低的含水量，因为水分的存在通常会降低生物质燃料的热值，高含水量的燃料不易燃烧，其单位质量提供的有效热量较少。但是太干燥的燃料也有一定问题，如其产生的粉尘会污染设备，甚至可能导致爆炸。生物质成型燃料含水量一般以 6%～10% 为宜，安全储存水分为 12% 左右。若含水量过高，加热过程产生的蒸汽不能从燃料中心孔排出，会造成燃料表面开裂，严重时还会产生爆鸣。此外，适量的水分可促进木质素的软化和塑化，有利于燃料压缩成型。

（3）粒度。

较大的生物质燃料颗粒燃烧不完全，会增加燃烧和处理的成本。过小的生物质燃料颗粒会在锅炉、加工和搬运设备中发生爆炸，所以大部分设备都要去除粉尘。为保证在燃烧过程中获得适宜的经济性，生物质燃料的粒度应为0.6 cm左右。

（4）成型压力。

成型压力是生物质燃料压缩成型的最基本条件。在压缩成型的初始阶段，成型块密度随着压力增大而增加的幅度较大，当压力增大到一定数值以后，成型块密度的增加速度就变得缓慢。此外，成型压力与模具形状和尺寸的关系密切，成型压力的设定需要考虑模具的形状、长径比等参数。

（5）成型温度。

在160℃时，生物质开始向熔融态转变，这时给予适当的压力就可实现成型。在实际生产中，热成型温度一般为200℃～260℃。若温度过低，会使传入出料筒的热量太少，不足以使木质素塑化，加大出料摩擦力而无法成型；若温度过高，会使原料分解严重，不能形成有效压力，也无法成型。

（6）添加剂。

在生物质燃烧的成型过程中，可根据工艺需要添加不同的添加剂。添加剂可以减少动力消耗，改善成型燃料的致密成型效果和燃烧性能。

4.4.6　生物质燃料技术的应用及问题

4.4.6.1　通用领域应用

生物质燃料技术作为生物质能推广应用中较为经济可行的技术之一，符合我国的能源政策和环保政策，应用前景非常广阔。近年来，由于化石能源的价格持续上涨，生物质燃料借助价格优势，应用领域越来越广。目前，生物质燃料主要应用于以下三个方面：民用取暖和生活炊事，可以替代燃油或燃气作为城市小型锅炉的燃料；作为工业锅炉和窑炉的辅助燃料，避免燃煤和燃气带来的环境污染问题；作为气化发电和火力发电的燃料。

4.4.6.2　烟叶烘烤应用

自2005年推广密集型烤房以来，在我国主要产烟区，密集烘烤设备和技术得以持续发展。在密集烘烤系统中，烟叶烘烤仍以煤炭作为主要能源，导致能源成本较高，且造成严重的环境污染。因此，寻找清洁的生物质燃料替代煤炭进行烟叶烘烤，是解决烟叶烘烤过程中高污染、高能耗、高成本问题的重要措施，是实现绿色烘烤的有效途径。近年来，关于生物质成型燃料在烟叶烘烤中的应用研究较多，多集中于生物质燃料的配比、烘烤工艺的控制、成型设备和成型技术的改进等方面。用于烟叶烘烤的生物质颗粒燃烧机如图4-6所示。

图4-6 用于烟叶烘烤的生物质颗粒燃烧机

王汉文等率先在烤烟生产中进行了秸秆压块燃料替代煤炭烘烤烟叶的试验，结果表明，秸秆压块燃料点火容易、升温快、火力强、温度调节灵敏度高，可以满足烘烤烟叶工艺要求，降低烟叶烘烤烘成本，改善烟叶烘烤质量，有益于香气成分的形成和积累，提高了烟农的经济效益。

宋春宇等验证了将秸秆压块作为燃料用于烟叶密集烘烤的可行性。结果表明，秸秆压块燃料可以满足密集烘烤设施中烟叶烘烤工艺的要求，且烘烤出的烟叶的内外质量与用煤炭烘烤的烟叶无明显区别。

苟文涛等研究发现，与煤炭相比，用生物质燃料烘烤烟叶，其烤房干湿球温度略高，烟叶失水量和失水率较大，干物质的积累较快；燃烧过程中排放烟气的 SO_2 含量下降约 10 倍，差异显著；烘烤后的烟叶中，上等烟叶比例、均价和产值均高于煤炭烘烤的。但在烟叶烘烤过程中，生物质燃料的消耗量、燃料添加次数均显著增加，因此，其烘烤处理成本高于煤炭。

综合以往相关研究结果，生物质燃料用于烟叶烘烤具有以下优势：

（1）生物质燃料具有点火容易、升温快、火力强、温度调节灵敏度高的优点。

（2）生物质燃料的烘烤效果与煤炭烘烤效果相当。

（3）生物质燃料燃烧排放烟气中的 SO_2 等主要污染物浓度显著下降。

但是，利用生物质燃料烘烤烟叶，仍存在以下不足之处：

（1）使用秸秆压块燃料烘烤烟叶，存在稳温困难、添加燃料次数偏多、二次燃烧不足等问题。

（2）在烘烤过程中，秸秆压块燃料长时间燃烧产生的焦油较多，导致焦渣累积、焦油黏堵等问题。

（3）若要解决进料自动化和除焦等问题，需对现有密集烘烤系统进行技术改造，烘烤费用将大幅增加。

（4）综合考虑生物质燃料的生产成本、物流成本和劳动力成本等，应将生物质成型燃料加工企业设立在大规模连片种植的烟区。但随着植烟区域由坝区向山区或半山区转移，该技术的推广将面临较大的运输成本压力。

4.4.6.3　当前存在的关键问题

（1）生物质原料的收储运。

由于农业生物质原料分布更广、更分散，收获季节性强，能量密度低，储运不方便等，因此收集、存放和运输环节成为其大规模利用的瓶颈，严重影响了农村循环经济的发展。

欧美地区主要是大型农场，种植作物单一，且一年只种一季，故有充裕的时间和土地空间对秸秆等农业生物质原料进行机械打捆，再由运输公司运送至企业。该模式保证了秸秆的持续供应，企业也有固定的供货渠道，形成了比较完善的收储运体系。而我国农业生物质原料的收储运体系仍处于初级阶段，相关技术、设备和体系尚不成熟，多由农户或收购户直接向回收企业提供生物质原料。该模式管理松散，价格不稳定，难以保证生物质原料的持续、有效供应。

因此，为促进我国生物质资源利用的规模化发展，必须进一步完善农业生产的规模化、机械化、标准化，考察农田分布情况，对农业生物质利用企业进行合理布局，探索建立更适合我国农田和作物分布情况、更经济有效的生物质原料收储运体系。

（2）生物质的资源基础问题。

随着生物质燃料技术的迅速发展，生物质资源基础可能成为另一个制约因素。因此，应关注生物质资源基础的多样化，使生物质来源从传统的小麦、玉米秸秆等常规作物，扩大到其他具有潜力的作物，如烟草秸秆等，从而解决生物质生产企业的原料持续供应问题，又避免对潜在资源的浪费，减少因废弃秸秆无序处理带来的环境污染问题。

4.5 烟叶生产有机废弃物的燃料化利用

烟秆作为一种固体废物资源，单纯地燃烧会造成环境污染和资源浪费，若能将其利用并有效地转化为生物质燃料，将为解决能源问题提供又一条途径。

烟秆成分组成与木材相似，主要是纤维素、半纤维素和木质素等，其中碳含量达 40％以上，因此，将烟秆或烟秆与其他秸秆混合后的生物质原料压缩成型后，密度可达 $0.8\sim1.3\ g/cm^3$，能量与中热值煤相当。在我国西南烟区，烤烟是重要的经济作物，当地烟秆资源丰富，便于就地取材，生产、运输、应用成本较低，可作为生物质成型燃料加工制作的理想原料。

近年来，关于烟秆的燃料化利用研究较少，多集中在烟秆生物质热值的测定、烟秆与其他生物质混合参配制造成型燃料等方面。

郭仕平等将烟叶废弃物烟秆粉碎后压块作为燃料以烘烤鲜烟叶，研究表明，采用烟秆压块燃料的烘烤工艺曲线与煤炭基本相同，烘烤后烟叶质量等级相当，但烟秆压块燃料成本低于煤炭，表明烟秆压块燃料作为煤炭的替代燃料用于烘烤烟叶具有可行性。

苟文涛等研究表明，50％木屑＋50％烟秆配方的生物质颗粒燃料，其纤维素、木质素等生物组分含量较高，挥发分和固定碳含量较高，灰分含量和含水量较低；灰熔点温度较高，点火时间短，燃烧持续时间长，底灰结渣率低；抗碎强度与抗渗水性等物理性状良好。与 100％煤炭相比，虽然发热量略低，但其他燃烧性能指标均达到烟叶烘烤的工艺要求，可作为烟叶烘烤的替代燃料。

温丽娜等测定了常见农业废弃物的干基热值。结果表明，烟秆的干基热值较高，达 16.8~18.0 MJ/kg，可作为生物质成型燃料加工的理想原料。将烟秆与玉米秆按照 7:3 的配比处理的样品热值最高，达到 17.9 MJ/kg，高于麦秆热值（17.5 MJ/kg），约相当于标准原煤热值（29.3 MJ/kg）的 60%。

莫净之等综合对比了烟秆等 7 种不同生物质燃料的结构组成、工业分析和元素分析、热值分析及灰熔特性等指标，发现烟秆的燃烧性能和发热量均处于中等水平，且属于易熔性灰，作为替代燃料优势不明显。而在烟秆中添加咖啡壳和木屑，可改善烟秆的燃烧性能、热值和灰熔性。因此，考虑原料产量和成本等因素，由 70%烟秆、10%木屑、20%咖啡壳构成的混合生物质燃料的燃烧效能较好、经济效益较高、污染物减排效果明显，可作为替代燃料。

谢永辉等分析了目前烟叶烘烤中以烟秆为主的生物质燃料在运营中存在的收集原材料难度大、储存运输成本高、原材料质量难以保证的问题，提出了三种生物质燃料经营模式（承包加工模式、置换模式和商业化模式），并对每种模式进行了简要分析，以期拓展合作组织生物质原料加工的思路。

综合现有研究结果，对于烟秆等烟叶生产过程中产生的有机废弃物，由于其燃烧性能不具明显优势，因此将其单独作为生物质原料进行燃料化利用并无现实意义。而将烟秆与其他生物质原料混合参配，以改善其燃烧性能，制得的生物质燃料在作为替代燃料方面具有一定技术可行性。

无论将烟秆制作成哪种形式的生物质燃料，在实际应用中，均未形成具备经济可行性的大规模应用。究其原因，主要是烟秆等生物质原料的密度低、体积大、价值低、运输成本高，采用任何收储运组织管理模式，其运输环节都将成为影响该技术广泛推广的制约因素。

因此，应当根据烟秆的分布情况、运输成本、加工点加工能力等因素，因地制宜，合理规划当地最优原料收集半径，尽可能降低烟秆收集成本。同时，可以考虑利用小型粉碎设备对烟秆原料进行现场粉碎，探索加工点合理服务半径的建设，改善此类技术推广应用中的弊端，从而对生物质燃料技术进行有效推广。

参考文献

苟文涛. 生物质燃料在烟叶烘烤上的应用研究 [D]. 广州：华南农业大学，2016.

郭仕平，谢良文，曾淑华，等. 烤烟秸秆压块代煤在烟叶烘烤中的应用效果研究 [J]. 现代农业科技，2015 (6)：178-179, 185.

国家统计局. 中国统计年鉴 2020 [M]. 北京：中国统计出版社，2020.

环境保护部. 生活垃圾焚烧污染控制标准 GB 18485—2014 [S]. 北京：中国

环境科学出版社，2014.

解强. 城市固体废弃物能源化利用技术 [M]. 2 版. 北京：化学工业出版，2019.

梁文俊. 农作物秸秆处理处置与资源化 [M]. 北京：化学工业出版，2018.

宋春宇，张体高，朱晋熙，等. 烟秆秸秆压块在烟叶烘烤中的应用研究初报 [J]. 湖南农业科学，2016（3）：82−84.

覃佐东，汪美凤，靳志丽，等. 烟秆生物质全价利用现状及应用前景 [J]. 生物加工过程，2016，14（4）：76−80.

王汉文，郭文生，王家俊，等. "秸秆压块"燃料在烟叶烘烤上的应用研究 [J]. 中国烟草学报，2006（2）：43−46.

温丽娜，陶琼，欧阳进，等. 农林生物质原料热值比较及烟杆−玉米杆生物质燃料优化配方研究 [J]. 湖南农业科学，2016（1）：43−46.

吴正舜，粟薇，吴创之，等. 生物质气化过程中焦油裂解的工业应用研究 [J]. 化学工程，2006（10）：67−70.

谢永辉，吴永明，杨永平，等. 以烟秆为主的生物质燃料组织模式探讨 [J]. Agricultural Science & Technology，2017，18（8）：1559−1562.

张弋春，王东明. "秸秆压块"烘烤烟叶试验总结 [J]. 安徽农学通报，2009，15（5）：202−203.

赵由才. 固体废物处理与资源化 [M]. 3 版. 北京：化学工业出版，2019.

Adler P，Sanderson M，Boateng A A. Biomass yield and biofuel quality of switchgrass harvested in fall or spring [J]. Agronomy Journal，2006（98）：1518−1525.

Brunner C R. Waste−to−Energy Combustion：incineration technologies [M] // Handbook of solid waste management. New York：McGraw−Hill，2002.

Daniel C P E. Characteristics of biomass as a heating fuel [EB/OL]. [2010−03−02]. https：//extension. psu. edu/characteristics−of−biomass−as−a−heating−fuel.

Demirbas A. Biomass resources for energy and chemical industry [J]. Energy Education Science and Technology，2000（5）：21−45.

Demirbas A. Biorefineries：For Biomass Upgrading Facilities [M]. London：Springer−Verlag，2010.

Demirbas A. Fuelwood characteristics of six indigenous wood species from Eastern Black Sea region [J]. Energy Sources，2003（25）：309−316.

Ecofys. Planning and installing bioenergy systems: a guide for installers, architects and engineers [M]. London: Routledge, 2004.

European Commission. Directive 2000/76/EC on the incineration of waste [J]. Official Journal of the European Communities, 2000: 32−91.

Henry R J. Evaluation of plant biomass resources available for replacement of fossil oil [J]. Plant Biotechnology Journal, 2010, 8 (3): 288−293.

Hisham K. IEA world energy outlook [J]. Energy Policy, 2012 (48): 737−743.

IRENA. Renewable Energy Technologies: Cost Analysis Series [EB/OL]. [2012 − 06 − 21]. https://www. irena. org/publications/2012/Jun/ Renewable−Energy−Cost−Analysis—Biomass−for−Power−Generation.

Japan Institute of Energy. The Asian Biomass Handbook [EB/OL]. [2019− 03−09]. https://www. doc88. com/p−74361423019019. html.

Ke H, Junbiao Z, Yangmei Z. Knowledge domain and emerging trends of agricultural waste management in the field of social science: a scientometric review [J]. Science of The Total Environment, 2019 (670): 236−244.

Kumar A, Jones D D, Hanna M A. Thermochemical Biomass Gasification: a review of the current status of the technology [J]. Energies, 2009 (2): 556−581.

Management of waste excluding major mineral waste, by waste management operations. [EB/OL]. 　[2021−03−16]. http://appsso. eurostat. ec. europa. eu/nui/show. do?dataset=env_wasoper&lang=en.

McKendry P. Energy production from biomass (part 1): overview of biomass [J]. Bioresource Technology, 2002 (83): 37−46.

McKendry P. Energy production from biomass (part 2): conversion technologies [J]. Bioresource Technology, 2002 (83): 47−54.

Montero G, Coronado M, Torres R. Higher heating value determination of wheat straw from Baja California, Mexico [J]. Energy, 2016 (109): 612− 619.

Mukesh K A. Sustainable management of solid waste [M] // Sustainable Resource Recovery and Zero Waste Approaches. Amsterdam: Elsevier, 2019: 79−99.

Paul A. Biomass conversion processes [M] //Biomass to Energy Conversion

Technologies. Amsterdam：Elsevier，2020：41—151.

Pratima B. Advantages and disadvantages of biomass utilization ［M］// Biomass to Energy Conversion Technologies. Amsterdam：Elsevier，2020： 169—173.

Pratima B. Background and introduction ［M］//Biomass to Energy Conversion Technologies. Amsterdam：Elsevier，2020：1—11.

Pratima B. Biomass composition ［M］//Biomass to Energy Conversion Technologies. Amsterdam：Elsevier，2020：31—40.

Pratima B. Biomass energy projects worldwide ［M］//Biomass to Energy Conversion Technologies. Amsterdam：Elsevier，2020：175—188.

Pratima Bajpai. Biomass properties and characterization ［M］//Biomass to Energy Conversion Technologies. Amsterdam：Elsevier，2020：21—29.

Tobias R. Combustion of waste in combined heat and power plants ［M］// Sustainable Resource Recovery and Zero Waste Approaches. Amsterdam： Elsevier，2019：183—191.

Treatment of waste by waste category，hazardous — ness and waste management operations. ［EB/OL］. ［2021—03—16］. http：//appsso. eurostat. ec. europa. eu/nui/show. do?dataset=env _ wastrt&lang=en.

Vicki B，Ramesh S，Donald M，et al. Physical characterization of Pyrolyzed tobacco and tobacco components ［J］. Journal of Analytical and Applied Pyrolysis，2003，66 (1—2)：191—215.

第5章 有效成分提取技术

5.1 概述

植物生物质中有效成分的提取是最为常见的废弃物综合利用技术之一，植物中的生物碱、氨基酸、糖类、蛋白质和有机酸等具有生物活性的化合物是最为重要的药用或者化学合成的前体化合物。如何有效的提取与纯化这些常见的活性化合物得到了广泛关注，也取得了重要进展。烟草及其秸秆中含有烟碱、茄尼醇、绿原酸和芦丁等生物活性成分和蛋白质、多糖等有效成分，有效提取与纯化这些有效成分成为综合利用烟叶生产有机废物的重要手段。

本章系统介绍了植物生物质中有效成分的常见提取分离技术，并针对目前烟草中广泛认可的有效成分，对其主要的提取、分离纯化和检测方法及其应用进行综述，以期为烟叶生产有机废弃物中有用成分的提取理论和技术支撑。

5.1.1 常见的有机物提取技术

植物生物质的成分较为复杂，为更好地应用其中的有效成分，则需要从生物质中粗提取出目标化合物，然后去除杂质（如色素）等，然后分离纯化制备出纯度较高的有机活性物质。生物质中有效成分的常见提取技术主要有溶剂提取法、超声波提取、微波辅助提取法、超临界流体萃取法和分子蒸馏法。

5.1.1.1 溶剂提取法

溶剂提取法是利用有机溶剂从植物体内提取目标化合物的方法，该方法是最为常用的提取方法。使用该方法时首先考虑的是根据相似相容原理选取合适的溶剂，糖类、氨基酸等极性较大的化合物宜选取醇、水等极性溶剂；酯类或芳烃类化合物宜选取极性较小的乙醚等极性较弱亲脂性溶剂。合适的提取温度、提取时间和物料比也是需要重点考虑的因素。溶剂提取法不需要特殊设备、成本低、操作简单，但其还具有提取效率低、耗时费力等不足。

5.1.1.2 超声波提取法

超声波提取法是利用超声波的空化作用提高提取效率，有助于溶质的扩散，是应用较为广泛的一种提取方式。超声波引起的机械振动、乳化和击碎等次级效应也有利于目标成分与溶剂的充分混合，提升提取的效率。与传统的提取方法相比，超声波提取法具有提取效率高、速度快、收率高等特点。超声波提取法的提取温度较低，适于热不稳定化合物的提取。

5.1.1.3 微波辅助提取法

微波辅助提取法是利用微波辐射穿透细胞壁到达细胞内部，溶剂和细胞液吸收微波的能量后，温度升高，压力增加，促进细胞壁破裂，使目标成分释放出来，提高提取效率的方法。该方法具有提取效率高、提取时间短、有机溶剂耗量少的特点。

5.1.1.4 超临界流体萃取法

超临界流体萃取法是利用超临界状的流体作为萃取剂，从固体和液体样品中提取和分离出目标成分的方法。该方法非常适于热敏性、非极性天然产物的提取与分离，一般选取 CO_2 作为超临界流体。超临界流体萃取法中夹带剂的选取尤为重要，一般选取一定比例的乙醇、甲醇等，增加超临界流体的极性，使萃取剂的溶剂性和分离效果增加。该方法在医药领域应用广泛，用于药物的提取和除杂；在高分子领域也有应用，主要用于高分子化合物的渗透和溶胀聚合等。超临界流体萃取法的设备较昂贵、操作较复杂，使其工业化应用受到一定限制。

5.1.1.5 分子蒸馏法

分子蒸馏法是一种特殊的液-液分离技术，是靠不同物质分子运动平均自由程的差别来实现分离的。在高真空条件下，分子的平均自由程大于蒸发表面和冷凝表面的距离，提高了蒸发速率，有利于目标物的提取分离。分子蒸馏法具有蒸馏温度低、传热效率高、分离度好、无毒、无害、无污染、无残留、产物纯净安全等优点。分子蒸馏法是一种较新的提取方法，未得到广泛的工业化应用。

5.1.2　常见的分离纯化技术

从植物生物质中提取出的浸提液是一种混合物，仍含有较多的杂质，需要通过选择性更强的方法去除杂质，经分离纯化后可得到纯度较高的目标化合物。根据目标化合物的性质，需要选取不同分离纯化技术，常用分离纯化技术主要有两相溶剂萃取法、沉淀法、结晶法、盐析法、透析法、柱层析法、双水相萃取法、反胶束萃取法、高速逆流色谱分离法、膜分离法和制备色谱法。

5.1.2.1　两相溶剂萃取法

两相溶剂萃取法是利用混合物中各成分在两种互不相溶的溶剂中的分配系数不同而实现分离的一种方法。目标分析物在两相溶剂中的分配系数差异越大，分离效果越好。

5.1.2.2　沉淀法

沉淀法是在烟草浸提液中加入某些试剂，从而析出目标化合物、其他杂质或产生沉淀，以达到纯化的效果。沉淀法主要包括醇沉法、酸碱沉淀法和铅盐沉淀法等。

5.1.2.3　结晶法

天然产物在常温下多是固体，具有结晶的通性，可根据其溶解度的不同，采用结晶法来实现分离纯化。结晶前应尽可能去除杂质，因为有时少量杂质也会阻碍结晶过程。此外，合适的溶剂是结晶的关键因素，应选取随着温度升高溶解度增大的溶剂，不宜选取沸点过高的溶剂。结晶法常用的溶剂主要有甲醇、乙醇、乙酸乙酯、丙酮和氯仿等。一般情况下，待结晶的溶液浓度越高，降温的速率越快，晶体的析出速度越快，但也存在结晶质量较差、杂质较多和颗粒较小的缺点。

5.1.2.4　盐析法

盐析法是在天然产物浸提液中加入无机盐使之达到半饱和或饱和状态后，使提取液中的某些成分在水中的溶解度降低而沉淀析出，从而达到与水溶性大的杂质分开的一种分离方法。一般的生物碱、皂苷、挥发油等都可采用盐析法从水溶液中分离出来。盐析法常用的无机盐有氯化钠、氯化钾、氯化钙、硫酸钠、硫酸镁、碳酸钾等。

5.1.2.5 透析法

透析法是利用半透膜的选择通过性（小分子可以通过，大分子被保留在膜的另外一侧），实现大分子和小分子的分离。在分离纯化蛋白质、多糖等大分子时，常采用透析法去除单糖、双糖和无机盐等杂质。若需要分离得到小分子，可将蛋白质、氨基酸、淀粉和多糖等杂质留在半透膜内。

5.1.2.6 柱层析法

柱层析法是利用不同化合物在固定相和流动相之间的分配系数不同，在流动相的携带下，经过多次分配将目标物分离出来。根据分配原理和填充基质的差异，可分为凝胶层析分配层析、离子交换层析和吸附层析等。柱层析法具有操作简便、易于放大等特点，是目前应用最为广泛的分离纯化技术之一，在食品、药品、环境和化工领域都有应用。

5.1.2.7 双水相萃取法

双水相萃取法是利用目标萃取物在双水相体系中的选择性分配原理，不同的萃取物表现出不同的分配系数，从而实现待萃取物的选择性分离方法。该方法具有操作方便、萃取温度低、操作时间短、适于连续操作和易于放大等特点，适用于热不稳定的生物活性物质的高效提取。

5.1.2.8 反胶束萃取法

反胶束萃取法是利用表面活性剂在连续有机相中形成一个极性基团朝内的内表面，与水和平衡离子一起构成一个极性核心，让待萃取液以水相形式与反胶束接触，通过萃取过程，使目标萃取物最大限度地转入反胶束体系，然后与另一个水相接触，调节参数，提取出待萃取物。该方法可用于提取蛋白质和酶类。作为一种新的分离手段，反胶束萃取法受到广泛关注，目前已成功应用于核酸、氨基酸和抗生素等的分离纯化。

5.1.2.9 高速逆流色谱分离法

高速逆流色谱分离法是一种特殊的液-液分配技术，主要利用两种互不相容的溶剂在绕成线圈的聚四氟乙烯管内具有单向性流体动力平衡性质。当溶剂在聚四氟乙烯管内做高速"行星"运转时，若用其中一相溶剂作固定相，则用恒流泵可以输送另一相溶剂载着样品穿过固定相。两相溶剂在螺旋管中实现高效的接触、混合、分配和传递。由于样品中各组分在两相中的分配能力不同，其在聚四氟乙烯管中移动的速度也不同，因此能使样品中各组分得到分离。该方法具有快速、环保、能耗和有机溶剂耗量低等优点，目前已应用于天然产物的提取。

5.1.2.10　膜分离法

膜分离法是指分子水平等不同粒径分子混合物通过半透膜时，实现选择性分离的技术，主要包括纳滤、微滤、超滤、电渗析、反渗透和渗透蒸发等。该方法具有高效、环保、节能等优点，在食品、药品、化工和环境领域广泛应用，是最重要的技术之一。

5.1.2.11　制备色谱法

制备色谱法利用制备液相色谱仪较大柱容量的色谱柱来分离收集纯组分的方法，包括大规模制备产品的工业化制备色谱法和实验室用分离纯化少量（几毫克至几克）样品的小型制备色谱法。该方法具有分离速度快、选择性强、产品纯度好、自动化程度高等优点，但也存在产量低、分离设备造价高昂、技术要求高、对操作人员的素质要求较高等缺点。

5.1.3　烟叶中的有机物

目前，烟叶中已检测到的化合物有 4900 多种，主要包括糖类、蛋白质、纤维素、淀粉、有机酸、生物碱和其他活性化合物，见表 5-1。其中很多成分具备较高的利用价值，如烟碱、茄尼醇、蛋白质、绿原酸、芦丁、多糖等。

表 5-1　烟叶成分

成分	含量范围（%）
蜡和蜡酯	0.66～1.20
茄尼醇和酯	0.80～2.00
有机酸	3.00～7.67
多酚	0.75～5.70
还原糖	0.80～25.00
非还原糖	1.00～5.00
淀粉和果胶	0.00～8.00

成分	含量范围（%）
烟碱	0.28～4.00
氨基酸	0.25～3.00
纤维素和木质素	25.00～28.50
挥发油	0.25～1.00
蛋白质	1.00～3.00
水	11.00～24.00

烟叶中的部分化合物具有不同的生物活性和药理活性，例如，茄尼醇可作为多种药物的合成中间体，绿原酸具有清除自由基和抗氧化活性，高纯度的烟碱可以用于生产药物或绿色农药等。烟草行业每年生产烟叶的过程中会产生大量的有机废弃物，利用这些烟叶生产有机废弃物等提取活性成分成为提升烟叶生产附加值的一种有效方法。从烟叶生产有机废弃物中提取烟碱、茄尼醇和绿原酸的技术已较成熟，部分技术开始中试或进入工业化生产。

5.2 烟叶生产有机废弃物中烟碱的提取与利用

烟碱是烟叶中最主要的生物碱，广泛应用于制药、化工、国防、农业和烟草工业等领域。我国每年烤烟生产过程中会产生大量的有机废弃物，从烟叶生产有机废弃物中提取天然烟碱既可增加经济价值，又能解决有机废弃物对环境的污染。近年来，一些国家相继建设从烟叶生产有机废弃物中提取天然烟碱的实验装置或中试装置，为进一步推进产业化提供基础。

本节从烟碱的结构与基本性质、烟碱的提取与纯化方法、烟碱的分离与分析方法及烟碱的生物活性与应用四个方面详细探讨从烟叶生产有机废弃物中提取与利用烟碱的方法和可行性。

5.2.1 烟碱的结构与基本性质

烟碱是吡啶类衍生物，分子式为 $C_{10}H_{14}N_2$，相对分子量为 162.24，烟碱的分子结构式如图 5—1 所示。纯烟碱是一种无色或微黄色的油状液体，沸点为 247℃，比重为 1.01，有强左旋光性。烟碱有挥发性，易溶于水和有机溶剂，遇空气或紫外光变褐色、发黏，有奇臭和强刺激性，这是因为烟碱经分解成氧化烟碱、烟酸和甲胺。

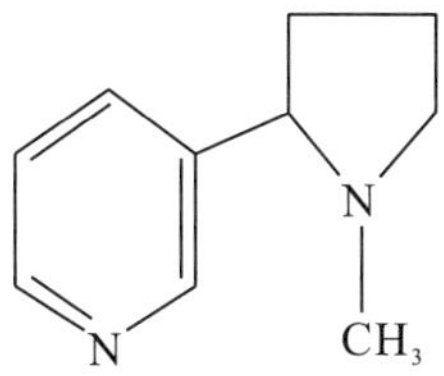

图 5－1　烟碱的分子结构式

5.2.2　烟碱的提取与纯化方法

烟碱在烟叶中以有机酸盐的形式存在，工业生产中通常以废次烟叶为原料，用稀硫酸吸收制成硫酸烟碱。制造硫酸烟碱和纯烟碱的技术路线为：浸泡原料→分离→纯化→转化→精制→产品。提取烟碱的方法有传统溶剂萃取法、蒸馏萃取法、离子交换法、超临界流体萃取法、液膜萃取技术、超声萃取技术、减压内部沸腾法和微波辅助提取法等。

5.2.2.1　蒸馏萃取法

蒸馏萃取法主要通过碱液浸润烟叶，然后用热蒸汽蒸馏，馏分冷却即为游离烟碱水溶液。碱性水溶液蒸馏提取的操作简便，当 pH＞10 时，烟碱主要以分子状态存在，蒸馏的速度快且稳定。二次蒸馏法也可提取烟碱，当 pH＞10 时，经三氯乙烯二次萃取，可获得烟碱粗品，适宜条件是温度为（165±5）℃，压力为（55±10）kPa，减压蒸馏可获得含量 98％以上的烟碱。此外，二次蒸馏法可以有效解决一次蒸馏萃取中容易产生的乳化现象，提高产品的得率。

5.2.2.2　离子交换法

离子交换法是将废次烟叶粉碎，用稀硫酸浸提，加热，回流和抽滤，经离子交换树脂纯化，可制得游离烟碱。四川大学研制出的获取天然烟碱的工艺流程如图 5－2 所示。

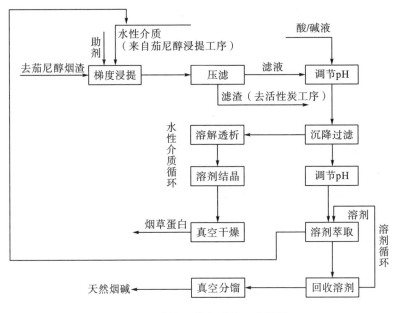

图5-2　获取天然烟碱的工艺流程

韩芳然等研究了采用离子交换法提取天然烟碱的工艺，结果表明，在30℃~38℃下酸提取 3 h，以煤油为萃取剂，HN268 型树脂为离子交换树脂，硫酸为反萃剂，最佳萃取温度为 65℃~70℃，pH 为 5.5。胡海潮等提出一种综合提取烟碱和茄尼醇的方法，最佳提取条件是：当酸提温度、时间、次数和固液比分别为30℃、2 h、1 次和20：1时，烟碱提取率高达 94.6％。曾启华采用柱层析分离法从废烟粉中提取烟碱，工艺条件为将薄层层析法中的薄板改制成干柱，以氯仿－甲醇（5：1）为洗脱剂，无水乙醚为萃取剂，烟碱提取率为 86.3％。离子交换法提取烟碱的操作周期长、产品得率低并且树脂易中毒。

5.2.2.3　超临界流体萃取法

采用超临界流体萃取法提取烟叶中烟碱的应用较为广泛，与一些传统分离方法相比，该方法具有萃取效率高、易于控制溶剂的萃取能力、适用于分离热敏性物质、溶剂回收简单方便等优点。CO_2 具有无毒、不易挥发和不易燃的特点，被广泛应用于超临界流体。超临界 CO_2 萃取可制得纯度达98％的研究产品，最佳条件是：温度为 315℃~325℃、时间为 1.5~2 h 和压力为 12~16 MPa。夹带剂对超临界流体提取烟叶中烟碱的效果有显著影响，若以 70％乙醇为夹带剂，提取效率较高、杂质少。利用该夹带剂，在 CO_2 流速为3.0 L/h、50℃和21 MPa的条件下萃取 2.5 h，提取率可达 94％。另一项研究显示，利用超

临界 CO_2 萃取法提取烟叶中的烟碱，得率可达 2.92％。

5.2.2.4　液膜萃取技术

　　液膜萃取技术的特点是主要应用于水中有机酸、生物碱、除草剂、能与酸碱生成有机盐的化合物。提取率取决于膜载体和作为浸泡膜的有机溶剂。膜载体多用高聚物，有机溶剂一般采用不易挥发的多碳烷烃和醇。液膜法萃取技术的工艺流程包括烟碱液制备、制乳、富集和破乳。液膜萃取技术主要是利用烟碱在膜相和水相中的溶解度不同，会被萃取到膜相，形成浓度梯度，使烟碱向内相界面扩散，烟碱与内相界面中的硫酸形成不溶于有机相的离子态硫酸烟碱，烟碱从膜内向内相界面传递的过程是不可逆的，烟碱不断由外向内迁移，达到分离和富集的目的。

　　王献科等利用液膜萃取技术提取烟叶中的烟碱，以仲辛醇为流动载体，7％仲辛醇、4％双烯丁二酰亚胺和 89％硫化煤油为膜相，内相试剂为 0.2 mol/L H_2SO_4 水溶液，采用高压静电破乳，在 15℃～36℃下提取 10 min，烟碱的提取率高达 99.5％。郭志峰等应用液膜萃取技术提取烟叶中的烟碱，当以定性滤纸为膜载体、$CHCl_3$ 为浸泡膜载体溶剂时，烟碱的提取效率高。于立军等采用高压静电场对失水山梨醇单油酸酯－磺化煤油－正辛醇液膜体系进行破乳，用乳化液膜分离富集烟碱。

　　膜分离技术具有分离和浓缩同步进行的特点，采用该技术在室温下处理烟叶提取物时，可最大限度地富集热敏性致香物质和易挥发成分，减少这些成分的加工损失。通过超滤膜组合分离技术，可对提取物中各类组分进行定向分离与截流，富集对感官特征有功能性作用的有效部分。郑建宇等设计了 10 kDa、2 kDa、1 kDa、700 Da 和 300 Da 五级超滤膜组合，研究了各级膜截留液的主要化学成分及含量（质量分数）的变化，结果显示，10 kDa、300 Da 膜截留液和 300 Da 膜滤液的得率较高，2 kDa 和 1 kDa 膜截留液的得率较低，300 Da 超滤膜有利于还原糖和总植物碱的富集，10 kDa 超滤膜有利于多糖和蛋白质类成分的富集。通过 10 kDa 和 300 Da 两级膜组合可以实现烟叶提取物中多糖、蛋白质、还原糖及总植物碱的调控。

5.2.2.5　超声萃取技术

　　超声萃取技术用于烟叶或烟叶生产有机废弃物中烟碱的提取，可以提高烟碱提取效率。该方法具有应用范围广、萃取时间短、萃取温度低、设备操作简单、维修方便等优点。样品的固液比、处理时间和超声功率会影响提取效率。

刘雷等优化超声萃取烟叶中烟碱的条件：超声功率为 400 W，时间为 25 min，固液比为 80：1，烟叶中烟碱的提取率可达 85.1%。黄志强等利用超声萃取技术从废次烟叶中提取烟碱，以 80% 乙醇为提取剂，在温度和时间为 50℃ 和 30 min 时，烟碱的提取量为 22.7 mg/mL。周民杰等研究了超声萃取废次烟叶中烟碱的工艺，最佳工艺条件是：以 50% 乙醇为浸提溶剂，浸泡时间 2 h，在温度为 50℃、时间为 30 min、频率为 20 kHz 时，提取量为 23.3 mg/mL。艾心灵等也采用超声萃取技术从烟草中提取烟碱，在最佳试验条件下，烟碱的提取率可达 93.6%。

5.2.2.6 减压内部沸腾法

减压内部沸腾法通过外部大量热溶剂加热，先渗透到物料内部的少量解吸溶剂，并使之沸腾汽化，产生对流，强化扩散，提高提取效率。该方法具有溶剂耗量少、收率高、杂质少等优点。

曾森洋等利用减压内部沸腾法提取烟碱，适宜条件是：解吸剂为 70% 乙醇，在 50℃、0.019 MPa 的条件下提取 4 min，烟碱提取率为 1.15%。减压内部沸腾法的提取速度快、温度低、耗溶剂少、安全性好，所得提取液质量高。

5.2.2.7 微波辅助提取法

微波辅助提取法是利用微波辐射的穿透力，加热物质内部，诱导偶极子转动，将目标物质从样品中快速萃取出来。该方法具有选择性好、工作功率低、加热效率高、节能省时、回收率高、设备应用范围广泛、价格低廉等优点。

王美兰等研究了微波辅助提取废次烟叶中烟碱的工艺，当微波处理温度为 50℃、时间为 8 min、功率为 600 W、料液比为 1：30 时，烟碱的提取率达到 90.80%。刘雷等应用微波和超声波辅助提取烟叶中的烟碱，结果表明，当微波功率为 230 W、处理时间为 70 s、液固比为 40：1 时，烟碱提取率为 91.20%。谢长芹等采用微波辅助提取法提取废次烟叶中的烟碱，最佳工艺条件是：微波功率为 450 W、时间为 150 s、固液比为 1：70，烟碱的提取率为 95.10%。当烟叶含水率增加时，采用非极性溶剂作为提取剂可以提高微波辅助烟碱的提取率。王亚红等优化了微波提取废次烟叶中烟碱的方法，最佳工艺条件是：固液比为 1：5、时间为 5 min、微波功率为 600 W，提取率可达到 96.97%。陈丽金也优化了微波辅助提取法提取烟碱的工艺，最佳工艺条件是：微波功率为 300 W、时间为 1 min、液固比为 25：1，此工艺比未经微波处理的提取率增加约 11 倍。

5.2.3　烟碱的分离与分析方法

烟碱吡咯环上的 N 连有甲基，属于叔氨型，易被质子化，烟碱溶液呈碱性，烟碱遇酸生成盐，遇碱产生游离烟碱，这为烟碱的提取和检测提供了依据。随着科技的发展和仪器的进步，红外光谱法、极谱法、电位法、色谱法等更准确的检测方法也陆续应用于烟叶中烟碱的检测。此外，先进的预处理方法（固相/液相微萃取技术和分子印迹技术）和更先进的检测方法（毛细管电泳法、气相色谱法和液相色谱法）也陆续应用。

5.2.3.1　样品预处理

1. 固相/液相微萃取技术

固相/液相微萃取技术（SPME/LIME）是一种将取样、萃取和浓缩合并起来对样品基质进行预处理的技术，可实现自动化处理样品。近年来，固相/液相微萃取技术发展较快，选择性和灵敏度有所提高。Tang 等建立了顶空 SPME－GC－MS 测定烟叶中游离烟碱的方法，检出限达 0.84 $\mu g/g$，回收率在 99.56％以上。张凤梅等采用顶空 SPME－GC－MS/MS 测定不同吸烟者唾液中的 7 种生物碱，检出限低于 3 $\mu g/mL$，7 种生物碱的加标回收率为95.1％～103.2％。向章敏等采用顶空 SPME－全二维 GC－TOFMS 同时检测烟草挥发性和半挥发性生物碱，检出限为 0.60～150 pg，回收率为 86.7％～98.3％。

2. 分子印迹技术

分子印迹技术（Molecular Imprinting Technology，MIT）是一种高选择性的预处理方法，可以利用模板的特定空腔特异性的吸附目标化合物及其类似物实现选择性分离。MIT 与 SPE 和 SPME 等技术结合，可实现高效保留和高选择性，广泛应用于药品、环境和视频分析领域相关样品的制备。烟碱的分子印迹聚合物制备的 SPE 柱对烟碱具有选择性吸附能力，可作为预处理手段应用于生物基质样品中烟碱的测定。MIT 的选择性好、吸附效率高，适于复杂基质样品，特别是生物样品的预处理，但有 MIT 模板合成较困难、使用成本高等缺点。

5.2.3.2　烟碱的分析检测技术

随着吸烟与健康问题越来越受到人们的关注，烟气或环境烟气样品中烟碱的测定越来越被重视，生物基质样品（如血液、尿液和唾液）中烟碱的测定也受到关注。目前，烟碱的检测方法主要有气相色谱法、液相色谱法及其相应的质谱联用方法。毛细管电泳法可与多种检测器匹配，可以用于生物样品中烟碱的测定。基于此，本书主要介绍两种较为主流的烟碱检测方法。

1. 气相色谱法

气相色谱法（Gas Chromatography，GC）以气体为流动相，快速传递样品，使样品组分瞬间完成分离，是检测烟叶及卷烟烟气中烟碱的常规方法，也用于生物样品（如血浆、尿液、头发）中烟碱的检测。氢火焰离子化检测器（FID）、氮磷检测器（NPD）和质谱检测器（MSD）是目前气相色谱法检测烟碱的常用检测器。

GC-FID 法响应快、成本较低，其灵敏度足以分析大多数烟叶样品中的烟碱。GB/T 23355—2009 规定以高纯氮气或氢气为载气、正十七烷或喹哪啶为内标物、异丙醇为萃取剂，测定卷烟烟气总粒相物中烟碱的含量。此外，YC/T 246—2008 也采用 GC-FID 法测定烟叶及其制品中烟碱的含量。采用 GC-FID 法检测烟叶中烟碱的报道较多，该方法具有分析时间短、结果准确等优点，但样品预处理较复杂。

随着联用技术的发展，GC-IT-MS 和 GC×GC-NCD 分别用于屋尘中有机氮致癌物的测定，包括烟碱、2 种烟草特有亚硝胺、2 种硝基化合物、4 种芳香胺和 8 种 N-亚硝胺。对于衍生化的芳香胺，GC-IT-MS 有更高的选择性和灵敏度；而 GC×GC-NCD 的优势在于不需要衍生化即可确定不同种类致癌物的含量。

2. 液相色谱法

液相色谱法（Liquid Chromatography，LC）的检测结果更加准确，适用范围更广，已经成为目前国内外检测实际样品中烟碱含量最常用的方法。烟碱为二元弱碱，极性较强，液相色谱法一般采用反相 C18 柱或 C8 柱为固定相，极性有机溶剂/磷酸盐或乙酸盐缓冲液为流动相。由于烟碱在水溶液中以游离态的单质子态和双质子态存在，易与色谱柱上残余硅羟基的氢键键合，造成宽峰、拖尾等现象，因此，通常需要添加三乙胺改善峰形。另外，水相 pH 的选择对成功检测烟碱尤为重要，pH=2.5~4.2 或 pH=6.0~6.8 可以获得较好的检测结果。

液相色谱检测烟碱常用的检测器为紫外可见光检测器（UV/PDA）和质谱检测器（MSD）。LC-UV/PDA 法应用最广，已成功用于检测烟叶、烟气、尿液、血浆、头发、指甲等样品中烟碱的含量，该法操作简单、重现性好，适用于大量常规样品的分析，缺点是对样品要求较高、样品预处理耗时长。LC-MS/MS 法既具有 HPLC 的高分离能力，又有 MS 的高分辨率，与其他技术相比，具有更高的灵敏度和代谢物覆盖率。Shifflett 等采用 UPLC-MS/MS 同时测定烟碱、特有亚硝胺和茄尼醇等 14 种化合物，该方法的选择性好、灵敏度高。但是，LC-MS/MS 法的仪器操作复杂、设备昂贵，故其应用受到一定限制。

5.2.4 烟碱的生物活性与应用

烟碱具有生物活性和药理活性，被广泛应用于医药、化工、国防、农业和烟草工业等领域。

5.2.4.1 在医药方面的应用

烟碱具有较好的药理活性，体内实验显示，烟碱在抗炎和治疗帕金森病等方面有应用潜力。基于小鼠的动物实验表明，烟碱能减轻腹腔严重感染小鼠败血症的严重程度，改善肝、肺的病理组织学变化，降低机体促炎症细胞因子水平，提高生存率。另外一项大鼠实验也表明，烟碱对严重腹腔感染大鼠肠黏膜屏障有明显保护作用。通过观察烟碱对胶原诱导关节炎模型小鼠的作用，显示明烟碱干预能够有效减缓关节炎小鼠病症进展，减轻小鼠关节炎症状，这一效应是通过降低 Th17 细胞比例、降低炎症因子 IL-17A 与 IFN-γ 比例，减少 IL-6、IL-21、TNF-α 等多因素共同参与的过程来实现的。烟碱还能刺激小鼠激素的分泌，使小鼠的运动能力增强，抗疲劳能力也获得增强。

一些临床试验表明，烟碱具有抗黑质多巴胺神经元损伤作用，其通过烟碱型乙酰胆碱受体（nicotinic acetylcholine receptor，nAChR）途径与非受体途径可以抑制帕金森病的发生与发展。烟碱可应用于进行性痴呆患者的治疗，经烟碱治疗后，病人在注意力、反应性和认知能力上都有提高。烟碱能够调节胆碱能、减轻氧化应激、抑制 β-淀粉样蛋白生成及聚合、保护神经，其为抗阿尔茨海默病的药物筛选提供了一条极具潜力的研发途径。White 等使用烟碱贴剂治疗进行性痴呆患者，治疗后，患者在回答准确性和反应时间上都有所提高。烟碱还可修复多巴胺能神经元轴突的能力及神经元的存活能力。

5.2.4.2 在农业方面的应用

烟碱在病虫害防治方面有较为广泛的应用，游离烟碱溶液可以直接作为熏蒸剂，其特点是容易降解、无毒害和污染。烟碱可毒杀红脉穗螟各龄幼虫，且随着红脉穗螟幼虫龄期的增大而敏感度降低。新烟碱类杀虫剂是在模拟烟叶浸出物的基础上研发出来的一类新型杀虫剂，具有高效、广谱等特点，在全世界得到了广泛的推广应用，目前已成为世界第一大杀虫剂。胡尚勤等的研究显示，烟碱对枯草杆菌、金黄色葡萄球菌和溶壁微球菌等病原菌具有良好的杀菌作用，当浓度为 1%~5%、杀菌时间为 2 h 时，杀菌率达到 90%。

烟碱与其他农药互配可以增加农药药效，有研究表明，苦豆子碱和烟碱混用具有显著的杀蚜相互增效作用；金合欢醇和烟碱混用具有明显的杀蚜增效作用，在最佳质量配比（金合欢醇：烟碱＝4.82：1）下，共毒系数（CTC）达151.63；经过对溶剂、表面活性剂等助剂进行筛选，研制出 6%的烟碱；烟碱与氯氟氰菊酯混配对螺旋粉虱的毒杀效果增强，当烟碱与氯氟氰菊酯的质量配比为 3：1 时，增效作用最强；烟碱与桃金娘乙酸乙酯提取物混配对螺旋粉虱的毒杀作用增强。

烟碱还可以应用到卷烟生产、化工和国防等领域，随着科技的进步，烟碱还能被应用到更多领域，发挥更大作用。

5.3　烟叶生产有机废弃物中茄尼醇的提取与利用

茄尼醇（Solanesol）是一种不饱和的九聚异戊二烯醇，属三倍半萜烯醇。茄尼醇主要存在于茄科植物中，其中以烟叶中的茄尼醇含量最高。茄尼醇是合成生物活性的泛醌类物质（如辅酶 Q_{10}、维生素 K2）的重要原料，是一种重要的药物中间体。烟叶生产有机废弃物的化学成分复杂，与茄尼醇结构相近的物质共同存在，故提取和分离纯化茄尼醇具有一定难度。科学、合理的茄尼醇提取、分离纯化工艺不仅可以给企业带来可观的经济效益，还可在农业、环保等方面发挥更大的社会效应。

本节从茄尼醇的结构与基本性质、茄尼醇的提取与分离纯化方法、茄尼醇的测定方法三个方面详细探讨从烟叶生产有机废弃物中提取与利用茄尼醇的方法和可行性。

5.3.1　茄尼醇的结构与基本性质

茄尼醇的分子式为 $C_{45}H_{74}O$，相对分子质量为 631.1，具有全反式链状结构，熔点为 42.5℃，遇强光易分解，茄尼醇的分子结构式如图 5-3 所示。茄尼醇无极性，难溶于水，微溶于乙醇，易溶于丙酮、乙醚、烃类等有机溶剂。茄尼醇有顺式、反式两种结构，天然茄尼醇均为反式结构，其又有 α 型和 β 型两种类型，无旋光活性，α 型是平面构型，β 型是立体构型，是连续的折叠；

化工合成的茄尼醇包含顺式、反式两种结构。

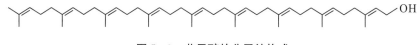

图 5-3　茄尼醇的分子结构式

茄尼醇在自然界中广泛存在，在烟草、马铃薯和桑叶中含量较高，烟叶中的含量最高。1956 年，Rowland 等就从烟叶中制得茄尼醇，含量高达烟叶干重的 3%。梁勇等研究发现，烟草不同部位中茄尼醇的含量不同，烟叶含茄尼醇 0.4500%，烟梗含茄尼醇 0.0370%，烟茎含茄尼醇 0.0037%，烟根含茄尼醇 0.0013%。烟叶中的茄尼醇以游离态和酯型存在，茄尼醇酯主要是与有机酸类结合形成的酯。

5.3.2　茄尼醇的提取与分离纯化方法

一般来讲，茄尼醇的生产技术包括两个部分：一是茄尼醇浸膏的制备技术；二是茄尼醇的精制加工技术。前者的研究主要集中在高含量茄尼醇浸膏的生产技术；后者的研究集中在如何高效去除茄尼醇浸膏中的杂质，保障茄尼醇的较高提取率、较低成本及绿色环保精制工艺技术。

5.3.2.1　溶剂提取法

选取合适的提取溶媒是溶剂提取工艺的关键。鉴于茄尼醇的低极性，一般用低极性溶剂提取。采用溶剂提取法从烟叶中提取与分离纯化茄尼醇的流程如图 5-4 所示。目前，提取茄尼醇最常用的溶剂为环己烷，也有部分研究者选取甲醇、乙醚、石油醚作为萃取溶剂从烤烟烟叶中提取茄尼醇。张晓仿等采用正己烷回流从烟叶中提取制备茄尼醇，最优条件（正己烷在 64℃下回流萃取 12 h，去杂温度为−4℃，结晶温度为−22℃）下，获得纯度可达 92.62% 的茄尼醇。Wang 等研究发现，使用体积比为 4∶6 的正己烷和 95% 的乙醇溶解预处理烟叶，可以将茄尼醇的选择性从 0.10 提高到 0.44。张歆等采用去离子水预处理烟叶，可以去除烟碱、无机盐和柠檬酸等杂质。氨浸预处理烟叶样品，可以破坏烟叶细胞壁，去除木质素，将茄尼醇酯转换为游离茄尼醇，提取率可以提高到 100% 以上。此外，烟叶烘烤调制过程也会增加叶茄尼醇含量，不同烘烤方式达到的效果不同。

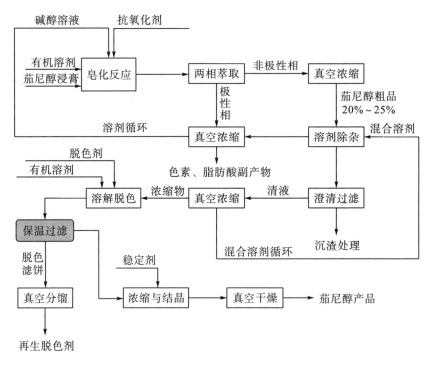

图 5-4 采用溶剂提取法从烟叶中提取与分离纯化茄尼醇的流程

总的来说，利用溶剂提取法提取与分离纯化茄尼醇，需要的有机溶剂种类多、工艺过程长、操作比较烦琐、溶剂损耗大，尤其是过程中多次涉及有机溶剂体系的过滤操作，安全性较差、过滤速度慢。要达到要求的产品纯度，往往需要根据具体的工艺状态进行反复多次的溶解、过滤、冷冻结晶、干燥等操作，工作效率低下。这主要是由于现有研究没有找到一种除杂效果最好的溶剂，使得结晶次数繁多。但可以肯定的是，溶剂法是其他工艺的基础，也是对设备要求最低的工艺路线，工艺过程涉及的多种混合溶剂，如果设计好回收和分离工序，保证溶剂循环的组成不变，则均可回收套用，从理论上可以保证工艺操作的稳定性和可重现性。

5.3.2.2 微波/超声辅助提取法

采用微波辅助提取法提取茄尼醇有助于缩短提取时间，降低实验过程能耗，减少溶剂的使用量，产生较少的废弃物。溶剂提取法与微波辅助提取法提取茄尼醇的效率和含量几乎一样。王青豪等采用微波辐射提取法从烟叶下脚料中提取茄尼醇，提取溶剂为石油醚，在微波功率为微波炉额定功率的 30%、辐射时间为 40 min、固液比为 1∶14（质量∶体积）的条件下，可得到最佳提取率。超声辅助提取法提取废弃烟叶中的茄尼醇，经皂化处理后可得到 27％的茄尼醇粗品，经大孔树脂纯化后，可得到纯度高于 90％的茄尼醇。微波辅助提取法提取茄尼醇的效果优于超声辅助提取法，且提取时间较短。

5.3.2.3　超临界 CO_2 萃取技术

超临界 CO_2 萃取技术是利用超临界 CO_2 在液态下的溶解能力，提取目标化合物，该方法具有绿色、高效等特点。不同夹带剂对超临界 CO_2 萃取技术提取烟叶中茄尼醇有较大的影响。当采用乙醇为夹带剂时，最适宜条件（温度为 54℃，夹带剂流量为 3 g/min，CO_2 流量为 10 g/min，时间为 3 h）下该萃取技术优于传统的有机溶剂法。选取 95％的乙醇为夹带剂，茄尼醇的提取率为 94.0％，提取物中茄尼醇的含量为 33.0％。提取烟叶中的茄尼醇，采用超临界 CO_2 萃取技术与溶剂法相比，避免了溶剂消耗过大、环境污染、操作复杂等问题，且提取率和浸膏浓度都较高，简化了后续纯化工艺。

5.3.2.4　柱层析法

柱层析法是利用有机溶剂剔除大部分色素、黏多糖、蛋白质、树脂及其他极性和非极性杂质后，以正己烷为介质，二氧化硅、三氧化二铝等为层析填料，进行固液间的吸附分配，再分别用正己烷－乙酸乙酯混合溶剂进行梯度洗脱，收集产品馏分进行浓缩干燥，最后进行溶剂重结晶，得到含量较高的茄尼醇产品。采用柱层析法从烟叶中提取与分离纯化茄尼醇的流程如图 5-5 所示。

采用柱层析法可获得茄尼醇精品（茄尼醇含量＞75％）和茄尼醇纯品（茄尼醇含量＞90％）。结晶与柱层析法结合可提取纯度更高（91％）的茄尼醇，主要步骤为溶剂提取、结晶、活性炭脱色、柱层析提取茄尼醇。胥克亮等用采用凝胶色谱法纯化 70％的茄尼醇，去杂后浓缩、冷却，即得纯度为 95％的茄尼醇精品。也有采用大孔树脂纯化茄尼醇的研究，杨紫涵利用 HPD100 大孔树脂从烟叶中提取精品茄尼醇，可得到纯度为 91.67％的产品。韩蕊蕊针对烟叶浸膏中茄尼醇的分离进行研究，结果显示，原料浸膏经皂化、初结晶，再经结晶精制后，得到纯度为 96.7％的茄尼醇，得率为 82.9％。

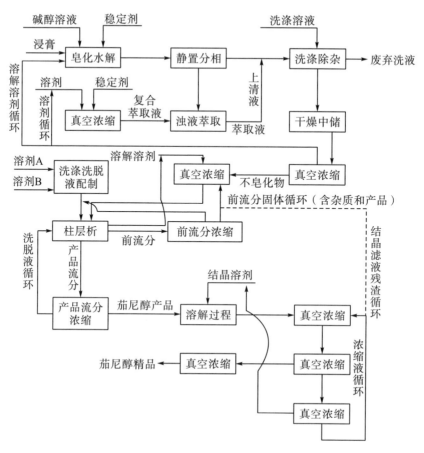

图 5-5 采用柱层析法从烟叶中提取与分离纯化茄尼醇的流程

柱层析法可以获得较高含量的茄尼醇产物，但是上柱液、洗脱液等有机溶剂的用量很大，分离浓缩负荷高，溶剂损耗、产品损失较大，成本高，规模小，所以适合在实验室进行标样生产，不宜工业化。

5.3.2.5 分子蒸馏法

分子蒸馏法是在高真空度下进行短程蒸馏，实际是针对皂化反应后得到的不皂化物，收集180℃～240℃的馏分，再脱溶剂除杂，得到纯度更高的产物。具有代表性的是日本日清食品株式会社利用分子蒸馏技术从土豆叶中提取茄尼醇。孔宁川等利用分子蒸馏法可从烟叶浸膏富集得到黑色的茄尼醇。分子蒸馏法的主要缺点是蒸馏温度一般为 200℃，茄尼醇在此温度下的稳定性还不明确。

从过程本质上分析，分子蒸馏法是利用不皂化物中茄尼醇和其他杂质成分在极高真空度下分子运动的差异，收集短程馏分，将轻馏分杂质和高沸点组成杂质进行分离，再对含有产物的馏分用有机溶剂除杂，除杂的基本思路与一般溶剂法类似。由于采用分子蒸馏法已将大部分杂质除去，因此，有机溶剂除杂处理的物料大大减少，有机溶剂的消耗降低。分子蒸馏法的技术核心在于短程分子蒸馏，设备投资较大，操作的稳定性相对较差。采用分子蒸馏法从烟叶中提取与分离纯化茄尼醇的流程如图 5−6 所示。

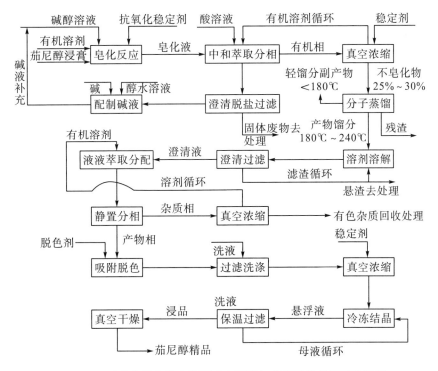

图 5−6　采用分子蒸馏法从烟叶中提取与分离纯化茄尼醇的流程

从废弃烟叶中提取纯化茄尼醇的方法较多，但各有优缺点，溶剂法操作简单、设备低廉，但效率低、耗时长；超临界 CO_2 萃取技术效率高、绿色环保，但设备昂贵，且提取物中的杂质较多；微波辅助提取法耗时短、溶剂耗量少，但装备复杂、溶剂选择范围窄；超声辅助提取法的器件安全性难以保证。因此，在选取提取和分离纯化方法时，应根据实际需求，主要基于投资成本、生产规模和环保等方面进行综合考虑。

5.3.3　茄尼醇的测定方法

茄尼醇分子中有多个非共轭双键，具有非常好的接收自由基的性能。茄尼醇的极性较弱，现有测定方法主要应用甲醇、异丙醇或正己烷作为萃取剂来提取样品中的游离茄尼醇或总茄尼醇，较多的方法采取在溶剂中加入一定浓度氢氧化钠作为皂化剂，将提取和皂化步骤合并，也能达到较好的提取与除杂效果。目前报道的茄尼醇测定方法主要基于液相色谱及其质谱联用。也有较少报道采用近红外漫反射技术和滴定法来测定烟叶及其制品中的茄尼醇。

5.3.3.1 高效液相色谱法

高效液相色谱法（HPLC）是早期最常用的测定烟叶及其提取物中茄尼醇含量的检测方法，应用的检测器主要有紫外检测器（UV）、示差折光检测器（DRI）、蒸发光散射检测器（ELSD）和光电二级阵列管检测器（PDA）。由于茄尼醇分子的极性较弱，反向色谱柱（C18柱）成为分离茄尼醇的首选，目前已有较多应用 RP－HPLC 测定烟叶及烟叶提取物、烟叶生产有机废弃物，以及马铃薯、茄子、番茄、辣椒的叶片中的游离茄尼醇或总茄尼醇。HPLC－UV 常作为化学分析实验室的标准配备仪器。目前，烟叶提取物中茄尼醇的 HPLC 测定方法已列入国家标准。

UPLC 的分离度高、分析时间较短，适用于烟叶中茄尼醇的快速测定。韩敬美等采用 UPLC－UV 测定烟叶中游离的茄尼醇，选取甲醇直接萃取，方法的检出限达到 0.054 mg/L。刘翠翠等选取氢氧化钠的乙醇溶液为皂化剂，同步提取皂化烟叶总茄尼醇，用 UPLC 快速测定烟叶中的总茄尼醇，方法检出限为 0.07 mg/L。

5.3.3.2 液相色谱－质谱法

LC－MS/MS 的高灵敏度与高选择性，使得直接分析烟叶及烟叶提取物复杂基质中的茄尼醇含量成为可能。Chen 等采用 HPLC－ESI－TOF/MS 定性和定量测定不同来源烟叶提取物中的茄尼醇，皂化后茄尼醇采取超声辅助提取法，方法检出限达到 1.83 ng。

5.4 烟叶生产有机废弃中蛋白质的提取与利用

植物蛋白是从绿色植物的茎叶中直接提取出来的蛋白质，富含氨基酸，尤以限制性氨基酸（如苏氨酸和色氨酸）的含量较高，可以作为天然的食品强化剂和饲料强化剂，在食品和医药等领域都有应用。

烟叶蛋白质的含量与甘蔗等作物的蛋白质含量相当，同等面积种植的烟叶获取的植物蛋白约为大豆的 4 倍。不同品种烟叶蛋白质的含量差异较大，白肋烟的蛋白质含量最高，达 20.48%，因此，烟叶可作为提取植物蛋白的主要原料之一。烟叶蛋白质的氨基酸含量均衡，经提取与纯化后制得的高纯度蛋白可用于制备生物活性肽等高附加值产品。另外，烟叶作为植物蛋白的提取原材料，成本低廉。

本节主要从烟叶蛋白质的性质、烟叶蛋白质的提取方法、烟叶蛋白质的测定方法和烟叶蛋白质的应用四个方面系统描述烟叶蛋白质的提取与利用进展，为烟叶生产有机废弃物中蛋白质的提取与利用研究提供数据支撑。

5.4.1　烟叶蛋白质的性质

烟叶蛋白质分为可溶性蛋白和不溶性蛋白，可溶性蛋白中约有 50% 是叶绿体蛋白质，又称为 Rubisco，大小为 18 S[①]，为核酮糖－1,5－二磷酸羧化酶/加氧酶（Fraction Ⅰ protein），另外 50% 是其他可溶性蛋白的复合物（Fraction Ⅱ protein），大小为 4~6 S。在烟株生长发育过程中，两类可溶性蛋白含量相近，第一类可溶性蛋白在烟株成熟后大部分被体内的蛋白水解酶降解。不同品种烤烟的蛋白质含量存在差异，蛋白质的平均含量为 7.30%，其中，云烟 87 的蛋白质含量最低，为 5.17%。孙计平等测定了中烟 100 等 6 个品种烤烟的蛋白质含量，均为 9.14%~9.95%，以 NC89 最高，NC297 最低；各品种的产量在品种间、品种地点间的变异均达到 1%，呈极显著水平；烟叶叶片上不同位置的蛋白质含量水平差异不显著，但中部叶蛋白质含量＞下部叶蛋白质含量＞上部叶蛋白质含量。

5.4.2　烟叶蛋白质的提取方法

5.4.2.1　碱溶酸沉法

碱溶酸沉法一般选取氢氧化钠溶解烟叶蛋白质，过滤后的滤液选取磷酸进行沉淀，离心即可得到沉淀的蛋白质。该方法可以直接从烟叶浆液中提取蛋白质，具有操作简单、工艺流程好控制、适于规模生产等特点。研究显示，在适宜条件下，使用碱溶酸沉法提取烟叶蛋白质的提取量可以达到 76.6%。碱溶酸沉法也可用于提取低次烟叶中的可溶性蛋白，采用响应曲面法优化工艺条件

①　S 为 Svedberg 的缩写，表示离心时的沉降系数。

后，在最优条件下，蛋白质提取量可以达到 10.96 mg/g。采用碱溶酸沉法时，提取液的 pH 会对提取结果产生显著影响，当 pH≥7 时，烟叶蛋白质的提取率较低，适宜浓度的醋酸提取液可以用于提取烤烟、香料烟和白肋烟中的蛋白质。

5.4.2.2 回收无尼古丁的蛋白质

回收烟叶中无尼古丁的蛋白质可以增加烟农收益，提升废弃烟叶的附加值。Fu 等利用磷酸盐缓冲系统（$Na_2HPO_4-KH_2PO_4$）回收无尼古丁的蛋白质，1 h 即可成功水解 60 kg 烟叶，最佳工艺条件为：缓冲液与烟叶的质量比为 4.75、pH 为 7.85、缓冲液浓度为 0.085 mol/L。可溶性蛋白提取量为 12.85 mg/g。新鲜烟草用 85% 的磷酸（pH=3.5）冲洗三次，可以去除蛋白质中的尼古丁，最终无尼古丁的蛋白质的得率可以达到 94.5%。

四川大学研究了一套从提取茄尼醇和烟碱的过程中综合提取烟叶蛋白质的工艺，烟叶及其废弃物在提取茄尼醇后，以一定体积的水相浸提去茄尼醇的烟渣，然后分离除去固体烟渣，水相调节萃取除去烟碱，剩余水相调节陈化，离心沉降，上清液加硅藻土助滤剂过滤，过滤的滤液调和低温诱导结晶得到无色组分Ⅰ蛋白，最后过滤干燥。烟碱萃余水相分离烟叶蛋白质的流程如图5-7所示。

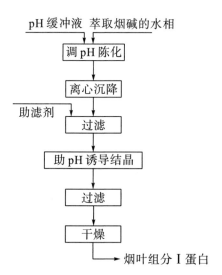

图 5-7 烟碱萃余水相分离烟叶蛋白质的流程

按照上面流程提取分离得到的烟叶蛋白质是富含人体必需的各种氨基酸的烟草组分Ⅰ蛋白，是无色无味的白色结晶，纯度可达 99%。该蛋白质可以直接用作食品营养强化剂，也可用水溶解得到类似蛋清的溶液，用于糕点、奶酪的制作。

5.4.2.3　膜分离法

复合中空纤维膜可以用于分离纯化高纯度烟叶蛋白质。Shi 等利用复合中空纤维膜从废弃烟叶中提取烟叶蛋白质，实验结果显示，应用超滤和纳滤膜可以使烟叶蛋白质的截留率分别达到 87.9% 和 98.5%。魏赫楠等用膜分离法提取烟叶蛋白质，在压强为 0.10 MPa、温度为 22℃、pH 为 5.0 的最佳操作条件下，对烟叶蛋白质的截留率达 85.2%。

5.4.2.4　醇/水溶液抽提法

Teng 等研究利用醇/水溶液抽提法提取烟叶生物质中的非水溶性蛋白，烟叶通过机械匀浆后，采用 40∶60 的甲醇－水溶液萃取蛋白质，然后通过 pH＝6.0 的甲醇－水溶液萃取，非水溶性蛋白的得率最终可以达到 68%。

5.4.2.5　疏水作用色谱法

疏水作用色谱法可以用于纯化蛋白质。Dong 等利用乙醇/盐溶液双相系统－疏水作用色谱法纯化烟叶中的重组绿荧光蛋白，得到了高纯度的重组绿荧光蛋白。Holler 等利用疏水作用色谱法从转基因烟叶中提取和纯化酸性重组蛋白，通过聚合电解质沉淀、疏水作用色谱纯化和羟基磷灰石层析三个处理步骤，最终得到纯化效果较好的蛋白质产品。

5.4.2.6　双水相萃取法

双水相萃取法广泛用于分离纯化不同样品来源的蛋白质。该方法选取水作为提取剂，不易引起蛋白质失活，且无有机溶剂残留，适于烟叶中具有生物活性的水溶性蛋白或酶的提取。该方法操作工艺简单，工艺参数可同比例放大且不易降低得率，易于规模化生产。Balasubramaniam 等利用双水相萃取法从烟叶中分离提取重组蛋白，选取聚乙二醇－盐－溶酶酵素作为萃取系统。Platis 等建立了一套双水相分配系统从烟叶提取物中精馏出一些具有治疗作用的蛋白质，该系统包含 12%（w/w）的聚乙二醇 1500 和 13%（w/w）的磷酸盐缓冲液（pH＝5）。

5.4.3 烟叶蛋白质的测定方法

5.4.3.1 凯氏定氮法

凯氏定氮法是最经典的间接测定烟叶蛋白质的方法，主要是在酸性和加热条件下将蛋白质分解为硫酸铵，碱化后使铵游离，硼酸吸收后用酸滴定计算蛋白质含量。具体操作步骤为：取样品→置于凯式烧瓶→加入硫酸铜、硫酸钾、硫酸→炭化，加热至液体呈蓝绿色且澄清定容→定氮蒸馏→碱化蒸馏→计算蛋白质。

5.4.3.2 双缩脲法

双缩脲法利用烟叶蛋白质中肽键可发生双缩脲反应，在碱性条件下，可与二价铜离子反应形成络合物（紫红色），该反应的颜色会随着肽键含量（即蛋白质含量）的增加而加深，故可用来检测蛋白质含量。该方法适于快速测定烟叶蛋白质，缺点是准确度不太高。

5.4.3.3 紫外光谱法

紫外光谱法主要利用蛋白分子中含有共轭双键，具有紫外光谱的吸光性能，该吸光度与蛋白质含量成正比，一般选取的吸收峰波长为 280 nm。该方法具有操作简单、仪器设备较便宜、样品耗量少等特点，但其选择性不强，不能排除核酸等化合物的干扰，故存在一定误差。

5.4.3.4 三氯乙酸法

有研究采用三氯乙酸法测定烟叶中的蛋白质含量，实验过程为：用尿素溶液抽提烟叶中的蛋白质，离心取上清液，加入三氯乙酸沉淀蛋白，离心后用丙酮清洗，烘干、称重，得到蛋白质的准确含量。翟羽晨等应用 BCA－三氯乙酸法快速测定烟叶蛋白质，提取烟叶蛋白质的最佳条件为：pH＝7.0 的 0.05 mol/L PBS 缓冲液、液料比为 40 mL∶1 g。使用三氯乙酸沉淀蛋白质，利用差减法去除烟叶中还原性物质对 BCA 方法准确性的影响，从而准确测定样品的蛋白质含量，方法的变异系数小于 5%，样品的加标回收率为 96.39%。

一些新的蛋白质分析方法也有报道，如离子液体辅助蛋白质提取法可用于植物蛋白的定量分析，方法的预处理相对简单，选择性和稳定性都较好。

5.4.4　烟叶蛋白质的应用

叶蛋白在自然界中广泛存在，含量丰富。烟叶中的蛋白质含量高，尤其是可溶性蛋白的含量高，具有一定的药用和营养价值。烟叶蛋白质的应用主要有以下几个方面。

5.4.4.1　应用于饲料

烟叶中含有较高比例的可溶性蛋白，从烟叶中提取的蛋白质产量是大豆的4 倍，白肋烟中的蛋白质含量高达 20.48%。烟叶蛋白质中苏氨酸和色氨酸含量丰富，利用烟叶蛋白质制作的动物饲料中，这两种蛋白质的含量远高于由鱼骨粉制作的动物饲料，作为动物营养强化剂和饲料添加剂的潜力较大。此外，烟叶中回收的无尼古丁的蛋白质也不会诱发动物变异。

5.4.4.2　应用于食品

烟叶蛋白质营养价值较高，含有丰富的苏氨酸和络氨酸，可以作为鸡蛋和酪蛋白的替代物、食品添加剂和应用强化剂，以及奶品替代物（适用于乳糖不耐受人群）。有研究显示，新鲜烟叶中可提取出纯度大于 99% 的烟叶蛋白质，且得率较高，远超同等面积土地生产的大豆和小麦所能提取的蛋白质。郭培国的研究显示，烟叶蛋白质具有完全氨基酸，其必需氨基酸含量超过 FAO 制定的标准，营养品质高于小麦、水稻、玉米和大豆等。

5.4.4.3　应用于医药

烟叶蛋白质也具有一定的药用价值，主要因为烟叶中的可溶性蛋白约有50% 为单独的叶绿体蛋白（F－Ⅰ蛋白），其他可溶性蛋白的复合物叫作 F－Ⅱ蛋白。国内外对 F－Ⅰ蛋白和 F－Ⅱ蛋白的提取与纯化技术研究较多，F－Ⅱ蛋白的提取相对简单，目前已进入应用阶段，美国已建成一条每天可加工 9 t 鲜烟叶的生产线，其生产的蛋白质结晶状粉末纯度可达到 99% 以上。研究人员也对早期较为复杂的 F－Ⅰ蛋白提取工艺进行优化，从烟叶中提取和纯化 F－Ⅰ蛋白的工艺已经逐步简化并日渐成熟。从烟草中提取的高纯 F－Ⅰ蛋白无杂质污染，具备制药潜力。此外，烟叶蛋白质含硒，能清除体内自由基、预防红细胞溶血，对化学性肝损伤有预防作用等。

5.4.4.4 制备生物活性肽

烟叶蛋白质经酶水解后可制备多种生物活性肽，有磷酸化、糖苷化的复杂长链或环状多糖，也有简单的二肽。活性肽具有多种生物活性功能，包括调节免疫力、调节神经、抗病毒、调节神经、抗癌和高血压等。可将生物活性肽作为食品添加剂或制备成抗高血压、提高免疫力的功能性食品或营养品。不同水解程度的生物活性肽对超氧自由基的抑制作用不一，研究显示，蛋白酶解液体外抗氧化活性以 5 kDa 组分最高，木瓜蛋白酶解液对超氧阴离子自由基的抑制率最高（28.41％），接近维生素 E（28.56％）。

5.4.4.5 通过 Maillard 反应制备辛香料

利用 Maillard 反应可以制备高品质的辛香料。有研究显示，以低次烟叶蛋白酶解物为原料，通过 Maillard 反应制备烟用香精添加到烟草制品中，可以显著提高卷烟的评吸品质。崔淑强等利用微生物水解烟叶蛋白质产物为原料进行 Maillard 反应制备烟用香精。

5.5 烟叶生产有机废弃物中绿原酸的提取与利用

绿原酸（Chlorogenic acid）是植物有氧呼吸过程合成的一种苯丙素类化合物，是由奎尼酸与咖啡酸组成的缩酚酸。绿原酸是杜仲、金银花和茵陈等中药材的主要有效成分之一，具有抗氧化、抗病毒、免疫调节、降糖降脂等多种药理作用，近年来在医药、化工和食品等领域都有应用。

绿原酸易溶于甲醇、丙酮和乙醇等有机溶剂，难溶于乙醚、苯和氯仿。由于绿原酸的分子结构中含有不饱和双键、酯键及多元酚，分子中的邻二酚羟基极易被氧化，受热、见光都能使其生物学活性丧失，在酸性环境中较在碱性环境中更稳定。绿原酸不稳定、难溶于水，使得其广泛应用受到一定限制。目前，提取和分离纯化绿原酸的方法主要有有机溶剂提取法、微波/超声辅助提取法、超临界流体萃取法，以及沉淀法、膜分离法、柱层析法、制备色谱法等。

绿原酸是烤烟烟叶中含量最高的多酚类物质，每年烤烟生产中会产生大量的废弃烟叶和烟杆等，若能从中提取和纯化得到绿原酸等活性物质，会大大增加废弃烟叶的利用价值。本节从绿原酸的结构与基本性质、烟叶中绿原酸的提取方法、绿原酸的分离纯化方法、绿原酸的检测方法进行综述，为从废弃烟叶中获取纯度更高的绿原酸样品提供方法和理论支撑，为烟叶中绿原酸的提取与综合应用提供参考。

5.5.1　绿原酸的结构与基本性质

绿原酸化学名为 3－O－咖啡酰奎尼酸（3－O－caffeoylquinic acid），分子式为 $C_{16}H_{18}O_9$，分子量为 354.30，分子结构式如图 5－8 所示。绿原酸的半水化合物为白色或微黄色针状结晶，熔点为 205℃～209℃，绿原酸易溶于水，随着水温的升高溶解度增大。绿原酸还易溶于甲醇、丙酮，微溶于乙酸乙酯，难溶于乙醚、氯仿等弱极性溶剂。

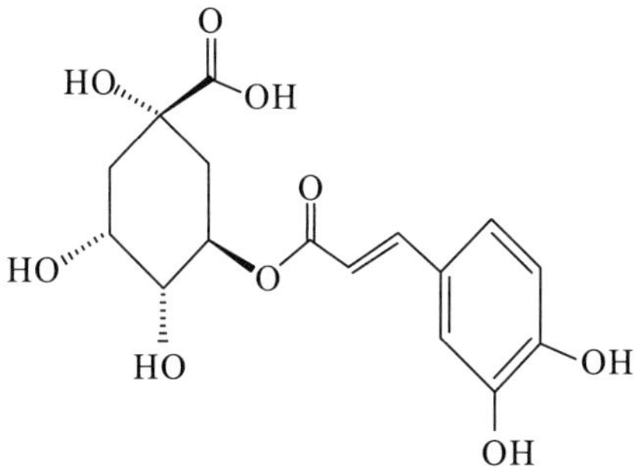

图 5－8　绿原酸的分子结构式

不同品种的烟叶中绿原酸含量差异较大：烤烟 K326 中绿原酸含量最高（28.544 mg/g），烤烟 GDH88 中绿原酸含量最低（12.004 mg/g）。烟叶中不同部位绿原酸含量也有差异：上部叶绿原酸含量较高，中部叶次之，下部叶最低，烟梗中绿原酸含量显著低于烟叶。

5.5.2　绿原酸的提取方法

烟叶中绿原酸的提取方法主要有有机溶剂提取法、微波/超声辅助提取法和超临界流体提取法。

5.5.2.1　有机溶剂提取法

绿原酸的极性较大，根据相似相溶原理，可以利用丙酮、甲醇、乙醇等极性较强的有机溶剂提取烟叶中的绿原酸。有研究表明，选取 67％的乙醇水溶液在 61℃下可以较好地从废弃烟叶中提取绿原酸与芸香苷，两种化合物的理论提取量之和可达到 43.59 mg/g。卫佳研究发现，将浸提温度升高到 90℃，可以显著缩短浸提时间。增加浸提液中甲醇的比例，即使温度降低、提取时间缩短，也可以使烤烟中绿原酸的平均提取率达到 90.38%。另外，浸提剂中甲醇比例增加尤其是当甲醇浓度超过 80% 后，绿原酸的提取率会显著下降。

5.5.2.2 微波/超声辅助提取法

微波/超声辅助可以增加烟叶中绿原酸的提取效率，超声辐射条件下，采用 95% 乙醇作为浸提剂，可以使烟草中绿原酸的提取率达到 93.65%；以氯化胆碱-苹果酸组成的深共熔溶剂体系作为提取溶剂，提取时间为 30 min，绿原酸的提取量为 (16.95±0.69) mg/g。微波辅助提取法与传统的回流萃取相比，提取率更高，时间更短。吴晓琼等以体积分数为 70% 的乙醇水溶液为提取剂，在微波功率为 400 W、温度为 60℃ 的条件下提取 90 s，烟叶生产有机废弃物中绿原酸的提取率可达 1.22%。

5.5.2.3 超临界流体提取法

超临界流体提取法可以在较低的温度下提取烟叶中的绿原酸，从而解决绿原酸热稳定性差、在较高提取温度下易分解的问题。另外，超临界流体提取法是将萃取和蒸馏分离合并，可以简化流程，节省能源消耗，通过该方法提取的绿原酸纯度可高达 90% 以上，但该方法存在设备昂贵、维护费用高等缺点。目前，绿原酸的超临界流体提取还没有大规模工业化应用。

5.5.3 绿原酸的分离纯化方法

烟叶中绿原酸的分离纯化方法主要有沉淀法、膜分离法、柱层析法和制备色谱法。

5.5.3.1 沉淀法

沉淀法主要和水提工艺相结合，常见的沉淀法有石硫醇法和铅沉法。

（1）石硫醇法。用质量分数为 20% 的石灰乳将浓缩液的 pH 调至 12，过滤沉淀物，加 2 倍量乙醇混悬，再用体积分数为 50% 的 H_2SO_4 将 pH 调为 3~4，充分搅拌、过滤，滤液用质量分数为 40% 的 NaOH 中和至中性，过滤、浓缩、干燥得绿原酸粗品。绿原酸粗品中的绿原酸含量一般为 20%~30%，回收率较低，为 1%~2%，这是因为绿原酸结构中存在酯键，在碱性条件下易水解。

（2）铅沉法。用乙醇提取，将提取液真空浓缩制备浸膏，再加水转溶，然后加铅盐沉淀，过滤沉淀物，加 20% 的硫酸溶解沉淀，析出绿原酸，用乙酸乙酯萃取，浓缩析出粗品，最后重结晶得纯品。因为铅沉法对绿原酸有一定的选择性，所以可得到较纯的绿原酸，但由于使用了有毒的重金属铅，因此可能对绿原酸产品造成一定的污染。

5.5.3.2　膜分离法

膜分离法是利用具有一定通透性的超滤膜，在压力作用下将大分子蛋白、糖类等杂质分离出来，使小分子物质透过膜，从而达到分离和纯化的目的。膜分离法具有操作简单、分离效率高、能耗低、无污染等优点，但其对提取液的预处理要求高，膜被污染后难以清洗。另外，膜分离法的产量还受到膜分离效率的制约。有研究对比了石硫醇法和膜分离法对绿原酸的纯化效果，膜分离法分离纯化后，绿原酸的回收率可达 99%，而用 70% 的石硫醇法分离纯化绿原酸的回收率约为 68%。

5.5.3.3　柱层析法

柱层析法广泛用于分离纯化烟叶中的绿原酸，主要利用具有大孔结构的高分子树脂对绿原酸的吸附分离性能，通过一定洗脱溶液的共同作用，得到纯度较高的绿原酸。柱层析法具有操作简单、分离效率高、机械强度高、稳定性好和可再生等优点，缺点为耗时较长、使用后的树脂清洗较困难。目前，广泛用于分离纯化绿原酸的树脂主要有 XDA-1 树脂（吸附和解析效果俱佳，绿原酸总回收率可达 80.06%）、HPD-400 大孔树脂（柱层析法回收率为 72.30%）和 D101 大孔树脂（动态回收率为 70.37%）等。

5.5.3.4　制备色谱法

现代制备色谱可以用于分离纯化纯度较高（纯度＞95%）的绿原酸产品，是绿原酸应用于医药领域不可缺少的分离手段。制备色谱法具有分离速度快、选择性强、产品纯度高、自动化程度高的优点，但也有产量低、分离设备造价高昂、技术要求高、对操作人员的素质要求较高等缺点。目前，制备色谱法仅用于实验中制备高纯度的绿原酸。

5.5.4　绿原酸的测定方法

目前，已见报道的测定绿原酸的方法有极谱法、薄层光密度法、紫外分光光度法、高效毛细管电泳法（HPCE）、流动注射电致化学发光法、分子印迹法、气相色谱法、高效液相色谱法、液相色谱－质谱联用法等。本节主要介绍高效液相色谱法、液相色谱－质谱联用法，以及一些较为新颖的绿原酸检测方法。

5.5.4.1 高效液相色谱法

目前，涉及绿原酸含量的测定方法中，高效液相色谱法（HPLC）的应用广泛，一般选取反相色谱柱分离烟草基质样品中的绿原酸。HPLC 测定绿原酸的分离效果显著，准确度和重复性都较好。但由于 HPLC 配备的检测器不同，其对绿原酸及其异构体的选择性还存在一定局限。基于此，2006 年发布的烟草行业标准就选取 HPLC 作为烟草及烟草制品中绿原酸的标准检测方法。易小丽等建立了烟叶中绿原酸及其异构体的 HPLC－UV 检测方法，选取甲醇－水溶液萃取烟叶中的绿原酸，采用反相 C_{18} 色谱柱作为分离柱，外标标准曲线法进行定量分析，方法检出限为 0.013～0.028 mg/L，回收率为 92.0%～104.0%。王晋等采用 UPLC 测定烟草中的绿原酸等 8 种多酚类化合物，方法检出限为 0.35～1.03 μg/g，样品分析时间为 6 min，选取一种样品提取、固相萃取净化、过滤和转移为一体的样品萃取瓶，提升了样品处理效率。李力等选取 HPLC 同时快速测定烤烟中的 6 种多酚，方法检出限为 3.7～9.9 μg/g，回收率为 94.4%～106.8%，该方法的预处理简单、分析时间短，适于烤烟中绿原酸等多种多酚含量的测定。由于绿原酸不稳定，易发生水解，在流动性中加入一定比例的乙酸或磷酸能够抑制绿原酸的羟基解离，有效改善目标色谱峰的拖尾现象。

5.5.4.2 液相色谱－质谱联用法

液相色谱－质谱联用法（LC－MS/MS）是最常用的复杂基质样品中痕量化合物的分析方法，被广泛用于烟草及烟草有机废弃物中绿原酸等多酚类物质的准确定量分析。王海燕等采用 HPLC－PDA－MS 对烟叶中多种多酚类化合物进行定性分析，选取 53% 的甲醇作为提取剂，在微波作用下提取，总多酚提取量为 22.38 mg/g（干重）。LC－MS/MS 还可以对烟叶中十多种多酚类物质同时进行定量测定，各目标化合物的检出限均低于 200 ng/mL。沈丹红等采用 HPLC－UV/MS 同时测定烟叶中绿原酸等 25 种多酚类物质，各目标化合物的检出限均低于 132 ng/mL，回收率为 91.0%～112.4%。Ncube 等采用基于源内碰撞诱导解离－UPLC－QTOF－MS/MS 测定烟叶中的绿原酸和相关肉桂酸代谢物，可以检测解析绿原酸及其代谢物的异构体。

5.5.4.3 其他测定方法

绿原酸的快速测定方法是近年来的一个研究方向，基于分子印迹聚合物高选择性，压电石英晶体传感器的响应灵敏性，吴灵等研制出以分子印迹聚合物压电模拟生物传感器测定烟叶中绿原酸的方法，方法检出限达到 2.5×10^{-8} mol/L,回收率为 96.7% ～ 105.0%，RSD 为 3.7%，该方法具有选择性好、线性范围宽、灵敏度高、准确度高等特点。

5.6 烟叶生产有机废弃物中芦丁的提取与利用

芦丁（Rutin）又称为芸香苷，是一种含有多羟基的天然抗氧化剂，具有抗菌、抗氧化、抗炎等多种药理活性，对细胞低毒或无毒；在临床上主要用于治疗高血压、心血管疾病、胃病、皮肤病、糖尿病等多种疾病。现已广泛应用于医药、保健食品和化妆品等行业。

芦丁作为烟叶及其生产有机废弃物中重要的生物活性物质，受国内外研究者的广泛关注。我国是烤烟生产大国，生产过程中会产生大量的废弃烟叶、烟杆和级外烟叶等，但其总体利用率不高，造成了资源的流失浪费。

本节主要从芦丁的结构与基本性质、芦丁的提取与分离纯化方法、芦丁的测定方法三个方面系统阐述了烟草芦丁的提取与利用进展，为烟叶生产有机废弃物中芦丁的提取与利用研究提供数据支撑。

5.6.1 芦丁的结构与基本性质

芦丁的分子式为 $C_{27}H_{30}O_{16}$，是一种天然的黄酮苷，芦丁的分子结构式如图 5－9 所示。目前，在烟叶中发现的黄酮类物质主要为芦丁，不同地区、不同等级的烟叶中芦丁含量为 0.45% ～ 1.40%，低次烟叶中芦丁含量约为 0.6%，烤制后的烟叶中芦丁含量约为 0.5%。

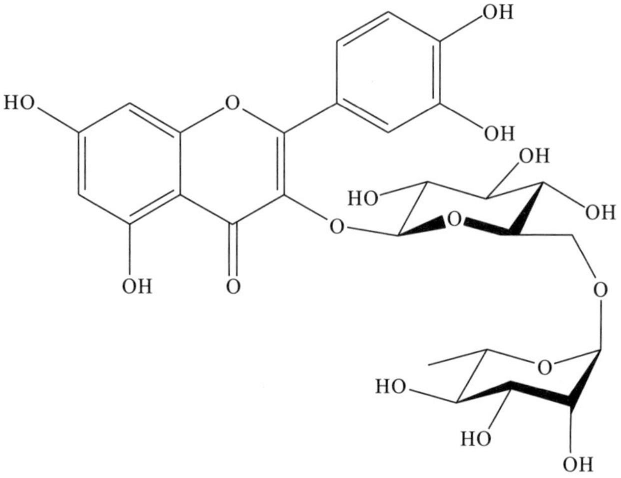

图 5-9　芦丁的分子结构式

5.6.2　芦丁的提取与分离纯化方法

5.6.2.1　芦丁的提取方法

由于植物组织中芦丁的含量和纯度不同，采用的提取方法也存在差异。其中，热回流提取法最传统，此外还有超声辅助提取法和微波辅助提取法等。

热回流提取是从植物中提取芦丁的最常见方法，其稳定性、准确性较好，但选取的甲醇有毒，且耗时较长。有研究者改进了热回流提取法，选取乙醇热回流提取植物中的芦丁，结果表明，在60℃的条件下，60%的乙醇回流2 h，以2倍溶媒量提取时，芦丁的得率最高。

乙醇和丙酮两种溶剂也可用于烟叶中芦丁的提取，当两种溶剂浓度为40%～80%时，芦丁的提取率可以达到93.9%以上。李莹等采用乙醇水溶液为提取剂，超声辅助提取废弃烟叶中的芦丁，大孔树脂分离富集粗提液中的芦丁，以33%的乙醇作为提取溶剂，在57℃下超声处理20 min，干燥的废弃烟叶中芦丁含量约为4.9 mg/g；粗提物中芦丁的平均含量为11.81 mg/g，提取率为95%。

超声/微波辅助提取废弃烟叶中的芦丁可缩短提取时间，且设备简单、操作方便，以乙醇-水溶液作为提取剂的效果与甲醇相当。李海洋等优化了超声辅助提取废弃烟叶中芦丁的工艺条件，在提取温度为57.5℃、超声时间为20.3 min和乙醇体积分数为32.6%的条件下，废弃烟叶中芦丁的提取量为

13.7 mg/g。Zhang 的研究表明，热回流提取和微波辅助提取废弃烟叶中的芦丁，可能会导致芦丁的结构差异，从而影响提取物的特性。

5.6.2.2　芦丁的分离纯化方法

大孔树脂技术对植物提取物中黄酮类化合物具有一定的富集作用，可以应用于烟叶中芦丁的分离纯化。废弃的干烟叶提取物经大孔树脂富集后，芦丁的平均含量为 85.03 mg/g，回收率为 86.8%。D101 大孔树脂最适于分离纯化废弃烟叶中的芦丁，可使提取液中芦丁纯度提高约 7.2 倍。DA－201 大孔树脂可以用于分离纯化苦荞黄酮初提物，采用乙酸乙酯－正丁醇（4∶1∶5，V/V）作为两相溶剂体系，得到芦丁的纯度为 99%。

分子印迹法在芦丁的分离纯化中的应用较多，Peng 等采用分子印迹固相萃取（MISPE）提取复杂重要样品中的芦丁，分子印迹柱的选择性主要通过染料木素和槲皮素来验证，方法回收率可达 85% 以上。Zeng 等基于磁性 Fe_3O_4 颗粒制备分子印迹柱，使用正硅酸乙酯（TEOS）修饰和—$CHCH_2$ 官能化颗粒，该印迹柱可用于纯化植物中药中的芦丁，三白草和槐花中芦丁的平均回收率高于 84%。

5.6.3　芦丁的测定方法

近年来，已报道的烟叶中芦丁的测定方法主要有分光光度法、气相色谱法（GC）、气相色谱－质谱联用法（GC－MS）、HPLC 和毛细管电泳法等。

GC 或 GC－MS 需要对样品进行衍生化预处理，操作步骤较复杂。分光光度法通常只能测定多酚总量，而单个多酚的定量分析难以实现。HPLC 操作简单、预处理便捷，是检测多酚的最常用方法。YC/T 202—2006 中采用 HPLC，单个样品的分析测定时间大于 40 min。王晋等改进了 HPLC，采用超高效液相色谱法（UPLC）快速测定烟叶中芦丁等六种多酚类化合物，方法检出限为 0.35～1.03 μg/g，回收率为 91.1%～101.5%，单个样品的分析检测时间缩短到 6 min。李力等利用 UPLC 同时测定了烤烟中芦丁等六种多酚类化合物，回收率为 94.4%～106.8%，方法检出限为 3.79 μg/g。刘芳等选取 UPLC 快速测定烟叶中六种多酚类化合物，选取 50% 的甲醇加速溶剂提取，提取时间为 5 min，该方法的提取效率高、分析时间短。

5.7 烟叶生产有机废弃物中多糖的提取与利用

多糖（Polysaccharide）在自然界中分布广泛，是一类由多个相同或不同的单糖基以糖苷键相连而形成的高聚物，多糖的通式可表示为 $(C_6H_{10}O_5)_n$，n 至少大于 10。活性多糖是一类从生物体内分离出来的具有活性的多糖类物质，广泛存在于自然界的动植物、真菌、细菌及藻类体内。研究显示，植物多糖一般都具有活性、无毒且不会产生严重的副作用。

随着细胞生物学、分子生物学等相关领域科学技术的发展，植物多糖及其相关复合物的研究日渐深入，主要集中在多糖的提取、分离纯化、脱色、含量测定、组分分析、生物活性和药理作用等方面。

烟叶中多糖主要为半乳糖醛酸，也含有木糖、阿拉伯糖等杂多糖。本节从多糖的结构与基本性质、多糖的提取方法、多糖的测定方法三个方面进行综述，为从烟叶生产有机废弃物中提取多糖提供方法和理论支撑。

5.7.1 多糖的结构与基本性质

多糖是由聚合程度不同的物质组成的混合物。由相同的单糖组成的多糖叫作同多糖，如糖原、淀粉和纤维素；由不同的单糖组成的多糖叫作杂多糖，如阿拉伯胶由半乳糖和戊糖等组成。多糖难溶于苯、氯仿、醇和醚等有机溶剂，不易溶于水，没有甜味，不能结晶，无还原性和变旋现象。多糖也是糖苷，可以水解，水解过程中会产生一系列的中间产物，最终完全水解得到单糖。

烟叶多糖主要由半乳糖、阿拉伯糖、葡萄糖和果糖组成，不同部位烟叶多糖的组成比例略有不同，但主要糖类的占比相似，其中，阿拉伯糖占比为 73.87%～74.74%，半乳糖占比为 1.40%～3.09%，葡萄糖占比为 10.50%～12.99%，果糖占比为 9.28%～14.23%。舒俊生的研究表明，不同部位烟叶多糖中葡萄糖、果糖、半乳糖和阿拉伯糖的摩尔比分别为：烟叶上部 38∶0.6∶4.5∶6.1，烟叶中部 22.7∶0.6∶3.2∶2.5，烟叶下部 17.4∶0.6∶2.5∶1.8。

5.7.2 多糖的提取方法

植物细胞壁比较牢固，提取植物多糖的首要工作是进行细胞破碎。植物的细胞壁多由脂质包围，提取前应进行脱脂操作。目前，植物多糖的提取方法有溶剂提取法、超声/微波辅助提取法、生物酶提取法和超临界流体萃取法等。

5.7.2.1　溶剂提取法

溶剂提取法是一种比较常用的植物多糖提取方法，操作过程中要严格控制溶剂酸碱性。对于某些植物多糖，当溶剂的酸性或碱性较强时，很可能使其糖苷键断裂。

5.7.2.2　超声/微波辅助提取法

超声辐射会产生相应的空化作用、热学作用及机械作用，使植物多糖能尽量多地提取出来，超声辅助提取法的效率较高。李莹等优化了超声辅助提取法提取废弃烟叶中水溶性多糖的条件，提取和分离纯化了废弃烟叶中的水溶性多糖和醇溶性糖类物质，并测定其体外抗氧化性，结果显示，当液料比为 109：1、温度为 69℃、超声时间为 20 min 时，多糖的平均提取量为 92.36 mg/g。杨琛琛等研究了不同类型烟叶多糖的提取率，选取超声功率为 500～600 W，时间为 6～8 min，液料比为（25～35）：1，温度为 50℃～80℃，烤烟、白肋烟、香料烟和马里兰烟叶的多糖提取率分别为 3.22%、1.84%、3.12%、2.01%。舒俊生等采用超声辅助提取法提取烟叶粗多糖，烟叶上、中、下部中粗多糖的提取率分别为 10.13%、7.36%、7.18%。

5.7.2.3　生物酶提取法

生物酶提取法是利用生物酶能破坏细胞结构的特性，促使细胞内容物中植物多糖释放的一种方法。主要操作是利用生物酶对细胞壁进行适当处理，软化细胞壁并改变其通透性，使细胞内容物的溶出增加。刘燮等以废次烟叶提取液中多糖含量为指标，比较不同提取条件对烟叶多糖提取率的影响，在液料比为 10：1、温度为 40℃的条件下提取 50 min，多糖提取量为（8.56±0.41）mg/mL。

5.7.3　多糖的测定方法

5.7.3.1　纯度检查

不同种类的多糖性质各异，纯度检查方法有比旋光度法、超离心法、高压电泳法、凝胶过滤法、纸层析法、冻融法和光谱扫描法。

5.7.3.2　定性检测

多糖的定性检测主要测定其理化性质，如 pH、溶解性、比旋光度、特性黏度和电导率等。另外，采用红外光谱分析鉴别不同的糖、确定糖苷键及糖的构型、识别糖苷键上的主要取代基等；采用核磁共振（NMR）来鉴别多糖，其核磁共振波谱主要是 ^{1}H、^{13}C 核磁共振波谱，多糖在 ^{1}H-NMR 谱图上，大多集中在化学位移 0.00040%～0.00055% 范围内，而 ^{13}C-NMR 主要应用于多糖结构。高磁场核磁共振方法能产生较完全和详细的结构信息。

5.7.3.3 分子量测定

分子量的测定方法主要有膜渗透压测定法、超离心法、超滤法、高压电泳法、凝固点下降法、聚合度法、蒸气压法、还原末端法、光散射法、黏度法、凝胶过滤法、HPLC 和基底辅助激光解吸电离质谱法。

5.7.3.4 含量测定

测定多糖含量的方法主要是分光光度法，用来测定烟叶中的总多糖。但该方法的抗干扰性不强、灵敏度不高，可根据多糖的性质优化实验条件，如可将葡萄糖改为组成已知的寡糖或多糖作为标准品，提高检测的准确度。此外，含量测定方法还包括色谱分析法，如薄层色谱法（TLC）、HPLC、GC 和 GC-MS、凝胶渗透色谱法（GPC）等。

参考文献

艾心灵，王洪新，朱松. 烟草中绿原酸、烟碱和茄尼醇的超声波辅助提取 [J]. 烟草科技，2007（4）：45-48.

艾心灵. 烟草绿原酸的提取纯化工艺研究 [D]. 无锡：江南大学，2007.

边清泉，王秀峰，何志坚，等. 烟草提取物中茄尼醇含量测定方法的研究 [J]. 绵阳师范学院学报，2006（2）：30-32，51.

蔡令凯，吕梦莲，芮业华，等. 芦丁调节高脂饮食诱导的 SAMP8 小鼠脂肪组织功能的机制研究 [J]. 营养学报，2018，40（6）：583-586.

蔡燕雪，李晔，白洁. 尼古丁在帕金森病中的神经保护作用 [J]. 生命的化学，2014，34（4）：487-491.

陈爱国，申国明，梁晓芳，等. 茄尼醇的研究进展与展望 [J]. 中国烟草科学，2007（6）：44-48.

陈开波，田振峰，陈闯. RP-HPLC 法测定烟草中绿原酸含量的研究 [J]. 分析测试技术与仪器，2005，11（1）：60-62.

陈丽金. 微波强化提取废次烟叶中烟碱研究 [J]. 现代农业科技，2016（10）：

166—167，169.

陈瑞泰. 生长季节中可溶蛋白质和氮化合物于烤烟叶及白肋烟叶内的累积 [J]. 烟草科技，1982（4）：36—43.

陈晓光，韦藤幼，彭梦微，等. 内部沸腾法提取香菇多糖的工艺优化 [J]. 食品科学，2011，32（10）：31—34.

陈育如，唐刚，刘虎，等. 烟草废料中绿原酸的提取工艺研究 [J]. 生物加工过程，2009（6）：55—58.

程生博，帖金鑫，李萌，等. 烟碱抗阿尔茨海默病作用研究进展 [J]. 现代生物医学进展，2019，19（5）：975—978.

褚旭芳. 芦丁在DSS诱导的急性实验性结肠炎中的作用及机制研究 [D]. 沈阳：中国医科大学，2019.

崔淑强，孙志涛，张峻松，等. 梅拉德反应在卷烟工业中的应用 [J]. 广西轻工业，2009，25（5）：10—11.

邓学娟，任胜洪. 脑心通胶囊联合曲克芦丁脑蛋白水解物对脑梗死急性期患者hs—CRP、Hcy及神经功能的影响 [J]. 医学理论与实践，2020，33（20）：3376—3378.

董超宇，赵辉，张镭. 超临界CO_2从烟草中提取天然烟碱 [J]. 化学工程师，1998（5）：3—5.

董二慧，谭红，何锦林，等. 响应曲面法优化低次烟叶可溶性蛋白提取工艺 [J]. 江苏农业科学，2013（2）：235—238.

董占能，白聚川，吴立生，等. 从烟草废弃物中提取茄尼醇的工艺条件研究 [J]. 食品科技，2008（7）：190—192.

段姚俊，李维莉，侯英，等. 提取液酸碱度对烟草中蛋白质测定结果的影响 [J]. 湖北农业科学，2012（13）.

樊宏伟，洪敏，余黎，等. 白花蛇舌草抑制HL60和B16BL6细胞肿瘤活性的作用研究 [J]. 中国医院药学杂志，2009，29（20）：1754—1757.

付秋娟，杜咏梅，张怀宝，等. 近红外漫反射技术测定烤烟烟叶中的茄尼醇 [J]. 天然产物研究与开发，2015，27（1）：84—88.

高敏，杨磊，祖元刚. 高效液相色谱法测定茄科植物废弃物中茄尼醇 [J]. 理化检验（化学分册），2007（6）：454—456.

高敏. 马铃薯茎叶中茄尼醇高效提取纯化新工艺 [D]. 哈尔滨：东北林业大学，2007.

古君平，魏万之. 废次烟叶中绿原酸的提取与分离 [J]. 烟草科技，2010（2）：

43—47.

郭培国，李荣华，陈建军. 烟叶中 FⅠ蛋白的简捷提取技术及其氨基酸成分分析 [J]. 中国烟草学报，2000，6（2）：17—21.

郭志峰，王磊，李鹏亮，等. 液膜萃取本地产烟叶中烟碱的研究 [J]. 分析试验室，2009（10）：88—91.

国家烟草专卖局. 烟草及烟草制品 多酚类化合物 绿原酸、莨菪亭和芸香苷的测定（YC/T 202—2006）[S]. 北京：中国标准出版社，2006.

韩芳然，唐桂林. 用废烟草生产烟碱的工艺条件研究 [J]. 企业科技与发展，1995（12）：11—12.

韩敬美，刘春波，赵伟，等. UPLC—UV 法快速测定烟草中游离茄尼醇的含量 [J]. 烟草科技，2013（5）：61—63，71.

韩蕊蕊. 尿素柱层析—重结晶提取高纯度茄尼醇 [D]. 太原：太原理工大学，2012.

侯小东，蔺新英，张怀宝，等. 烟碱对小鼠运动性疲劳的作用研究 [J]. 中国烟草科学，2014，35（6）：90—92.

侯轶，李友明，李启明，等. 乙醇水溶液提取烟草废弃物的研究 [J]. 烟草科技，2013（11）：56—60.

侯英，杨伟祖，陈章玉，等. 应用 SPME 与 GC/MS 测定烟叶中的生物碱 [J]. 云南化工，2003（1）：34—37.

胡承明. 从烟草中提取蛋白质 [J]. 世界科学，1987（12）：57.

胡海潮，孟春，李锋，等. 废弃烟叶中烟碱与茄尼醇的提取与纯化 [J]. 福州大学学报（自然科学版），2008（2）：308.

胡江涌，梁勇，谢亚，等. 烟草各部位中茄尼醇含量分布研究 [J]. 分析试验室，2007（12）：106—108.

胡尚勤. 烟草提取物杀菌作用的研究 [J]. 生物技术，2009（5）：73—75.

黄菲，黄翼飞. 液相色谱—电喷雾离子阱质谱测定烟草中的游离茄尼醇 [J]. 现代食品科技，2011，27（5）：598—600.

黄海涛，刘欣，李晶，等. 烟草中茄尼醇的超高效液相色谱法快速测定研究 [J]. 贵州农业科学，2018，46（12）：145—148.

黄明皆，李涛，陈燕丹. 水蒸气蒸馏法提取烟碱实验中存在的问题与改进建议 [J]. 农业与技术，2010（1）：190—192.

黄志强，周民杰，毛明现，等. 正交试验法优选废次烟叶烟碱的超声波提取工艺 [J]. 化学工程师，2006（10）：52—54.

霍鑫, 穆荣娟, 何军, 等. 苦豆子碱和烟碱的联合杀蚜作用 [J]. 昆虫学报, 2014, 57 (5): 557−563.

贾宝辉, 刘宁, 陈奕, 等. 烟碱对腹腔感染败血症小鼠的保护作用及其机制研究 [J]. 中国现代医学杂志, 2018, 28 (14): 7−12.

贾雪晴. 新烟碱类杀虫剂在作物保护中的应用述评 [J]. 宁夏农林科技, 2015 (5): 32−34.

康锋. 超临界萃取技术提取烟草中茄尼醇的工艺研究 [D]. 天津: 天津大学, 2004.

孔宁川, 唐自文. 一种对烟草浸膏深加工制烟草净油及富集茄尼醇的方法, CN1400300 [P/OL]. 2003−03−05.

雷燕妮, 张小斌. 乙醇回流法提取槐米中芦丁最佳条件探索 [J]. 陕西农业科学, 2017, 63 (8): 46−47, 59.

李国德, 王晓民. 乳化液膜分离富集烟碱的研究进展 [J]. 沈阳师范大学学报 (自然科学版), 2007, 25 (3): 361−363.

李海洋, 李莹, 李荣华, 等. 响应面法优化超声波辅助提取废弃烟叶中芦丁的研究 [J]. 食品研究与开发, 2017, 38 (5): 80−84.

李核, 李攻科, 张展霞. 微波辅助萃取技术的进展 [J]. 分析化学, 2003 (10): 1261−1268.

李晶晶. 废次烟叶中提取分离茄尼醇的工艺研究 [D]. 成都: 四川大学, 2007.

李锟, 吴承堂. 烟碱对严重腹腔感染大鼠肠黏膜屏障的保护作用 [J]. 中华实验外科杂志, 2015, 32 (4): 743−744.

李力, 李东亮, 邓发达, 等. UPLC 法同时测定烤烟中 6 种多酚的研究 [J]. 中国农学通报, 2018, 34 (10): 131−137.

李晓宁, 徐兴阳, 范茂攀, 等. 烟草不同叶位多酚含量及相关酶活性变化的研究 [J]. 湖北农业科学, 2019, 58 (9): 80−85, 106.

李晓芹, 杜咏梅, 张怀宝, 等. 烟草绿原酸、芸香苷、烟碱和茄尼醇的提取技术研究 [J]. 中国烟草科学, 2015, 36 (1): 1−4.

李晓薇, 李光沛. 烟杆工业利用的新途径 [J]. 农牧产品开发, 1999 (4): 30−31.

李莹. 烟草废弃物中芦丁和多糖提取分离的研究 [D]. 广州: 广州大学, 2016.

梁锐, 周欢欢, 万忠晓, 等. 芦丁对高脂饲养阿尔茨海默病模型 SAMP8 小鼠认知功能的影响 [J]. 郑州大学学报 (医学版), 2020, 55 (5): 607−611.

廖华卫, 吕华冲, 李晓蒙. 超临界流体萃取烟草中天然烟碱 [J]. 广东药学院学报, 2002 (2): 89—90.

刘本发, 向兴凯. 二次萃取蒸馏法从烟草中提取天然烟碱 [J]. 精细化工, 1998 (1): 3—5.

刘翠翠, 张怀宝, 杜咏梅, 等. 茄尼醇同步提取皂化—超高效液相色谱测定方法研究 [J]. 中国烟草科学, 2015, 36 (5): 79—84.

刘芳, 杨柳, 孙林, 等. ASE—超高效液相色谱法快速测定烟草中的多酚类物质 [J]. 中国烟草学报, 2008 (6): 1—5.

刘刚. 金合欢醇和烟碱复配具有显著的杀蚜增效作用 [J]. 农药市场信息, 2019 (3): 49.

刘雷, 杨民峰, 刘晋宏, 等. 微波和超声波在烟碱提取中的作用 [J]. 烟草科技, 2008 (5): 41—43, 56.

刘萍萍, 卢紫舒, 罗朝鹏, 等. 高效液相色谱—三重四极杆质谱法同时测定烟叶中10种多酚类化合物 [J]. 烟草科技, 2019, 52 (6): 42—50.

刘肖肖, 樊新顺, 施东青, 等. 三氯乙酸法测定烟叶中蛋白质含量 [J]. 化学研究, 2018, 29 (5): 484—487.

刘燮, 罗健, 张燕, 等. 正交法优化废次烟叶中水溶性多糖提取工艺 [J]. 安徽农业科学, 2015 (32): 175—177.

刘振丽, 张秋海, 欧兴长, 等. 超滤及醇沉对金银花中绿原酸的影响 [J]. 中成药杂志, 1996 (2): 4—6.

刘正聪, 陆舍铭, 刘春波, 等. 头发中烟碱和可替宁的超高效液相色谱测定 [J]. 烟草科技, 2010 (3): 38—41.

路绪旺, 崔鹏, 姚育翠. 二次萃取蒸馏法提取废次烟叶中烟碱的研究 [J]. 应用化工, 2006 (1): 48—50, 53.

吕朝军, 钟宝珠, 钱军, 等. 烟碱对槟榔红脉穗螟生长发育和存活的影响 [J]. 生物安全学报, 2013, 22 (3): 201—205.

吕朝军, 钟宝珠, 孙晓东, 等. 烟碱、氯氟氰菊酯对螺旋粉虱的混配增效作用 [J]. 农药, 2010, 49 (2): 142—143, 149.

马柏林, 梁淑芳. 杜仲中绿原酸的提取分离研究进展 [J]. 陕西林业科技, 2003 (4): 74—79.

孟芳, 刘瑞, 白怀, 等. 槲皮素、芦丁及葛根素抑制 HDL 氧化修饰作用的研究 [J]. 四川大学学报 (医学版), 2004 (6): 836—838.

潘葳, 刘文静, 翁伯琦, 等. 烟叶及提取物中茄尼醇的高效液相色谱标准化测定方法研究［J］. 中国烟草科学，2013，34（4）：60－66.

彭靖里，马敏象，吴绍情，等. 论烟草废弃物的综合利用技术及其发展前
景［J］. 中国资源综合利用，2001，19（8）：18－20.

彭密军，周春山，钟世安，等. 制备型高效液相色谱法分离纯化绿原酸［J］. 中
南大学学报（自然科学版），2004（3）：408－412.

彭友元，叶建农，李国清. 毛细管电泳电化学检测法测定烟草中的多元酚［J］.
分析试验室，2006，25（2）：92－97.

平远. 从烟草中提取医用蛋白［J］. 世界农业，2006（4）：65.

秦本凯. 茄尼醇衍生物胶束用于难溶性药物的传递［D］. 开封：河南大
学，2017.

邱运仁，俞晓惠，杜吉华. 超临界 CO_2 萃取烟叶中的烟碱［J］. 烟草科技，
2006（8）：21－25.

饶国华，赵谋明，林伟锋，等. 低次烟叶蛋白质提取工艺研究［J］. 西北农林
科技大学学报（自然科学版），2005（11）：67－72.

饶国华. 利用低次烟叶蛋白制备生物活性肽及烟用香精的研究［D］. 广州：华
南理工大学，2006.

尚宪超，谭家能，杜咏梅，等. 超声辅助深共熔溶剂提取两种烟草多酚的方法
研究［J］. 中国烟草科学，2017，38（6）：55－60.

沈丹红，路鑫，常玉玮，等. 高效液相色谱－紫外/质谱检测法联合测定新鲜烟
叶中的 25 种酚类物质［J］. 色谱，2014，32（1）：40－46.

舒俊生，陈开波，徐志强，等. 反相高效液相色谱法测定烟草中的茄尼醇［J］.
现代食品科技，2013，29（4）：894－897.

舒俊生，田振峰，陈开波，等. 烟叶中多糖的分离及单糖组成［J］. 食品与机
械，2013，29（3）：34－36.

宋宏亮. 芦丁通过抗氧化、抗炎、抑制 p38 MAPK 通路实现脊髓损伤后神经
保护的机制研究［D］. 济南：山东大学，2018.

孙计平，吴照辉，李雪君，等. 烤烟品种中烟 100 与 NC89 及其 F1 主要特性
研究［J］. 河南农业科学，2014（9）：46－51，55.

孙银合，黄仁亮，邢肖肖，等. 氨浸预处理法辅助提取烟草中茄尼醇［J］. 精细
化工，2013，30（1）：32－35，50.

童康琼，兰明蓉，赵云飞，等. 高效液相色谱法测定烟叶中的总茄尼醇［J］. 烟
草科技，2008（3）：49－52.

万诚，刘仁祥，聂琼，等. 不同烟草品种绿原酸含量变化研究［J］. 山地农业

生物学报，2016，35（2）：25-28，33.

汪秋安，王明锋，者为，等.固相微萃取法测定卷烟主流烟气中的游离烟碱［J］.湖南大学学报（自然科学版），2011，38（11）：70-75.

王超杰，赵瑾，孙心齐，等.两种烟碱衍生物的合成及其差向异构体的研究［J］.河南大学学报（自然科学版），1996（2）：43-45.

王海燕，崔春，赵谋明，等.烟草多酚提取工艺优化及成分定性分析［J］.华南理工大学学报（自然科学版），2008（3）：64-69.

王海燕，张仕华，赵谋明，等.烟草绿原酸分离纯化及其抑菌性研究［J］.现代食品科技，2008（3）：233-236，213.

王晋，黄海涛，刘欣，等.快速高效液相色谱法测定烟草中的多酚［J］.烟草科技，2018，51（11）：66-72.

王美兰，曹栋，王帅.微波辅助提取工艺在废次烟草烟碱提取中的应用［J］.江苏农业科学，2007，35（1）：172-175.

王美兰.烟碱的提取与纯化［D］.无锡：江南大学，2007.

王明锋，刘秀明，朱保昆，等.超高效液相色谱法测定卷烟烟气中游离态和质子化尼古丁含量［J］.云南大学学报（自然科学版），2010，32（4）：463-468.

王明华，刘效记，张本金，等.超声萃取-超高相液相色谱法测定指甲中的尼古丁［J］.安徽农学通报，2008，14（24）：143-144.

王青豪，张熊禄，叶晨.微波辐射从烟草下脚料中提取茄尼醇［J］.化工时刊，2006（10）：3-5.

王庆华，杜婷婷，张智慧，等.绿原酸的药理作用及机制研究进展［J］.药学学报，2020，55（10）：2273-2280.

王琼.萃取和结晶与柱层析结合提取高纯度茄尼醇［D］.南京：南京师范大学，2007.

王守庆.烟碱的应用及提取［J］.天津化工，1999（2）：16-19.

王文霞，李曙光，赵小明，等.高效液相色谱-电化学阵列检测器检测烟草中的绿原酸等六种次生代谢产物［J］.色谱，2007（6）：848-852.

王献科，李玉萍.液膜法提取烟草中的烟碱［J］.化学推进剂与高分子材料，2001（3）：34-36.

王晓梅，奚宇，范新光，等.绿原酸的生物利用率和抗氧化活性研究进展［J］.中国食品学报，2019，19（1）：271-279.

王亚红，王亚丽，曲小妹.废次烟叶中烟碱微波提取工艺研究［J］.河北化工，

2010，33（7）：19—21.

王珍，李宗芸. 绿原酸的生物活性及甘薯绿原酸研究进展［J］. 江苏师范大学学报（自然科学版），2017，35（3）：30—34，48.

王竹清，李八方. 生物活性肽及其研究进展［J］. 中国海洋药物，2010，29（2）：60—68.

卫佳. 废次烟叶中绿原酸提取工艺优化及抗氧化性研究［J］. 黑龙江农业科学，2018（12）：79—84.

魏赫楠，谭红，朱平，等. 烟草中蛋白质超滤提取工艺研究［J］. 河南农业科学，2013，42（11）：154—157.

魏雅雯，刘建. 间接碘量法测定茄尼醇［J］. 应用化工，2009，38（11）：1688—1691.

吴灵，卢红兵，钟科军. 分子印记聚合物压电模拟生物传感器测定烟草中的绿原酸［J］. 烟草科技，2004（6）：16.

吴晓琼. 微波辅助提取烟草废弃物中的绿原酸［J］. 安徽农业科学，2010（34）：19579—19580.

夏敏. 废次烟草中茄尼醇提取条件的研究［J］. 安徽农业科学，2008，36（35）：15287—15288.

向章敏，蔡凯，张婕，等. 基于顶空固相微萃取—全二维气相飞行时间质谱快速检测烟草挥发性及半挥发性生物碱［J］. 分析试验室，2014，33（11）：1249—1254.

谢长芹，宁井铭. 微波法提取烟碱的研究［J］. 安徽农业科学杂志，2006（22）：6043—6059.

徐聪. 废次烟叶浸膏中纯化茄尼醇的研究［D］. 杭州：浙江工业大学，2008.

许春平，王充，曾颖，等. 烤烟上部鲜烟叶多糖的结构及保润性能［J］. 烟草科技，2017，50（4）：58—64.

许诗豪，彭曙光，罗井清，等. 低次烟叶中绿原酸与芸香苷提取工艺的研究［J］. 中国农学通报，2019，35（1）：57—62.

许玉君，黎四芳，刘苗，等. 超声波辅助两相提取茄尼醇的研究［J］. 厦门大学学报（自然科学版），2010，49（5）：649—653.

严冲，陈尚卫，王建新. 反相 HPLC 同时测定茄尼醇和茄尼溴的含量［J］. 化学研究与应用，2008（5）：573—576.

阳元娥，谭伟，李桂锋. 超临界 CO_2 萃取废次烟叶中烟碱工艺优化［J］. 化学与生物工程，2008（6）：74—76.

杨琛琛. 不同类型烟叶多糖的提取、结构及其性质研究 [D]. 郑州：郑州轻工业学院，2014.

杨继亮，周建斌. 杉木活性炭吸附处理水溶液中的尼古丁 [J]. 物理化学学报，2013 (2)：377−384.

杨靖，陈芝飞，孙志涛. 超临界 CO_2 流体萃取烟叶中烟碱工艺研究 [J]. 香料香精化妆品，2010 (1)：17−18，26.

杨懿铭，李春燕，杨洁，等. 烟碱对胶原诱导小鼠关节炎的作用 [J]. 现代免疫学，2011，31 (4)：325−330.

杨源涛，段升仁，孙丽娜，等. 植物多糖的研究进展 [J]. 当代化工研究，2017 (6)：164−165.

杨紫涵. 从烟草中提取精品茄尼醇的研究 [D]. 西安：西北大学，2010.

姚建华，肖竦. 茄尼醇的提取及其应用 [J]. 广州化工，2015，43 (7)：37−38，54.

易小丽，周昭娟，王丽达，等. 高效液相色谱法测定烟叶中的绿原酸及其异构体 [J]. 理化检验（化学分册），2019，55 (1)：78−82.

尹斯雅，王颉，王敏. 不同处理条件对烟草烟碱提取量的影响 [J]. 中国农学通报，2008 (11)：150−155.

于华忠. 废次烟叶中茄尼醇的提取、分离技术研究 [D]. 长沙：湖南农业大学，2006.

于立军，赵永欣，陈康，等. 利用乳化液膜分离富集烟碱 [J]. 天津大学学报，2000，33 (3)：351−355.

曾森洋，童张法，韦藤幼. 减压内部沸腾法提取烟草中的烟碱 [J]. 中国烟草学报，2013，19 (5)：6−9，15.

曾启华. 干柱层析分离法从废烟粉中提取纯烟碱 [J]. 遵义师范学院学报，2000 (2)：35−37.

翟羽晨，王万能，项钢燎，等. BCA−TCA 法快速测定烟草蛋白质的研究 [J]. 河南农业科学，2017，46 (9)：156−160.

詹金华，陈志良. 烟草栽培 [J]. 昆明：云南科技出版社，1998.

张凤梅，蒋薇，刘春波，等. HS−SPME−GC−MS/MS 法测定不同吸烟者唾液中的 7 种生物碱 [J]. 烟草科技，2018，51 (7)：46−53.

张劲松，高学云，邵玉芬，等. 烟叶硒蛋白质工业化提取及其对免疫调节和抗氧化作用的影响 [J]. 中国烟草学报，1998 (2)：3−5.

张圣，黄东，凌家如，等. 桃金娘乙酸乙酯提取物与烟碱混配对螺旋粉虱增效

作用 [J]. 热带林业, 2016, 44 (3): 14-16.

张伟娜, 王志刚, 李岩, 等. 不同提取工艺对烤烟品种 NC102 中绿原酸提取率的影响 [J]. 现代农业, 2017 (1): 106-108.

张献忠, 钟烈洲, 黄海智, 等. 大孔树脂纯化废次烟叶中烟草多酚的工艺 [J]. 化工进展, 2012 (12): 2626-2631.

张晓仿. 茄尼醇的制备研究 [D]. 无锡: 江南大学, 2007.

张歆, 倪晋仁, 黄文. 超临界 CO_2 萃取烟草中茄尼醇 [J]. 精细化工, 2006 (5): 480-482, 501.

张真娜, 张桂治. 烟碱对帕金森病治疗的潜在作用 [J]. 中国烟草学报, 2013, 19 (6): 114-119.

赵斌, 张云鹏, 徐欣. 炎症微环境下芦丁对牙周膜干细胞成骨分化能力的影响 [J]. 上海口腔医学, 2019, 28 (4): 356-361.

赵卉. 烟叶中茄尼醇的超临界 CO_2 萃取工艺及分离纯化的研究 [D]. 沈阳: 沈阳药科大学, 2007.

赵谋明, 饶国华, 林伟锋, 等. 低次烟叶中蛋白质提取工艺优化及氨基酸分析研究 [J]. 农业工程学报, 2006 (1): 142-146.

郑建宇, 刘晶, 周桂园, 等. 超滤膜组合技术对烟草提取物化学成分的影响 [J]. 烟草科技, 2019, 52 (12): 70-78.

中华人民共和国国家质量监督检验检疫总局, 中国国家标准化管理委员会. 烟叶和烟叶提取物中茄尼醇的测定 高效液相色谱法 (GB/T 31758—2015) [S]. 北京: 中国标准出版社, 2015.

中信. 烟草将为人类提供新的食品来源 [J]. 山东农业 (农村经济版), 1999 (6): 44.

周锦珂, 李金华, 黄裕, 等. 大孔吸附树脂分离纯化茄尼醇的工艺研究 [J]. 中外医疗, 2008 (22): 82-83.

周民杰, 梁柏林, 毛明现. 废次烟叶超声提取烟碱的研究 [J]. 化学工程师, 2006 (4): 59-62.

朱建林, 黄忆明. 芦丁对去势大鼠脂质过氧化的影响 [J]. 实用预防医学, 2002 (6): 628-629.

朱琳, 任清, 徐笑颖. 高速逆流色谱分离纯化苦荞中芦丁、槲皮素 [J]. 食品科学, 2014 (2): 47-50.

朱仁发, 杨俊, 张悠金. 夹带剂在烟草超临界萃取中的应用 [J]. 烟草科技, 1999 (3): 35-36.

朱小平，陶乐平. 烟草水溶性多糖的分离、纯化、组成及其部分性质的研究 [J]. 中国烟草学报，1993 (4)：8-12.

Al-Harbi N O, Imam F, Al-Harbi M M, et al. Rutin inhibits carfilzomib-induced oxidative stress and inflammation via the NOS-mediated NF-κB signaling pathway [J]. Inflammopharmacology, 2019, 27 (4): 817-827.

Al-Rasheed N, Faddah L. Protective effects of silymarin, alone or in combination with chlorogenic acid and/or melatonin, against carbon tetrachloride-induced hepatotoxicity [J]. Pharmacognosy Magazine, 2016, 12 (3): 337-345.

Ali N, Rashid S, Nafees S, et al. Protective effect of chlorogenic acid against methotrexate induced oxidative stress, inflammation and apoptosis in rat liver: an experimental approach [J]. Chemico-Biological Interactions, 2017 (272): 80-91.

Ames B N, Mccann J, Yamasaki E. Methods for detecting carcinogens and mutagens with the Salmonella/mammalian-microsome mutagenicity test [J]. Mutation Research, 1975, 31 (6): 347-364.

Balasubramaniam D, Wilkinson C, Van Cott K, et al. Tobacco protein separation by aqueous two-phase extraction [J]. Journal of Chromatography A, 2003, 989 (1): 119-129.

Banožić M, Banjari I, Jakovljević M, et al. Optimization of ultrasound-assisted extraction of some bioactive compounds from tobacco waste [J]. BioMed Research International, 2019, 24 (8).

Caglayan C, Kandemir F M, Darendelioğlu E, et al. Rutin ameliorates mercuric chloride-induced hepatotoxicity in rats via interfering with oxidative stress, inflammation and apoptosis [J]. Journal of Trace Elements in Medicine and Biology, 2019 (56): 60-68.

Chen J, Liu J, Lee F S, et al. Optimization of HPLC-APCI-MS conditions for the qualitative and quantitative determination of total solanesol in tobacco leaves [J]. Journal of Separation Science, 2008, 31 (1): 137-142.

Chen J, Liu X, Xu X, et al. Rapid determination of total solanesol in tobacco leaf by ultrasound-assisted extraction with RP-HPLC and ESI-TOF/MS [J]. Journal of Pharmaceutical and Biomedical Analysis, 2007, 43 (3): 879-885.

Chen L, Li Y, Yin W, et al. Combination of chlorogenic acid and salvianolic acid B protects against polychlorinated biphenyls－induced oxidative stress through Nrf2 [J]. Environmental Toxicology and Pharmacology, 2016 (46): 255－263.

Chen X, Wei T, Peng M, et al. Optimization, kinetics, and thermodynamics in the extraction process of puerarin by decompressing inner ebullition [J]. Industrial & Engineering Chemistry Research, 2012 (51): 6841－6846.

Cheng D, Zhang X, Tang J, et al. Chlorogenic acid protects against aluminum toxicity via MAPK/Akt signaling pathway in murine RAW264.7 macrophages [J]. Journal of Inorganic Biochemistry, 2019 (190): 113－120.

Chouteau J, Loche J. Polarographic determination of the chlorogenic acid of tobacco: polarographic behavior of caffeic and chlorogenic acids in basic media [J]. Comptes Rendus Hebdomadaires des Seances de l'Academie des Sciences, 1962 (254): 2064－2066.

Cremer K D, Overmeire I V, Loco J V. On－line solid－phase extraction with ultra performance liquid chromatography and tandem mass spectrometry for the detection of nicotine, cotinine and trans－3′－hydroxycotinine in urine to strengthen human biomonitoring and smoking cessation studies [J]. Journal of Pharmaceutical and Biomedical Analysis, 2013 (76): 126－133.

De Lima M E, Ceolin Colpo A Z, Maya－L Pez M, et al. Comparing the effects of chlorogenic acid and ilex paraguariensis extracts on different markers of brain alterations in rats subjected to chronic restraint stress [J]. Neurotoxicity Research, 2019, 35 (2): 373－386.

Dejong D, Saunders J. Fluctuations in Protein levels of tobacco leaves and consequences for extractability [J]. Beiträge zur Tabakforschung/Contributions to Tobacco Research, 1986, 13 (3): 139－149.

Ding Y, Cao Z, Cao L, et al. Antiviral activity of chlorogenic acid against influenza A (H1N1/H3N2) virus and its inhibition of neuraminidase [J]. Scientific Reports, 2017 (7): 45723.

Dong J, Ding X, Wang S. Purification of the recombinant green fluorescent protein from tobacco plants using alcohol/salt aqueous two－phase system and hydrophobic interaction chromatography [J]. BMC Biotechnology, 2019, 19 (1): 86.

Ershoff B H, Wildman S G, Kwanyuen P. Biological evaluation of crystalline fraction I protein from tobacco [J]. Proceedings of the Society for Experimental Biology and Medicine, 1978, 157 (4): 626−630.

Fang S Q, Wang Y T, Wei J X, et al. Beneficial effects of chlorogenic acid on alcohol−induced damage in PC12 cells [J]. Biomedicine & Pharmacotherapy, 2016 (79): 254−262.

Fathiazad F, Delazar A, Amiri R, et al. Extraction of flavonoids and quantification of rutin from waste tobacco leaves [J]. Iranian Journal of Pharmaceutical Research, 2006, 5 (3): 222−227.

Ferrare K, Bidel L P R, Awwad A, et al. Increase in insulin sensitivity by the association of chicoric acid and chlorogenic acid contained in a natural chicoric acid extract (NCRAE) of Chicory (*Cichorium intybus* L.) for an antidiabetic effect [J]. Journal of Ethnopharmacology, 2018 (215): 241−248.

Fideles L D S, Miranda J A L D, Martins C D S, et al. Role of rutin in 5−fluorouracil−induced intestinal mucositis: prevention of histological damage and reduction of inflammation and oxidative stress [J]. Molecules, 2020, 25 (12): 2786.

Filippo P A, Daniela I, Enrico G, et al. Comicronized PEA and Rutin reduces inflammation and oxidative stress in a mouse model of vascular injury [J]. The FASEB Journal, 2020, 34 (S1): 1.

Gong X X, Su X S, Zhan K, et al. The protective effect of chlorogenic acid on bovine mammary epithelial cells and neutrophil function [J]. Journal of Dairy Science, 2018, 101 (11): 10089−10097.

Han D, Chen W, Gu X, et al. Cytoprotective effect of chlorogenic acid against hydrogen peroxide−induced oxidative stress in MC3T3−E1 cells through PI3K/Akt−mediated Nrf2/HO$^-$ signaling pathway [J]. Oncotarget, 2017, 8 (9): 14680−14692.

Han S. Capillary electrophoresis with chemiluminescence detection of rutin and chlorogenic acid based on its enhancing effect for the luminol−ferricyanide system [J]. Analytical Sciences : the International Journal of the Japan Society for Analytical Chemistry, 2005, 21 (11): 1371−1374.

Heitman E, Ingram D K. Cognitive and neuroprotective effects of chlorogenic acid [J]. Nutritional Neuroscience, 2017, 20 (1): 32—39.

Holler C, Zhang C. Purification of an acidic recombinant protein from transgenic tobacco [J]. Biotechnology and bioengineering, 2008, 99 (4): 902—909.

Hosseinimehr S J, Zakaryaee V, Ahmadi A, et al. Radioprotective effects of chlorogenic acid against mortality induced by gamma—irradiation in mice [J]. Methods and Findings in Experimental and Clinical Pharmacology, 2008, 30 (1): 13—16.

Huang Y, Chen H, Zhou X, et al. Inhibition effects of chlorogenic acid on benign prostatic hyperplasia in mice [J]. European Journal of Pharmacology, 2017 (809): 191—195.

Hughes J. An algorithm for smoking cessation [J]. Archives of Family Medicine, 1994 (3): 280—285.

Jang H, Choi Y, Ahn H R, et al. Effects of phenolic acid metabolites formed after chlorogenic acid consumption on retinal degeneration in vivo [J]. Molecular Nutrition & Food Research, 2015, 59 (10): 1918—1929.

Jung H J, Im S S, Song D K, et al. Effects of chlorogenic acid on intracellular calcium regulation in lysophosphatidylcholine—treated endothelial cells [J]. BMB Reports, 2017, 50 (6): 323—328.

Kang J W, Lee S M. Protective effects of chlorogenic acid against experimental reflux esophagitis in rats [J]. Biomolecules & Therapeutics, 2014, 22 (5): 420—425.

Kitagawa S, Yoshii K, Morita S Y, et al. Efficient topical delivery of chlorogenic acid by an oil—in—water microemulsion to protect skin against UV—induced damage [J]. Journal of Immunology Research, 2011, 59 (6): 793—796.

Krupadam R J, Venkatesh A, Piletsky S A. Molecularly imprinted polymer receptors for nicotine recognition in biological systems [J]. Molecular Imprinting, 2013 (1).

Lay—Keow N, Michel H. Effects of moisture content in cigar tobacco on nicotine extraction. Similarity between soxhlet and focused open—vessel microwave—assisted techniques [J]. Journal of Chromatography A, 2003, 1011 (1—2): 213—219.

Li Q, Lawrence C, Davies H, et al. A tridecapeptide possesses both antimicrobial and protease—inhibitory activities [J]. Peptides, 2002 (23): 1—6.

Li Y, Fang F, Sun M, et al. Ionic liquid—assisted protein extraction method for plant phosphoproteome analysis [J]. Talanta, 2020 (213): 120848.

Li Y, Shi W, Li Y, et al. Neuroprotective effects of chlorogenic acid against apoptosis of PC12 cells induced by methylmercury [J]. Environmental Toxicology and Pharmacology, 2008, 26 (1): 13—21.

Li Z, Huang D, Tang Z, et al. Fast determination of chlorogenic acid in tobacco residues using microwave — assisted extraction and capillary zone electrophoresis technique [J]. Talanta, 2010, 82 (4): 1181—1185.

Liu Y, Liu X, Wang J. Molecularly imprinted solid—phase extraction sorbent for removal of nicotine from tobacco smoke [J]. Analytical Letters, 2003, 36 (8): 1631—1645.

Lou Z, Wang H, Zhu S, et al. Antibacterial activity and mechanism of action of chlorogenic acid [J]. Journal of Food Science, 2011, 76 (6): 398—403.

Machado P A, Fu H, Kratochvil R J, et al. Recovery of solanesol from tobacco as a value — added byproduct for alternative applications [J]. Bioresource Technology, 2010, 101 (3): 1091—1096.

Maggio R, Riva M, Vaglini F, et al. Nicotine prevents experimental parkinsonism in rodents and induces striatal increase of neurotrophic factors [J]. Journal of Neurochemistry, 1998, 71 (6): 2439—2446.

Malizia A. Book reviews: brain imaging of nicotine and tobacco smoking [J]. Journal of Psychopharmacology, 1997, 11 (4): 396.

Manzoni A G, Passos D F, Silva J L G D, et al. Rutin and curcumin reduce inflammation, triglyceride levels and ADA activity in serum and immune cells in a model of hyperlipidemia [J]. Blood Cells, Molecules and Diseases, 2019 (76): 13—21.

Mart N G, Regente M, Jacobi S, et al. Chlorogenic acid is a fungicide active against phytopathogenic fungi [J]. Pesticide Biochemistry and Physiology, 2017 (140): 30—35.

Masahiro I, Taro O, Hirokazu H, et al. Simultaneous measurement of nicotinic acid and its major metabolite, nicotinuric acid in urine using high—performance liquid chromatography：application of solid － liquid extraction ［J］. Journal of Chromatography B，Biomedical Applications，1994，661 (1)：154－158.

Ncube E N，Mhlongo M I，Piater L A，et al. Analyses of chlorogenic acids and related cinnamic acid derivatives from Nicotiana tabacum tissues with the aid of UPLC－QTOF－MS/MS based on the in－source collision－induced dissociation method ［J］. Chemistry Central Journal，2014，8 (1)：66.

Oddoze C，Pauli A M，Pastor J. Rapid and sensitive high－performance liquid chromatographic determination of nicotine and cotinine in nonsmoker human and rat urines ［J］. Journal of Chromatography B，1998，708 (1－2)：95－101.

Onoue S，Yamamoto N，Seto Y，et al. Pharmacokinetic study of nicotine and its metabolite cotinine to clarify possible association between smoking and voiding dysfunction in rats using UPLC/ESI－MS ［J］. Drug Metabolism and Pharmacokinetics，2011，26 (4)：416－422.

Park S Y，Jin M L，Yi E H，et al. Neochlorogenic acid inhibits against LPS－activated inflammatory responses through up－regulation of Nrf2/HO⁻ and involving AMPK pathway ［J］. Environmental Toxicology and Pharmacology，2018 (62)：1－10.

Peng L，Wang Y，Zeng H，et al. Molecularly imprinted polymer for solid－phase extraction of rutin in complicated traditional Chinese medicines ［J］. The Analyst，2011，136 (4)：756－763.

Platis D，Labrou N E. Development of an aqueous two－phase partitioning system for fractionating therapeutic proteins from tobacco extract ［J］. Journal of Chromatography A，2006，1128 (1)：114－124.

Qin B，Liu L，Wu X，et al. mPEGylated solanesol micelles as redox － responsive nanocarriers with synergistic anticancer effect ［J］. Acta Biomaterialia，2017 (64)：211－222.

Rebai O，Belkhir M，Sanchez－Gomez M V，et al. Differential molecular targets for neuroprotective effect of chlorogenic acid and its related compounds against glutamate induced excitotoxicity and oxidative stress in rat cortical neurons ［J］. Neurochemical Research，2017，42 (12)：3559－3572.

Shan S，Tian L，Fang R. Chlorogenic acid exerts beneficial effects in 6－

hydroxydopamine — induced neurotoxicity by inhibition of endoplasmic reticulum stress [J]. Medical Science Monitor ：International Medical Journal of Experimental and Clinical Research, 2019 (25)：453—459.

Shangxi L, Deborah A, Li Y, et al. Rutin attenuates inflammatory responses induced by lipopolysaccharide in an in vitro mouse muscle cell (C2C12) model [J]. Poultry Science, 2019, 98 (7)：2756—2764.

Shi A, Shi H, Wang Y, et al. Activation of Nrf2 pathway and inhibition of NLRP3 inflammasome activation contribute to the protective effect of chlorogenic acid on acute liver injury [J]. International Immunopharmacology, 2018 (54)：125—130.

Shi H, Shi A, Dong L, et al. Chlorogenic acid protects against liver fibrosis in vivo and in vitro through inhibition of oxidative stress [J]. Clinical Nutrition, 2016, 35 (6)：1366—1373.

Shi W, Li H, Zeng X, et al. The extraction of tobacco protein from discarded tobacco leaf by hollow fiber membrane integrated process [J]. Innovative Food Science & Emerging Technologies, 2019 (58)：102245.

Shi X, Zhou N, Cheng J, et al. Chlorogenic acid protects PC12 cells against corticosterone—induced neurotoxicity related to inhibition of autophagy and apoptosis [J]. BMC Pharmacology and Toxicology, 2019, 20 (1)：56.

Shifflett J R, Watson L, Mcnally D J, et al. Simultaneous determination of tobacco alkaloids, tobacco — specific nitrosamines, and solanesol in consumer products using UPLC—ESI—MS/MS [J]. Chromatographia, 2018, 81 (3)：517—23.

Steger—Hartmann T, Koch U, Dunz T, et al. Induced accumulation and potential antioxidative function of rutin in two cultivars of *Nicotiana tabacum* L. [J]. Zeitschrift für Naturforschung C, 2015, 49 (1—2)：57—62.

Su M, Liu F, Luo Z, et al. The antibacterial activity and mechanism of chlorogenic acid against foodborne pathogen pseudomonas aeruginosa [J]. Foodborne Pathogens and Disease, 2019, 16 (12)：823—830.

Suenglim L, Eunyoung S. Effects of rutin on anti—inflammatory in adipocyte 3T3—L1 and colon cancer cell SW—480 [J]. Journal of the Korean Society of Food Culture, 2019, 34 (1).

Tang L, Yang H, He L, et al. Direct analysis of free—base nicotine in tobacco leaf by headspace solid — phase micro — extraction combined with gas chromatography/mass spectrometry ［J］. Accreditation and Quality Assurance, 2019, 24 (5): 341−349.

Teng Z, Wang Q. Extraction, identification and characterization of the water−insoluble proteins from tobacco biomass ［J］. Journal of the Science of Food and Agriculture, 2012, 92 (7): 1368−1374.

Tsai K L, Hung C H, Chan S H, et al. Chlorogenic acid protects against oxLDL − Induced oxidative damage and mitochondrial dysfunction by modulating SIRT1 in endothelial cells ［J］. Molecular Nutrition & Food Research, 2018, 62 (11): 1700928.

Tso T C. Tobacco as potential food source and smoke material ［J］. Beiträge zur Tabakforschung / Contributions to Tobacco Research, 1977, 9 (2): 63−66.

Vansuyt G, Souche G, Straczek A, et al. Flux of protons released by wild type and ferritin over−expressor tobacco plants: Effect of phosphorus and iron nutrition ［J］. Plant Physiology and Biochemistry, 2003 (41): 27−33.

Wang H, Chu W, Ye C, et al. Chlorogenic acid attenuates virulence factors and pathogenicity of Pseudomonas aeruginosa by regulating quorum sensing ［J］. Applied Microbiology & Biotechnology, 2019, 103 (2): 903−915.

Wang J M, Chen R X, Zhang L L, et al. In vivo protective effects of chlorogenic acid against triptolide − induced hepatotoxicity and its mechanism ［J］. Pharmaceutical Biology, 2018, 56 (1): 626−631.

Wang L, Bi C, Cai H, et al. The therapeutic effect of chlorogenic acid against Staphylococcus aureus infection through sortase A inhibition ［J］. Frontiers in Microbiology, 2015 (6): 1031.

Wang X, Fan X, Yuan S, et al. Chlorogenic acid protects against aluminium− induced cytotoxicity through chelation and antioxidant actions in primary hippocampal neuronal cells ［J］. Food & Function, 2017, 8 (8): 2924−2934.

Wang Y, Gu W. Study on supercritical fluid extraction of solanesol from industrial tobacco waste ［J］. The Journal of Supercritical Fluids, 2018 (138): 228−237.

Wei M, Zheng Z, Shi L, et al. Natural polyphenol chlorogenic acid protects against acetaminophen − induced hepatotoxicity by activating ERK/Nrf2 antioxidative pathway ［J］. Toxicological Sciences: An Official Journal of the Society of Toxicology, 2018, 162 (1): 99−112.

White H K, Levin E D. Four-week nicotine skin patch treatment effects on cognitive performance in Alzheimer's disease [J]. Psychopharmacology, 1999, 143 (2): 158-165.

Wu D, Bao C, Li L, et al. Chlorogenic acid protects against cholestatic liver injury in rats [J]. Applied Microbiology and Biotechnology, 2015, 129 (3): 177-182.

Xiong Y, Hou T, Liu L, et al. Solanesol derived therapeutic carriers for anticancer drug delivery [J]. International Journal of Pharmaceutics, 2019 (572):118823.

Yan Y, Zhou X, Guo K, et al. Use of chlorogenic acid against diabetes mellitus and its complications [J]. Journal of Immunology Research, 2020 (3): 1-6.

Yang L, Wei J, Sheng F, et al. Attenuation of palmitic acid-induced lipotoxicity by chlorogenic acid through activation of SIRT1 in hepatocytes [J]. Molecular Nutrition & Food Research, 2019, 63 (14): 1801432.

Zeng H, Wang Y, Nie C, et al. Preparation of magnetic molecularly imprinted polymers for separating rutin from Chinese medicinal plants [J]. The Analyst, 2012, 137 (10): 2503-2512.

Zhang M S, Huang J X. Determination of solanesol in the extracts of tobacco leaves by high performance liquid chromatography [J]. Chinese Journal of Chromatography, 2001, 19 (5): 470-471.

Zhang M, Zeng G, Pan Y, et al. Difference research of pectins extracted from tobacco waste by heat reflux extraction and microwave-assisted extraction [J]. Biocatalysis and Agricultural Biotechnology, 2018 (15): 359-363.

Zhang Y, Miao L, Zhang H, et al. Chlorogenic acid against palmitic acid in endoplasmic reticulum stress-mediated apoptosis resulting in protective effect of primary rat hepatocytes [J]. Lipids in Health and Disease, 2018, 17 (1): 270.

Zhao B, Zhang W, Xiong Y, et al. Rutin protects human periodontal ligament stem cells from TNF-α induced damage to osteogenic differentiation through suppressing mTOR signaling pathway in inflammatory environment [J]. Archives of Oral Biology, 2020 (109): 104584.

Zhao C, Li C, Zu Y. Rapid and quantitative determination of solanesol in Nicotiana tabacum by liquid chromatography-tandem mass spectrometry [J]. Journal of Pharmaceutical and Biomedical Analysis, 2007, 44 (1): 35-40.

Zhao J，Wang C，Sun X. Determination of solanesol in the extracts of tobacco leaves by high performance liquid chromatography（HPLC）[J]. Molecules，1997，15（6）：544－545.

Zheng S Q，Huang X B，Xing T K，et al. Chlorogenic acid extends the lifespan of caenorhabditis elegans via Insulin/IGF－1 signaling pathway [J]. The Journals of Gerontology Series A，Biological Sciences and Medical Sciences，2017，72（4）：464－472.

Zheng Z，Sheng Y，Lu B，et al. The therapeutic detoxification of chlorogenic acid against acetaminophen－induced liver injury by ameliorating hepatic inflammation [J]. Chemico－Biological Interactions，2015（238）：93－101.

Zhou H Y，Liu C Z. Rapid determination of solanesol in tobacco by high－performance liquid chromatography with evaporative light scattering detection following microwave－assisted extraction [J]. Journal of Chromatography B，Analytical Technologies in the Biomedical and Life Sciences，2006，835（1－2）：119－122.

Zhu H，Kumar G，Mukherjee S，et al. Neuroprotective effect of chlorogenic acid in global cerebral ischemia－reperfusion rat model [J]. BMC Pharmacology & Toxicology，2019，392（10）：1293－1309.

Zhu L，Wang L，Cao F，et al. Modulation of transport and metabolism of bile acids and bilirubin by chlorogenic acid against hepatotoxicity and cholestasis in bile duct ligation rats：involvement of SIRT1－mediated deacetylation of FXR and PGC－1α [J]. Journal of Hepato－Biliary－Pancreatic Sciences，2018，25（3）：195－205.

Çelik H，Kandemir F M，Caglayan C，et al. Neuroprotective effect of rutin against colistin－induced oxidative stress，inflammation and apoptosis in rat brain associated with the CREB/BDNF expressions [J]. Molecular Biology Reports：An International Journal on Molecular and Cellular Biology，2020，47（1）：2023－2034.

第6章 生物质热解技术

当前化石燃料短缺、石油价格上涨、全球能源需求增强，可替代能源的地位越来越重要。与其他可替代能源相比，生物质能源产存量巨大，具有零碳排放、硫氮低排放等优势，将其热解转化成常规的固态、液态、气态燃料及其他化工原料或产品，对于促进能源结构转型、改善气候变暖等问题具有十分重要的意义。

生物质热解是生物质在缺氧环境中发生不完全热降解，而生成固相、液相和气相产物的化学转化过程。热解是一个复杂的化学反应，是有机物的分解与缩合共同作用的结果，不仅包括大分子的化学键断裂、异构化，而且包括小分子的聚合反应。通过改变热解工艺和反应条件，可以有效调节固相、液相、气相产物的比例。生物质热解过程所得产物如图6-1所示。

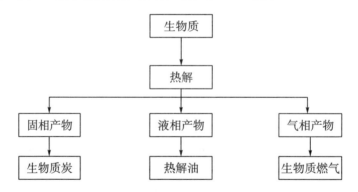

图6-1 生物质热解过程所得产物

我国是烟叶生产大国，烟叶生产会产生大量的废弃物，由于具有尼古丁等毒害物质，烟叶生产废弃物的处理在生物质中比较特殊，如果直接进行焚烧或填埋等处理，将会对环境造成严重污染，因此，通过热解将其资源化具有重要研究价值。本章分别对热解机理、热解气化技术、热解液化技术、热解制备多孔生物质碳材料，以及热解技术在烟叶生产有机废弃物领域的应用进行阐述，对未来发展与研究进行展望。

6.1　热解机理

生物质主要由 C、H、O 三种元素组成，三者总含量可达到 95% 以上，此外还含有少量的 S、N 等非金属元素和 K、Na、Ca、Mg 等金属元素。生物质主要由纤维素、半纤维素和木质素三大组分组成，还含有少量的抽提物和灰分。不同生物质的组分含量差异很大，一般来说，木质类生物质中三大组分的含量更高（约 90%），而农作物秸秆与草本植物中抽提物和灰分的含量更高。生物质原料的化学组成复杂，使其热解过程极为复杂，且受多种因素的影响，研究生物质三大组分在热解中的机理，可提升对生物质热解的认识。

6.1.1　纤维素热解

纤维素是自然界中含量最丰富和分布最广的高分子多聚糖，是植物体内细胞壁的主要成分。其热解行为在很大程度上决定了生物质热解的整体行为特性。相较于半纤维素和木质素，纤维素具有结构简单、不同原料间化学特性差异小等特点，是目前热解研究最多和最为深入的组分。GC−MS 等检测分析表明，纤维素的热解产物主要由以左旋葡聚糖、左旋葡聚糖酮和 1，4∶3，6−二脱水−α−D−吡喃葡萄糖为代表的脱水糖（吡喃）类物质、以 5−羟甲基糠醛和糠醛为代表的呋喃类物质和以 1−羟基−2−丙酮为代表的小分子直链产物组成。气体产物主要由 CO_2 和 CO 等组成。

6.1.1.1　左旋葡聚糖的生成机理

左旋葡聚糖（Levoglucosan，LG）是纤维素热解脱水糖类产物中的最主要成分，最高产量可达 70%。从构型来分，LG 有吡喃型（LGA）和呋喃型（AGF）两种。目前关于 LGA 的生成机理有葡萄糖中间体机理、自由基机理、离子机理和 LGA 链端机理（图 6−2）。葡萄糖中间体机理（图 6−2 路径 I）认为，纤维素热解过程中发生水合反应生成葡萄糖单体，葡萄糖单体的 C6—OH 与 C1—OH 脱去 1 分子 H_2O，生成 LGA，按照这一生成机理，葡萄糖热解生成 LGA 的产率要大于纤维素和其他葡萄糖低聚物，但很多研究发现，葡萄糖、纤维素二糖和纤维素热解生成 LGA 的产率从大到小的顺序为：纤维素＞纤维二糖＞葡萄糖，因为 1，4−糖苷键在 LGA 生成过程中有重要的作用。Shen 等提出，纤维素生成 LGA 的自由基机理为 C6 与 C1 发生缩醛反应使

1，4—糖苷键 O—C4 断裂，释放出自由基—OH，游离的—OH 与裸露的 C4
结合生成 LGA；因为 1，4-糖苷键有两个键（C1—O 和 O—C4'），所以有两
种断裂方式，生成对应的两种自由基（图 6-2 路径Ⅱ），但是关于这两种断
键方式的密度泛函理论（DFT）研究表明，糖苷键 C1—O 处均裂能垒较低，
且生成的自由基更有利于生成 LGA。离子机理（图 6-2 路径Ⅲ）认为，糖苷
键 C1—O 异裂生成葡萄糖基正离子，之后 C6—OH 与该葡萄糖基正离子结合
形成 1，6-脱水糖苷，该糖苷从纤维素分子链上脱离，生成 LGA。LGA 链端
机理（图 6-2 路径Ⅳ）认为，纤维素经两步转糖基反应生成 LGA，C6—OH
由于热效应，首先与 C1—O 形成氢键使糖苷键发生断裂，形成带 LGA 端的纤
维素链，然后以同样方式发生断裂生成新的带 LGA 的纤维素链和 LGA。
Zhang 等利用密度泛函理论对纤维素生成 LGA 的葡萄糖中间体机理、自由基
机理及 LGA 链端机理进行分析，发现 LGA 链端机理的能垒最低，为最优
路径。

纤维素热解生成 AGF 有两条路径：一是来自呋喃型葡萄糖；二是来自
1，4-脱水糖苷。董晓晨利用 DFT 研究了 β-D-吡喃葡萄糖生成 AGF 的反应
路径，发现 β-D-吡喃葡萄糖先开环生成 D-葡萄糖，然后 C1＝O 和 C6—OH
发生缩醛反应成环，新生成的 C1—OH 和 C4—OH 醚化脱水生成 AGF 的能垒
最低，为最优路径。

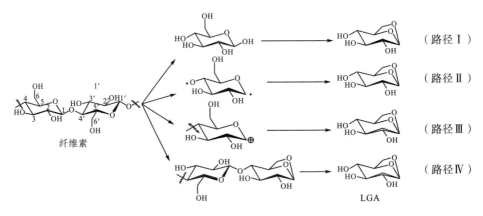

图 6-2　纤维素热解生成 LGA 机理

6.1.1.2　5-羟甲基糠醛和糠醛的生成机理

呋喃类化合物是纤维素热解的另一种重要产物，其中 5-羟甲基糠醛（5-
HMF）和糠醛（FF）是典型代表和最主要的组成部分。与吡喃类化合物相

比，呋喃类化合物更加稳定，糠醛的稳定性极高，被认为是纤维素热解的终态产物。关于 5－HMF 的生成机理，研究者们提出了多种可能路径。一种观点认为，5－HMF 主要通过糖类分子（葡萄糖）经脱水环化后生成。Shen 和 Gu 提出了两种经中间体葡萄糖的转化路径：①葡萄糖单元直接开环后发生两次脱水重排，形成两个双键，再环化生成 5－HMF；②吡喃环首先裂解生成己糖链结构，C2 和 C5 位上的羟基再发生脱水反应和缩醛反应生成 5－HMF。另一种观点认为，呋喃类化合物直接源于纤维素大分子的分解。Mettler 等提出，纤维素糖苷键断裂形成一个在 C1 位上带有羧基的吡喃环，随后 C1—O 键断裂，吡喃葡萄糖环开环，C1 位生成醛基，C5 位则形成氧自由基进攻 C2 位，C2 位上—OH 脱除，生成呋喃环状化合物；C4 位的糖苷键继续降解，发生两次脱水释放出 5－HMF。这一热解路径涉及自由基的转化机制。一般认为，糠醛是 5－羟甲基糠醛经过进一步脱除甲氧基后得到的。Shin 等通过对 5－HMF 的化学键的键能进行分析发现，两个最弱的键均在羟甲基上，故羟甲基整体断裂比醛基侧链断裂更容易。

6.1.1.3 1－羟基－2－丙酮的生成机理

1－羟基－2－丙酮是纤维素热解产物中含量较高的小分子直链化合物。Ponder 和 Paine 等通过对标记同位素的葡萄糖进行热解试验发现，1－羟基－2－丙酮的三个碳原子主要源自葡萄糖的 C6—C5—C4，其中 C6—C5—C4 占 55％，而 C4—C3—C2 和 C3－C2－C1 则分别占 25％和 20％。纤维素基本单元吡喃葡萄糖 C2—C3 化学键的键长较分子内其他 C—C 键长，且半缩醛 C1—O 键相对于其他 C—O 键活泼，因此，单体环较易在这两处断裂，从而生成含有两个碳和四个碳的原子碎片。四个碳原子的碎片经进一步脱水和脱羧基转化得到 1－羟基－2－丙酮。1，4－二羟基－2－丁酮被认为是纤维素热解生成 1－羟基－2－丙酮的中间产物，经进一步脱羧基后可以得到 1－羟基－2－丙酮。此外，Shen 和 Gu 的试验表明，高温对 1－羟基－2－丙酮的贡献远大于停留时间的影响，认为 1－羟基－2－丙酮主要是纤维素直接断裂生成的产物，只有小部分是由左旋葡聚糖二次反应生成的。

6.1.1.4 CO 和 CO_2 的生成机理

CO 和 CO_2 是纤维素热解不可凝小分子气体的主要组成。CO 主要是由纤维素热解过程中不稳定的含羧基化合物经过重整和异构化反应后断裂生成的，几乎所有含醛类结构的物质均能通过脱羧基反应产生 CO，所以生成 CO 的途径较多。此外，CO 随反应温度和停留时间的增加，其得率提高，这主要是由于低分子量化合物在高温和较长停留时间下发生强烈的二次分解反应。与 CO 相比，CO_2 受反应温度和停留时间的影响并不显著，其主要来自纤维素热解的一次反应阶段和低温区生成的乙烯酮结构的脱羧基反应。Shafizadeh 和 Lai 等的试验表明，CO_2 主要源于葡萄糖单元的 C1 和 C2 位。

6.1.2 半纤维素热解

半纤维素是细胞壁的重要组成，以较短的链状形式排列在纤维素骨架上。半纤维素由短链杂多糖组成，呈现无定型和多支链结构，聚合度约为 200。组成半纤维素的基本糖单元主要包括六碳糖（葡萄糖、甘露糖和半乳糖）、五碳糖（木糖和阿拉伯糖）及少部分鼠李糖和果糖。与纤维素相比，半纤维素的组成结构复杂，含有丰富的支链，故针对其热解机理的研究较少。此外，由于半纤维素的化学结构随生物质种类的不同而不同，因此从不同渠道获取的半纤维素的热解行为和产物分布差异较大。整体而言，半纤维素聚合度低，热稳定性较差，一般在 200℃ 左右时就开始分解，挥发分在较窄的温度区间（200℃～350℃）内释出。前期很多研究均发现，半纤维素的典型模化物木聚糖在热失重过程中存在两个明显的失重峰。一般认为，第一个失重峰主要是半纤维素支链在较低温度下优先降解产生的；第二失重峰是随着热解程度的深入，半纤维素主链发生剧烈的分解转化产生的。半纤维素的热解主要经历了自由水和化学水的脱除（羟基脱水）、主体结构分解和碳化阶段，释出水、酸、醛、酮、醇、糖苷及小分子气体（CO、CO_2 和 CH_4）等大量挥发分。热解产物可冷凝组分主要有甲醇、1－羟基－2－丙酮，主要来自甲氧基的断裂；乙酸、甲酸、丙酸、糠醛及少量的环戊烯酮类物质等，其中乙酸和糠醛被认为是半纤维素热解的典型产物。

6.1.2.1 酸类物质的生成机理

乙酸是半纤维素热解的典型产物，其得率随着温度升高而下降。关于乙酸的生成机理，普遍接受的观点认为，主要是由连接在木聚糖主链 C2 位上的活性 O－乙酰基团发生脱除反应生成的。此外，乙酸也可能来自 4－O－甲基葡萄糖醛酸单元发生羧基和 O－甲基的消除反应后形成的烯酮结构。由于半纤维素中乙酰基含量较高，第一条反应在乙酸的生成过程中占主导地位。甲酸主要源于 4－O－甲基葡萄糖醛酸单元羧基的消除反应，同时伴随 CO、羟基乙醛和乙酸的生成。Shen 等认为，O－乙酰基木糖单元热解生成丙酸的反应路径与乙酸形成竞争关系。

6.1.2.2　糠醛的生成机理

糠醛是半纤维素热解的另一种典型产物，其得率随热解温度升高而提高。糠醛可以通过木聚糖主链上的 D－木糖单元开环后经多步脱水反应生成，也可通过木聚糖支链上的 4－O－甲基－D－葡萄糖醛酸单元经开环、重排反应消除甲醇和 CO_2 后生成。Kosik 等采用含有 4－O－甲基－D－葡萄糖醛酸单元进行热解试验，结果表明，其产物主要为甲醇、糠醛和 CO_2，反应过程中，C4 位发生脱甲氧基反应生成甲醇，C6 位发生脱羧基反应生成 CO_2，而吡喃糖单元发生两次连续脱水反应得到糠醛。

6.1.2.3　小分子气体产物的生成机理

半纤维素热解产生的小分子气体产物主要有 CO_2、CO 及少量的 H_2 和 CH_4。CO_2 主要源于连接在木糖 C2 位上的大量 O－乙酰基团发生脱羧基反应。与 CO 的得率随温度升高而增加相比，CO_2 的得率随温度变化不明显。CO 在较低温度下可由 O－乙酰基木聚糖单元的分解和 4－O－甲基葡萄糖醛酸侧链结构的脱除产生，随着反应温度的升高，受开环中间产物的分解和低分子量产物二次反应（特别是醛类化合物的脱羰基反应）加剧的影响，CO 的产量进一步增加，而 CO_2 主要是半纤维素一次反应的产物。H_2 和 CH_4 主要在高温阶段（500℃以上）产生，得率随温度升高而增加，H_2 主要源于 C＝C 和 C—H 基团的裂解和变形，CH_4 主要来自甲氧基的断裂。

6.1.2.4　焦炭的生成机理

与纤维素相比，同是碳水化合物的半纤维素热解后的焦炭得率较高，一般达到 20% 左右。Ponder 等采用有机合成无灰分的木聚糖在真空条件下进行热解试验表明，焦炭得率高达 50%，这表明半纤维素的戊糖结构对焦炭得率有显著影响。他们认为，木聚糖单元与葡萄糖相比，缺少一个自由的羟基（葡萄糖单元 C6 位上的羟基），所以热裂解形成的吡喃糖分子不能通过分子内羟基的脱除生成糖酐，只发生转糖苷反应或脱水反应生成焦炭，从而增加焦炭的得率。

6.1.3　木质素热解

木质素是一种多酚类高聚物，在空间上呈三维网状的无定型结构。木质素结构可以拆分为不同甲氧基含量的三种苯基丙烷单元，如图 6-3 所示，按照苯环连接的甲氧基数量从多到少，分为紫丁香基丙烷单元（S 型木质素）、愈创木基丙烷单元（G 型木质素）和对羟苯基丙烷单元（H 型木质素）。

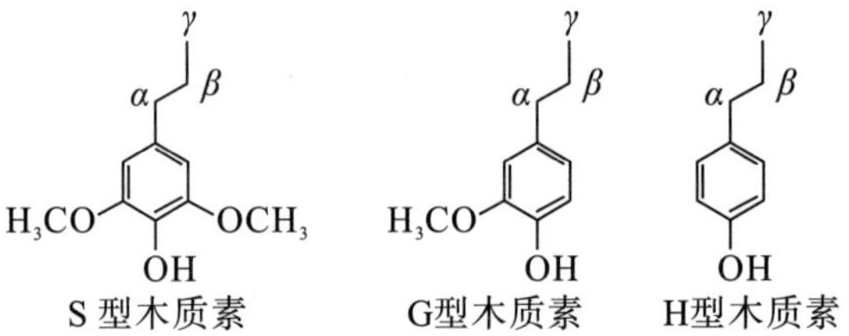

图 6-3　木质素结构单元

木质素单元之间主要通过醚键（如 $\beta-O-4$、$\alpha-O-4$、$\gamma-O-4$、$4-O-5$ 等）、碳-碳键（如 $5-5$、$\beta-1$、$\beta-5$ 等）和酯键相互偶联，如图 6-4 所示。

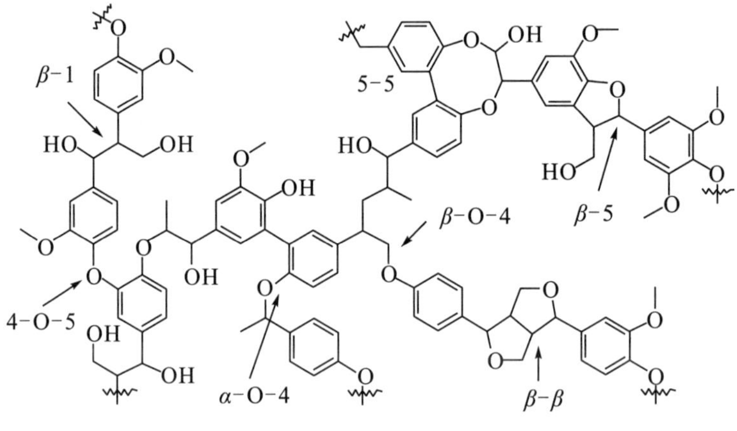

图 6-4　木质素单元之间的主要连接方式

一般来说，当热解温度超过 200℃时，木质素即可发生缓慢的解聚反应。但由于木质素结构间的连接键较稳定，仅有 $\beta-O-4$ 和 $\alpha-O-4$ 等强度较低的醚键会发生 C—O 键断裂。其中，$\beta-O-4$ 结构以逆烯反应和 Maccoll 消除反应这两类协同反应为主，而 C—O 键均裂反应为次要反应，如图 6-5 所示。

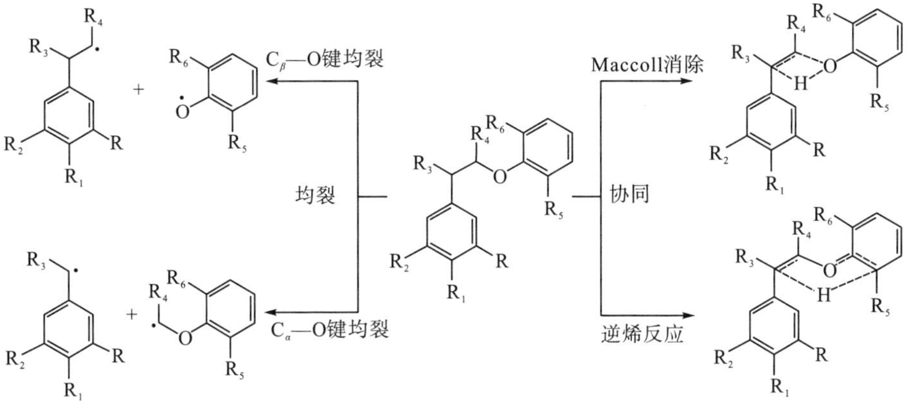

图 6-5 β-O-4 键断裂机理

而 α-O-4 结构的主要分解反应则为 C—O 键均裂，并伴随较为明显的夺氢反应，如图 6-6 所示。

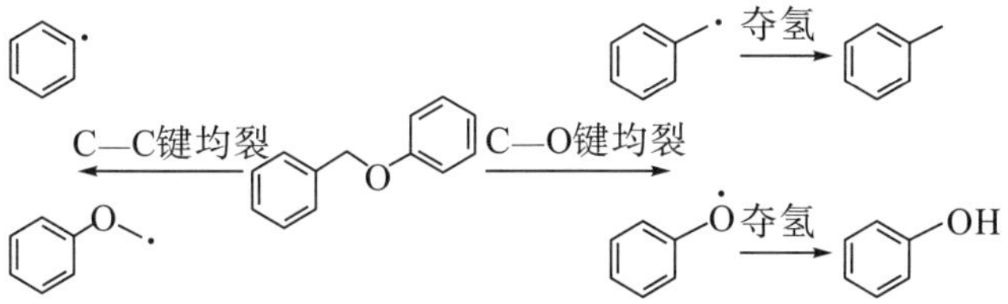

图 6-6 α-O-4 键断裂机理

木质素分解后会释放出 CO、CO_2 和 H_2O，并生成结构接近木质素单元的酚醛化合物（单体或低聚物），如 4-乙烯基愈创木酚、丁香酚等，这些化合物带有 2～3 个碳原子的烷基侧链结构，并释放出 CO、CO_2 和 H_2O。同时，木质素中部分丙烷基链也会开始发生反应，具体涉及链上羟基的脱水与 C_β—C_γ 键断裂。当 C_γ 上有羟基时，可促进 C_β—C_γ 键的断裂，使其在较低温度下发生，并释放出甲醛。而当 C_γ 上有羰基或羧基时，C_β—C_γ 键的断裂则需要更高的温度，同时伴随 CO 和 CO_2 的形成。在 200℃～300℃下，CO 主要源于苯基丙烷侧链中羧基、羰基和酯基的裂解和转化反应。

在更高的热解温度（300℃～400℃）下，烷基链内和烷基链之间的大部分 C—C 键开始变得不稳定并发生断裂，除 CO、CO_2 和 H_2O 外，其他含有 1～3 个碳原子的化合物（如 CH_4、乙醛或乙酸）也开始形成。在该温度范围内，由于芳香环之间众多侧链发生断裂，导致较高的木质素分解速率和酚类物质生成速率，释放的酚类化合物大多带有不饱和侧链，甚至不含烷基链，如愈创木酚和紫丁香醇。

当热解温度大于 400℃时，甲氧基开始具有活性，主要发生 O—CH₃ 键均裂、分子内重排和烷基化反应，会生成苯酚类、邻苯二酚类、邻苯三酚类等不含烷基侧链的酚类产物，以及 CH₄、CO 和 CO₂ 等小分子气体产物。然而，甲氧基不同的断裂方式将导致不同产物生成。在一系列针对芳环上甲氧基的热解研究中，Asmadi 等分别对愈创木酚和紫丁香醇进行热解，指出在高于 400℃ 发生的 O—CH₃ 键均裂反应是速率的决定步骤，随后经自由基诱导重排、脱甲氧基化和自由基偶联反应形成相对分子量更高的产物和甲基化芳烃。Huang 等的研究认为，愈创木酚主要发生 O—CH₃ 键均裂反应及脱甲氧基反应生成邻苯二酚和苯酚。Liu 等的计算表明，在愈创木酚热解过程中，加氢有利于甲氧基的脱除，反应能垒在加氢后有效降低。此外，他们还通过密度泛函理论和快速热解实验研究了香草醛、香草酸和香草醇的热解机理，其中有关甲氧基的反应均与愈创木酚类似，并且侧链会发生各自独特的反应生成小分子产物 CO、CO₂、H₂O。Wang 等的研究显示，在初步热解过程中，香草醛主要发生 O—CH₃ 键均裂反应，生成的自由基会在二次反应过程中与香草醛的官能团发生夺氢反应产生稳定的加氢产物，而苯酚可以通过加氢反应脱去酚羟基生成苯，说明氢自由基会促进苯环侧链取代基的脱除反应。如图 6-7 所示，木质素中的甲氧基会通过脱甲基和脱甲氧基两类反应断裂，并分别生成甲烷和甲醇。

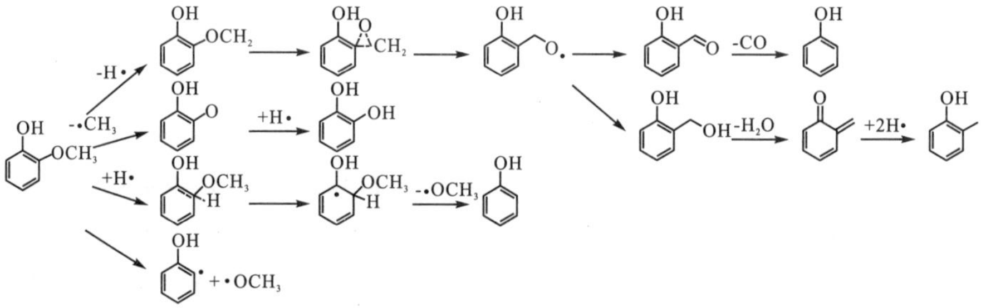

图 6-7 愈创木酚二次热解机理

当热解温度超过 450℃时，一些更加稳定的连接键也开始断裂，如 5-5 连接和 4-O-5 连接。在木质素的热重-傅里叶变换红外光谱分析实验中可以发现，在 500℃~800℃会释放出大量 CO，研究表明，二芳基醚键断裂是 CO 产生的主要来源，侧链结构中的羧基和羰基断裂也生成了一定量的 CO。傅里叶变换红外光谱分析表明，CH₄ 的释放在 350℃~500℃和 550℃~650℃出现峰值，其中，在较低温度下，CH_4 来自苯环侧链的裂解反应；在高温下，CH_4 来自深度裂解和重排反应及芳环的开裂。

6.2 热解气化技术

生物质热解气化是指生物质在温度较高（700℃以上）的条件下，以空气、氧气、水蒸气或二氧化碳作为气化剂，使生物质原料与气化剂之间发生不完全氧化反应，生成主要包含 CO、CH_4、H_2、CO_2 和小分子碳氢化合物等可燃性气体的过程。气体产物组成成分会根据气化剂的不同而发生变化。当使用空气作为气化剂时，由于含有氮气，气体产物属于低热值气体，其低热值为 4~6 MJ/m³，但可直接用于工业中提供动力的设备的燃烧；当使用氢气或水蒸气作为气化剂时，气体产物的低热值达到12~18 MJ/m³，除直接燃烧外，还可以作为化工产品的加工原料。虽然生物质热解气化能得到不同品质和种类的气体产物，但是气化条件的选择主要考虑经济性和可行性。

与填埋、焚烧等现有技术相比，生物质气化在垃圾处理中具有很好的应用潜力，因为它可以接受各种投入，并产生多种有用产品。生物质热解气化是一个复杂的过程，包括干燥原料、热解、中间产物部分燃烧、气化。

6.2.1 生物质热解气化研究现状

经过几十年的发展，欧美等国的生物质热解气化技术取得了很大成就。生物质热解气化设备规模较大、自动化程度高、工艺较复杂，主要以供热、发电和合成液体燃料为主，目前已开发了多系列达到示范工厂和商业应用规模的气化炉。生物质热解气化技术处于领先水平的国家有瑞典、丹麦、奥地利、德国、美国和加拿大等。20 世纪 80 年代末至 90 年代初，生物质热解气化主要利用上吸式和下吸式固定床气化炉来发电或供热，规模都较小。从 20 世纪 90 年代起，受煤的整体气化联合循环发电系统（IGCC）应用结果的推动，生物质热解气化开始被应用于热电联产，生物质 IGCC 成为 90 年代的关注热点，研究者对其进行了大量研究，并建设了几个示范工程，项目主要集中在欧洲，但由于系统运行要求和成本都较高，目前大都已停止运行。

生物质热解气化的最新发展趋势是合成燃料，生物质可以通过气化方式生产合成气，并通过合成生产费托液体燃料和含氧液体燃料（如甲醇、二甲醚），能替代现有的石油和煤炭化工，缓解第一代生物能源－生物柴油对粮食的压力。早在 20 世纪 80 年代，气化合成燃料技术在欧美已经有了初步发展。近年来，受可再生能源发展政策的激励，欧美各国加大了对气化合成技术的关注和投入，其中美国在生物质气化合成乙醇方面取得了较大成就，2009 年的生产能力（已有＋在建）达 207.75 百万加仑/年（约 7.9×10^8 L/年）。如果能开发出有效的气体净化技术，气化合成产业将会得到迅速发展。

我国自主研发的生物质气化发电技术已经解决了一些关键性问题，目前已开发出多种以木屑、稻壳、秸秆等生物质为原料的固定床和流化床气化炉，成功研制了 400 kW～10 MW 的不同规格气化发电装置。我国的生物质气化发电向产业规模化方向发展，出口到泰国、缅甸、老挝等，是国际上中小型生物质气化发电应用最多的国家之一。利用生物质热解气化技术建设集中供气系统以满足农村居民炊事和采暖用气也得到了应用，1994 年在山东省桓台县东潘村建成我国第一个生物质气化集中供气试点，山东、河北、辽宁、吉林、黑龙江、北京、天津等省市陆续推广应用生物质气化集中供气技术。2000 年前后，该技术的推广达到高峰。此后，相关规范和制度逐步完善，各地制定了一系列管理办法，使生物质气化集中供气应用在我国农村能源建设中稳步推进。截至 2010 年年底，我国共建成秸秆热解气化集中供气站 900 处，运行数量为 600 处，供气户数为 2.096×10^5 户，每个正在运行的气化站平均供气约 350 户。

6.2.2　生物质热解气化的基本原理

生物质热解气化是一个非常复杂、连续的化学反应过程，包含大分子的键断裂、异构化和小分子的聚合等过程。它主要包括两个化学反应过程：①裂解过程，由大分子变成小分子直至气体的过程；②聚合过程，由小分子聚合成较大分子的过程。裂解和聚合反应没有十分明显的阶段特性，许多反应是交叉进行的。生物质热解气化过程可以用下吸式固定床常压气化炉中的气化过程来表示，如图 6-8 所示，生物质物料从顶部加入，气化剂（如空气）由中部吸入，气化炉自上而下可以分成干燥区、热解区、氧化区和还原区，各个区域的气化过程如下。

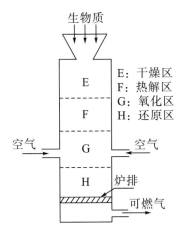

图 6-8　下吸式固定床常压气化炉的气化过程

（1）干燥。

生物质物料由顶部进入气化炉，气化炉的最上层为干燥区，生物质物料的物理和化学特性在热解气化过程中起着重要作用。生物质物料的水分过多，会导致能量损失，并降低产品质量。干燥区的温度为 50℃～150℃，含有水分的物料在这里与下层热源进行热交换，将水分蒸发，当物料体积较大时，其水分可能有部分残留。由于整个过程的温度不高，物料中的挥发成分在干燥过程中不会发生热解。

$$湿物料 + 热量 \longrightarrow 干物料 + H_2O$$

（2）热解。

生物质燃料在无氧/空气条件下的热解是一个复杂过程。热解过程将生物质物料分解为固体木炭、液体焦油和气体，其比例取决于所使用的生物质燃料的性质和操作条件。在热解过程中，深度干燥和裂解过程同时进行，水分在 200℃ 以下被除去。当温度升高到 300℃ 时，生物质组分的主要无定形纤维素的分子量开始降低，逐渐形成羰基和羧基。在还原过程中还会生成 CO 和 CO_2。当温度超过 300℃ 时，生成的结晶纤维素开始分解，形成焦炭、焦油和气态产物。随着挥发性气体、焦炭和焦油的形成，半纤维素分解成可溶性聚合物。木质素在 300℃～500℃ 分解，形成甲醇、醋酸、水和丙酮。总的来说，热解过程将纤维素、半纤维素和木质素等大分子生物聚合物转化为碳（焦炭）和中等大小的分子（挥发物），并以焦油的形式冷凝了部分碳氢化合物。在 300℃ 以下发生的化学反应是放热反应，而在 300℃ 以上发生的化学反应为吸热反应。因此，对于制炭，300℃的温度就足够了，不需要外部加热，但对于高温热解，需要外部加热以最大限度地提高气体或液体燃料的产量。可用化学方程式近似表示：

$$CH_xO_y \longrightarrow n_1C + n_2H_2 + n_3H_2O + n_4CO + n_5CO_2 + n_6CH_4$$

式中，CH_xO_y 为生物质的特征分子式；$n_1 \sim n_6$ 为气化时由具体情况确定的平衡常数。

（3）氧化。

在氧化过程中，生物质中的挥发性物质在放热反应下氧化，并与 CO、H_2、CO_2 和 H_2O 等气体燃料产生峰值温度在 1100℃～1500℃之间的热量。氧化阶段非常关键，决定了最终产品的类型和质量。一些关键参数〔如反应器内的压力和温度、气化剂的类型（氧气、空气和水蒸气）〕对发生炉煤气的产量起着重要作用。已研究观察到水蒸气是最相关的气化剂之一，它有助于气体重整过程。此外，就用于发电的发生炉气体而言，氧气也被报道为理想的气化剂。空气气化则会产生更多的氮氧化合物，严重影响最终产品的加热特性。

$$C + O_2 \longrightarrow CO_2 + \Delta H, \Delta H = 408.86 \text{ kJ}$$

$$2C + O_2 \longrightarrow 2CO + \Delta H, \Delta H = 246.45 \text{ kJ}$$

氧化区进行的均为燃烧反应，并放出大量热，为还原区的还原反应、物料的热解和干燥提供了热源。在氧化区中生成的热气体（CO 和 CO_2）进入气化炉的还原区，灰烬则落入下部的灰室中。

（4）还原。

在还原区已经没有 O_2 存在；氧化反应中生成的 CO_2 在还原区与炭、水蒸气发生还原反应，生成 CO 和 H_2。由于还原反应是吸热反应，还原区的温度比氧化区略低，为 700℃～900℃，还原反应方程式为

$$C + CO_2 \longrightarrow 2CO + \Delta H, \Delta H = -162.297 \text{ kJ}$$

$$H_2O + C \longrightarrow CO + H_2 + \Delta H, \Delta H = -118.742 \text{ kJ}$$

$$2H_2O + C \longrightarrow CO_2 + 2H_2 + \Delta H, \Delta H = -75.186 \text{ kJ}$$

$$H_2O + CO \longrightarrow CO_2 + H_2 + \Delta H, \Delta H = -43.555 \text{ kJ}$$

需要说明的是，将气化炉分为几个工作区与实际情况并不完全相符。事实上，一个区域可以局部地渗入另一个区域，因此，上述过程有一部分是互相交错进行的。

6.2.3　生物质热解气化的影响因素

影响生物质热解气化过程的因素有很多，主要包括以下几个方面。

6.2.3.1　原料和水分含量

纤维素、半纤维素和木质素是生物质的三个主要组成成分。这些成分在如生物质气化的热化学转换过程中起着重要的作用。通常，在典型的生物质中，纤维素与木质素的比例范围为 0.5~2.7，半纤维素与木质素比例范围为 0.5~2.0。纤维素和半纤维素的比例与气态产物产率直接相关，木质素含量决定了产物中的油状液体的产率。因此，在给定生物质中，纤维素和半纤维素与木质素的比例越高，气态产物的产量越高。

生物质原料中主要考虑两种水分：一种是内在水分，即不考虑天气影响时材料的水分含量；另一种是外在水分，包含天气条件的影响。出口气体的特性和气化炉的最佳操作在很大程度上取决于水分含量。木本和低水分草本生物质的水分含量低于 15 wt%，这使得它们更适合于热转换，因为蒸发掉生物质中每 1 kg 水分至少需要 2260 kJ 的额外能量，而这些耗能是不容易回收的。大多数气化炉也都是为容纳水分含量为 15%~30% 的生物质原料而设计的。

上吸式固定床气化炉可承受原料的最大水分含量为 60%（湿基），而下吸式固定床气化炉为 25%（湿基）。因此，在气化之前要对原料进行干燥以满足设备要求。Schuster 等证实，水分含量超过 30 wt% 的原料会对工艺温度产生不利影响，会导致生产的气化气体较少，焦油含量较高。研究还发现，生物质水分含量对生物质气化过程的热效率、化学效率和整体效率有重要影响。因此，在计算蒸汽与生物质的比例时，考虑实际含水率至关重要。

6.2.3.2　颗粒尺寸和密度

研究人员已经确定了原料颗粒尺寸对产品产气率的直接影响。De Lasa 等认为，温度和颗粒加热率对气化期间生物质的重量损失有重要影响。流体－颗粒在尺寸较小的颗粒中表现出优异的传热性能。如果原料颗粒的温度保持一致，则可实现更可控的气化过程。此外，根据 Arrhenius 速率定律，只有当内部动力学控制气化过程时，气化速率才会随温度升高而增加。

实验表明，由于较大颗粒存在较高的传热阻力，会导致不完全热解，因此气化后残余焦炭产率较高。数据显示，当颗粒尺寸减小时，碳转化率提高，

H_2 产量增加，另外还提高了合成气效率，降低了焦油产率。然而应注意的是，颗粒尺寸不应小于所需尺寸，因为颗粒尺寸减小需要大量能量。与气流床气化炉相比，下吸式和上吸式固定床气化炉对颗粒尺寸（<0.51 mm）的敏感性较低，这是因为它们的颗粒停留时间较长，可以完全热解。气流床气化炉的最大粒径应达到 0.15 mm。流化床气化炉进料尺寸的平均公差应小于 6 mm。

通常生物质原料密度较低，具有多孔结构。由于存在大量孔隙，颗粒内外可以均匀受热，这表现为均匀的气化过程和均匀的产品组成。而在一些致密的生物质原料中，颗粒从外部到内部的温度不同，导致干燥、热解和气化同时进行。因此，气体成分也不均匀。

6.2.3.3　操作条件

气化剂的分压、气化炉内的温度和升温速率是可能影响出口产气率和整个生物质转化率的其他重要参数。气化剂的分压与生物质焦油的活泼性有直接关系；升高温度则可以通过提供较大温差来提高原料颗粒的升温速率。通常情况下，气流床气化炉中的反应堆压力为 20~70 bar。已有研究表明，较快的升温速率可实现更大的产气量和较少的焦油产量；较慢的升温速率则会导致气体产量减少和焦油产量增加。这两种升温速率操作在很大程度上影响气化炉的设计和产品生成。较高的温度会使焦油中活性成分挥发，促使焦油转化为气体，从而增加焦油的降解。随着温度的升高，Boudouard 反应和热裂化反应能有效地降解残炭和焦油。因此，当产品气体是所需产品时，保持高温可以有效地促进生物质气化。固定床气化炉中的反应器温度通常在 1100℃ 左右；流化床气化炉的温度通常保持在 1000℃ 以下，以避免灰烬熔化和结块；气流床气化炉在高于 1900℃ 的高温下工作。

$$C + CO_2 \longrightarrow 2CO$$

$$焦油 + 热量 \longrightarrow CO_2 + CO + H_2O + H_2 + 焦炭$$

6.2.3.4　蒸汽（或其他气化气体）与生物质的比例（S/B）

蒸汽与生物质的比例是影响输入能量、出口气体质量和产品产量的重要参数。较低的 S/B 会导致较高的焦炭和甲烷含量，增加 S/B 可通过提供氧化环境来加强重整反应，从而提高合成气（氧化产物）的产率。

S/B 越高，H_2 产率越高，但太高的 S/B 会使除 H_2 外的其他可燃性气体（CO、CH_4 等）的浓度迅速降低，引起气化气体中可燃性气体总浓度下降，进而导致气化气体的高位发热量逐渐降低。Sharma 等证明，存在 S/B 阈值，超过这一阈值，S/B 的增加会使合成气产生过量蒸汽，过量蒸汽中所含能量及产生这种蒸汽时的焓损失会使工艺效率降低，对气化炉内温度产生负面影响，进而导致低焦油裂解。因此，要确定气化过程中的最佳 S/B。通常固定床气化炉的 S/B 最高，其次是流化床气化炉和气流床气化炉。

6.2.3.5 空气当量比

气化过程需要的空气量与实际供给的空气量之比称为空气当量比（ER），是气化过程中的重要参数之一。Narvaez 等观察到合成气中的 H_2 和 CO 含量与 ER 成反比。ER 越高，H_2 和 CO 含量越少，CO_2 含量越多，这极大地降低了产品气体的热值。另外，高的 ER 有助于裂解焦油，因为挥发性物质与之反应的氧气利用率更高。据报道，在气化过程中，ER 对含氮产品的影响可以忽略不计。Zou 等以锯末为原料，在 800℃ 时将 ER 从 0.25 增加到 0.37，NH_3 的产率略有增加。另外，在进料速率保持不变的情况下，床温与 ER 呈线性增加。ER 还受进料的水分和挥发物数量的影响。当水分含量达到 15％时，ER 和气体含量都会增加；当水分含量超过 15％时，则会引起不规则的温度变化。生物质原料中挥发分越高，焦油产率越高。

气化是在空气不足的环境中进行的。在下吸式固定床气化炉中，当 ER 为 0.25 时可提供最佳的产气率。较低的 ER 会导致不完全炭－气转化，因此在木炭作为最终产品的情况下是理想的。在流化床气化炉中，由于燃烧热高，效率先随着 ER 的增加而提高，当 ER 到达 0.26 后再下降。实际情况中，ER 的最佳值为 0.2~0.3，如果低于 0.2，会导致气化不完全，从而形成更多的含低热值产物气体的焦炭，而较高的 ER 会使气化转变为燃烧。

气流床气化炉对氧化剂的要求最高（通常高 20％）。

6.2.3.6 催化剂

催化剂缓解了通过颗粒的热阻和传质阻力，为反应的进行提供了另一条较低能量的途径，因此，催化剂在生物质气化中扮演着重要角色。许多研究人员发现，使用催化剂来促进产品的气化和重整具有积极影响。目前被关注的催化剂类型包括碱金属（主要是 Na 和 K）、氧化铝和沸石、白云石和石灰石、镍基和锌基，以及其他稀有金属（如铂和钌材料）。不同类型的催化剂具有不同的催化效果：碱金属氧化物、白云石和镍基催化剂由于具有促进重整反应的能力，对气化程度有较好影响；硅酸铝在促进焦炭气化方面有效；镍基催化剂在轻烃转化方面有效。为提高所需产品的质量和产量，同时将残炭和焦油降至最低水平，研究者仍在积极探索更高效、经济的催化剂。

6.2.4 气化炉的类型

生物质燃料具有多孔性质并含有较高挥发分，反应活化能比煤炭低，所以其气化比煤炭容易一些。生物质气化与煤炭气化在早期是共同发展的，近期则主要借鉴煤炭气化的经验。与煤炭气化方式类似，生物质气化方面已经发展出多种形式的气化装置，主要有固定床气化炉、流化床气化炉、气流床气化炉等。表6-1是各种类型生物质气化炉的特点。

表6-1 各种类型生物质气化炉的特点

气化炉类型	特点	简图
上吸式固定床气化炉	1. 生物质从气化炉的顶部进入，空气、氧气或蒸汽从气化炉的底部进入，生物质和气体的运动方向相反。 2. 产生的一些生物质焦炭会下降并燃烧，以提供热量。 3. 甲烷和富含焦油的气体离开气化炉的顶部，灰烬从气化炉底部的炉排上落下收集	
下吸式固定床气化炉	1. 生物质从气化炉的顶部进入，空气、氧气或蒸汽从气化炉的顶部或侧面吸入，生物质和气体的运动方向相同。 2. 一些生物质被燃烧，通过气化炉喉部落下，形成一层热炭，气体必须通过反应区。 3. 确保了相当高质量的合成气，它留在气化炉的底部，灰烬收集在炉排下面	

气化炉类型	特点	简图
气流床气化炉（EF）	1. 生物质粉末通过加压氧气和（或）蒸汽进入气化炉。 2. 气化炉顶部的紊流火焰燃烧部分生物质，在高温（1200℃～1500℃）下提供大量热量，将生物质快速转化为非常高质量的合成气。 3. 灰烬熔化在气化炉的墙壁上，以熔渣的形式排出	
鼓泡流化床气化炉（BFB）	1. 气化炉的底部有一层细小的惰性物质床，空气、氧气或蒸汽以足够快的速度（1～3 m/s）向上吹过，从而搅动这些物质。 2. 生物质从气化炉的侧面进料，混合、燃烧，或形成向上离开的合成气。 3. 工作温度低于900℃，避免灰烬熔化和粘连。可以加压操作	
循环流化床气化炉（CFB）	1. 一层细小的惰性物质使空气、氧气或蒸汽以足够快的速度（5～10 m/s）向上吹过，使物料悬浮在整个气化炉中。 2. 生物质从气化炉的侧面进料，悬浮，燃烧提供热量，或者发生反应形成合成气。 3. 合成气和颗粒的混合物用旋风分离器分离，物料返回气化炉的底部。 4. 工作温度低于900℃，避免灰烬熔化和粘连。可以加压操作	
双流化床气化炉	1. 系统有两个腔室：1个气化室和1个燃烧室。 2. 生物质被送入气化室，利用蒸汽转化为无氮合成气和焦炭。 3. 焦炭在燃烧室的空气中燃烧，加热床层颗粒。 4. 热床材料被送回气化室，提供间接反应热。 5. 旋风分离器除尽循环流化床合成气或烟道气。 6. 工作温度低于900℃，避免灰烬熔化和粘连。可以加压操作	

续表6-1

气化炉类型	特点	简图
等离子体气化炉（Plasma）	1. 未经处理的生物质落入气化炉，与通常在1500℃～5000℃的大气压和温度下产生的等离子体接触。 2. 有机物被转化为非常优质的合成气，无机物被玻璃化为惰性炉渣。 3. 等离子气化使用的是等离子火源。也可以在后续工艺中使用等离子弧进行合成气净化	

6.2.5　生物质热解气化面临的问题

6.2.5.1　二次污染问题

生物质热解气化发电的主要目的是处理废弃物。目前，由于外部条件较好，热解气化发电具有较大的经济优势，但污染问题尚未完全解决，成为其推广的主要障碍。灰渣和废水管理是生物质热解气化发电技术发展的重点。从工艺上看，灰渣处理更简单，提高气化效率、煅烧灰渣即可满足要求；而废水的处理更复杂，降低焦油产量是根本方法，但高效的催化裂化等技术，需要设备达到一定规模时才能使用，对于小型设备，简单的物化处理是一种常用方法。

6.2.5.2　焦油问题

焦油问题是影响生物质热解气化技术大规模推广应用的难题之一。由于生物质本身特性，焦油成为其转化利用的必然产物，它在低温下呈液态，易堵塞管路、腐蚀设备、污染仪器，燃烧时产生炭黑等颗粒，既为后续除尘带来麻烦，又会损害燃气轮机等燃气利用设备。焦油问题严重影响了气化系统的稳定运行，限制了燃气利用的发展。

现有焦油处理方法主要分为物理法和化学法。物理法是通过降温冷凝将焦油从燃气中分离，然后利用各种除尘装置进行收集并去除，这使得焦油中所含能量被浪费，大大降低了生物质能量利用效率，还存在再次产生污染的风险。化学法是通过化学手段将焦油转化为小分子的可燃气体，如 H_2、CO、CO_2、CH_4 等低碳烃类，主要包括高温热解和催化裂解两种途径。高温热解是焦油在1000℃以上深度裂化；催化裂解是焦油在各种催化剂的作用下进行裂解。

目前，化学法被认为是解决焦油问题最高效、经济的方法。

6.2.5.3　催化剂问题

生物质催化气化是近年来的研究热点之一，因此出现了种类繁多的催化剂，其研发也取得了不同程度的进展，但仍存在问题，如价格昂贵、易失活、易积碳、抗烧结性差等，与大规模商业化应用尚有差距。

催化剂问题是制约生物质催化气化技术发展的关键。开发具有高活性、高选择性、高稳定性的催化剂是未来发展方向。近年来出现的复合型催化剂通过合理搭配将多种催化剂的优点集于一身，在抗失活、抗积炭、活性组分抗迁移、抗烧结等方面优势明显，为解决催化剂问题提供了思路。

6.3　热解液化技术

生物质热解液化是指在中温（约 500℃）缺氧条件下使生物质快速受热分解，热解气体再经快速冷凝而获得液体产物（生物油）和一部分气体产物（可燃气）及固体产物（焦炭）的化学转化过程。热解液化过程包括热量的传递、物质扩散等物理过程，以及物质内部大分子化学键断裂、分子间或分子内脱水、官能团重整等化学过程。通过热解液化，品质较低的生物质转化为易于存储和运输的品质较高的液体燃料。根据工艺条件不同，热解液化技术可分为热化学法、生化法、酯化法和化学合成法。其中，热化学法热解液化技术又分为快速热解技术和高压液化（直接液化）技术，化学合成法热解液化技术包括间接液化制汽柴油、醇醚及油脂酯化加氢制航煤等。这些技术各有优缺点，适用对象和范围各不相同。生物质制取生物质液体燃料的主要途径如图 6-9 所示。

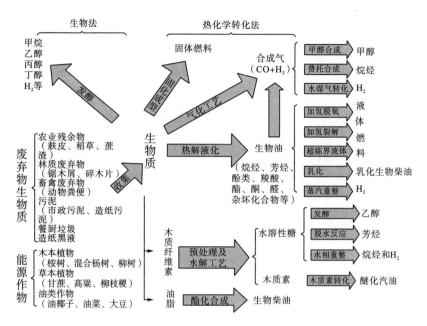

图 6-9　生物质制取生物质液体燃料的主要途径

6.3.1　直接液化

直接液化有别于间接液化，是指在一定温度和压力条件下，在液化溶剂及催化剂的作用下将木质生物质由固态直接转化为液态混合物的热化学过程，是近年来迅速发展的一项新兴生物质能利用技术。通过直接液化技术可以将木质生物质中的纤维素、半纤维素和木质素等固态天然高分子物质降解成相对分子质量分布较宽、具有反应活性的液态混合物。液化产物可作为燃料或化工原料使用，如经过处理后制备替代石油的生物柴油等，制造替代传统石化原料的胶黏剂、模压材料、发泡塑料、聚氨酯薄膜和碳纤维等。相较于其他木质生物质能源转化利用技术，直接液化技术具有反应条件较温和、设备简单、产品可部分生物降解等特点，具有较大的发展潜力。在生物质液化过程中，溶剂的存在促进了溶解、水合和热解等反应，有助于实现生物质更好地破碎和促进反应中间产物的溶解。因此，溶剂类型是决定产物产量和组成的关键参数之一，其对各种生物质（包括木质纤维素、藻类和污泥）液化行为的影响已被许多研究人员广泛研究。

6.3.1.1　以酚类物质为溶剂的直接液化

以酚类物质为溶剂的直接液化是国内外研究最多、发展历史最悠久的直接液化技术。酚类物质中可作为液化溶剂的主要有苯酚、杂酚油和邻环己基苯酚。酚类物质作为液化溶剂时，常用的催化剂主要是硫酸、盐酸等强酸及磷酸、草酸等中强酸或弱酸。当使用强酸作为催化剂时，液化容易进行；当使用中强酸或弱酸作为催化剂时，液化缓慢且残留率高。

白石信夫等在无催化剂条件下利用苯酚直接液化木材，研究了温度、液化时间、木材与苯酚的比例、含水量、添加酸、盐、中性有机溶剂等因素对液化反应的影响。结果表明，当温度为 250℃ 时，只需数小时，苯酚就能将木材完全转变为能溶于二氧六环和水混合溶剂的物质，该物质在室温下具有流动性。研究还表明，温度对液化速率的影响很大，反应温度每增加 10℃，液化率提高 90%；最优料比为 7∶（3～8）∶2，水能加速液化，当含水量为 80%～150%（相当于新材的含水量）时，液化产率高于风干材（含水量 10%）。据分析，在液化过程中，除木材成分的酚化和氧化外，水解也起了重要作用。液化过程中有部分木材被气化，液化完成后气化约损失 10%。

Alma 等用 36.5% 的盐酸水溶液作为催化剂，对桦木木粉苯酚液化进行研究，并且采用常规方法将产物制成用于模型浇注的材料。研究表明，该材料的静曲强度、弹性模量、吸水厚度、膨胀率和表观溶解系数等性能随液化后结合酚含量（即液化时与桦木木粉反应的苯酚量）的不同而存在差异。

以酚类物质为溶剂的直接液化产物通常用来制备酚醛树脂，其中包括可用作人造板胶黏剂的热固性酚醛树脂和其他用途的热塑性酚醛树脂。另外，还有用作模压成型材料的树脂基体，制备模压材料。

6.3.1.2　以醇类物质为溶剂的直接液化

以醇类物质为溶剂的直接液化是在以酚类物质为溶剂的直接液化之后发展起来的。醇类物质液化溶剂主要包括乙二醇、丙三醇、聚乙二醇 200、聚乙二醇 400、聚乙二醇 600、聚乙二醇 1000 及其混合溶剂等。常用的催化剂是硫酸、磷酸、草酸等酸性催化剂，也有研究采用氢氧化钠作为催化剂，但反应时需在耐压容器中高温条件下进行。

Kurimoto 等进行了以甘油-聚乙二醇作为液化试剂液化木材的研究，结果表明，以甘油-聚乙二醇作为液化试剂，在以硫酸作为催化剂的条件下于 150℃ 反应 75 min，可将木材液化，所得液化产物羟值为 278.6～329.1 mg KOH/g，黏度为 0.33~31.6 Pa·s（25℃）。

乐治平采用水热合成法制备了固体超强酸催化剂 Cl^-/Fe_2O_3，并将其应用于乙二醇溶剂对稻壳、毛竹和玉米秸秆等生物质的液化反应。该研究考察了催化剂用量、反应温度、反应时间等对催化剂性能的影响。结果表明，在 300℃、反应时间 3 h、催化剂用量为原料质量分数的 4% 的条件下，可以获得较好的液化效果。以玉米秸秆为原料的催化剂寿命试验表明，Cl^-/Fe_2O_3 用于液化反应可以多次重复使用。

木质生物质的醇类物质液化产物因其结构中含有大量羟基，主要用来制造聚氨酯泡沫材料和聚氨酯胶黏剂等产品。据报道，此类聚氨酯泡沫材料具有较低的表观密度、较高的强度和很好的受压变形恢复能力；聚氨酯胶黏剂不仅胶结性能可以满足使用要求，而且具有一定的生物降解性。

6.3.1.3 以环碳酸盐类物质为溶剂的直接液化

环碳酸盐类物质因高介电常数和高沸点等特点，逐渐被应用到木质生物质直接液化领域，这类物质主要包括碳酸乙烯酯（EC）、碳酸丙烯酯（PC）等。对于在非水溶剂中的酸催化反应，酸强度取决于溶剂的介电性：溶剂的介电常数越高，酸强度就越大。EC 和 PC 的介电常数高，在达到同样液化效果的前提下，酸用量较少，不仅降低了生产成本，而且可以避免酸加入过多而引起木质素聚合反应。对于碳酸乙烯酯和碳酸丙烯酯等的直接液化，常用催化剂以硫酸为主。

Yamada 等利用环状碳酸盐［如碳酸乙烯酯（EC）或碳酸异丙烯酯（PC）］代替多元醇作为液化溶剂，以酸作为催化剂，在 120℃～150℃条件下对纤维素和软木的液化进行研究。研究表明，纤维素在 EC 和 PC 中的液化速率比在乙二醇中分别快约 28 倍和 13 倍，比在聚乙二醇和乙二醇的混合物中快约 10 倍。由此可知，EC 是纤维素液化的有效溶剂。环碳酸盐液化木材的机理尚不明确，仍需进一步研究。

蒋启海等采用均匀设计法研究了以碳酸乙烯酯为溶剂，杉树皮的液化工艺，通过 DPS 统计软件，考察了反应温度、反应时间、催化剂、液料比对杉树皮常压快速液化反应的影响。研究表明，杉树皮的最佳液化工艺条件是：反应温度为 130℃，反应时间为 120 min，催化剂为 4 g，液料比为 8.5∶1。对液化产物的羟值分析表明，该工艺条件下得到的杉树皮液化产物可替代聚乙二醇与异氰酸酯合成聚氨酯。

目前，使用环碳酸盐作为液化溶剂的最大问题是价格偏高，且反应后几乎完全损失，无法回收再利用。这类直接液化产物的主要用途是作为化工原料，如与异氰酸酯合成树脂等。

6.3.1.4 以超临界流体为溶剂的直接液化

以超临界流体为溶剂的直接液化是近年来发展起来的新技术，可以实现低温快速液化。相对于酚类物质、醇类物质及环碳酸盐类物质等常规有机液化溶剂，超临界流体是一类高效液化溶剂，反应过程中通常不需要加入催化剂。可用作超临界流体的物质通常是小分子有机物或无机物，如水、乙烷、丙烷、乙烯、氨、二氧化碳、二氧化硫、乙醇、丙酮等。超临界流体（Supercritical Fluid，SCF）是物质被压缩和加热至临界温度（T_c）和临界压力（P_c）以上，气液两相性质非常相近，以至无法分辨，同时具有液体和气体的双重特性的一类特殊流体。SCF 既具有与气体相当的高扩散系数（比液体大 10～100 倍）和低黏度，有利于传热传质和对物质的渗透与扩散，又具有与液体相近的密度，对溶质具有很强的溶解能力。

Appell 等对木片的直接液化进行了试验研究，在一氧化碳介质中，采用碳酸钠水溶液作为催化剂，在 280 个大气压和 350℃～400℃条件下，对木片进行液化，得到了 40%～50% 的液态产物。

Yamazaki 等在亚临界和超临界条件下采用直链醇对日本山毛榉进行液化，以从木质纤维中获得液体燃料。研究表明，当温度为 270℃、反应时间为 30 min 时，这些超临界醇类物质可以在一定程度上将山毛榉液化，但残渣率较高，为 50%～65%；在温度为 350℃的条件下，有超过 90% 的山毛榉被液化，残渣率不到 10%。该研究还发现，长烷基链醇在液化木质纤维时需要的反应时间较短、液化效率较高。

以超临界流体为溶剂的直接液化产物常用作化工原料，制备各种功能型树脂，如发泡材料、模压材料等，也有研究将其改性精制后用作生物燃油。

6.3.2 间接液化

间接液化是一种很有前途的液化技术，与直接液化相比，其产品纯度较高，几乎不含 N、S 等杂质。生物质通过费托合成（BTL-FT）间接液化通常有三个主要步骤：首先，生物质通过气化转化为生物质衍生的合成气（生物合成气）；其次，应用清洁工艺去除生物合成气杂质，从而得到符合费托合成要求的清洁生物合成气；最后，净化后的生物合成气进入费托催化反应器，生产绿色汽油、柴油和其他清洁生物燃料。

6.3.2.1 生物质气化

气化是将含碳原料转化为主要含有一氧化碳、氢气、二氧化碳、氮气和甲烷的混合气体的过程。各种生物质原料可用于生产生物合成气，如木材和农业废弃物。每种类型的生物质都有独特的性质。充分了解生物质的种类、来源及其基本性质，可为生物质在气化技术中的利用奠定基础。Raveendran 等报道了不同种类生物质的组成和性质；Kirubakaran 等在生物质（化学式为 $C_xH_yO_z$）的元素分析中确认了性质，见表 6-2。

表 6-2　生物质的元素分析

生物质	元素分析（wt%）				高热值 (MJ/kg)	密度 (kg/m³)	x	y	z	碳转化率(%)
	C	H	N	O						
甘蔗渣	43.8	5.8	0.4	47.1	16.29	111	3.65	5.8	2.94	81.0
椰子纤维	47.6	5.7	0.2	45.6	14.67	151	3.97	5.7	2.85	72.0
椰子壳	50.2	5.7	0.0	43.4	20.5	661	4.18	5.7	2.71	65.0
椰壳木髓	44.0	4.7	0.7	43.4	18.07	94	3.67	4.7	2.71	74.0
玉米芯	47.6	5.0	0.0	44.6	15.65	188	3.97	5.0	2.79	70.0
玉米秸秆	41.9	5.3	0.0	46.0	16.54	129	3.49	5.3	2.88	82.3
轧棉废料	42.7	6.0	0.1	49.5	17.48	109	3.56	6.0	3.10	87.0
地面坚果壳	48.3	5.7	0.0	39.4	18.65	299	4.03	5.7	2.46	61.2
粟壳	42.7	6.0	0.1	33.0	17.48	201	3.56	6.0	2.06	58.0
水稻壳	38.9	5.1	0.6	32.0	15.29	617	3.24	5.1	2.00	62.0
稻草	36.9	5.0	0.4	37.9	16.78	259	3.08	5.0	2.37	82.4
亚灌木	48.2	5.9	0.0	45.1	19.78	259	4.02	5.9	2.82	70.2
小麦秸秆	47.5	5.4	0.1	35.8	17.99	222	3.96	5.4	2.24	56.5
平均	44.6	5.5	0.3	41.8	17.32	253.84	3.72	5.49	2.61	70.89

气化前的预处理很有必要，通常包括筛分、粒度减小和干燥。较小的生物质粒径将提供反应比表面积和多孔结构，有利于气化过程中的传热和生物质转化。在大多数气化炉中，生物质进料的大小和重量还必须能承受气化剂流动，进料颗粒大小通常为 20～80 mm。干燥是预处理中最重要的工序，可以提高气化效率，但会降低气体产物中的氢含量，不利于后续费托合成。干燥可以将生

物质原料的水分降低到 $10\%\sim15\%$。

另外，还有一些其他预处理技术，如烘干、热解和造粒。烘干是常压下，在 $200℃\sim300℃$ 不含氧的情况下进行的预处理技术。烘干可以将新鲜生物质转化为水分含量低、热值高的固体均匀产物，其过程包括初始加热、预干燥、后干燥和中间加热阶段。热解是在 $400℃\sim800℃$ 的中等温度下，生物质在无氧条件下直接热解的过程，热解产物一般为气态、液态和固态，它们的比例取决于所采用热解方法和生物质的性质。造粒是干燥和压缩生物质以生产圆柱形生物质颗粒。与生物质原料相比，这些颗粒的体积更小，体积能量密度更高，所以在能源转换中易于储存、运输和使用。与热解（64%）和造粒（84%）相比，烘干可提供最高的工艺效率（94%）。

适用于生物质气化的气化反应器种类繁多，可分为固定床、流化床、气流床、回转窑及等离子体气化反应器等，不同类别的生物质气化反应器在气化剂与生物质原料间的接触方式、传热方式、传热速率，以及生物质原料在反应区的停留时间等方面略有差异。例如，根据气化剂与生物质原料接触方式的不同，固定床生物质气化炉可分为上吸式、下吸式和侧吸式，其分别采用逆流、并流和错流的接触方式。马中青分析了下吸式固定床生物质气化炉的研究现状发现，通过优化气化剂种类和原料种类等工艺条件，可以改进下吸式固定床生物质气化炉的反应性能，减少所得合成气的焦油含量，提高气化炉的气化效率和产能。流化床气化炉具有较高的物料混合能力和较高的传热与传质速率，还可以通过添加催化剂来调节气化反应产物的特性，在生物质气化领域应用广泛。Udomsirichakorn 在流化床生物质气化炉中添加了催化剂 CaO，其在气化反应中起到吸附 CO_2、促进焦油重整反应的作用，从而增强了流化床生物质气化炉的产氢能力。

生物质气化反应的化学方程式一般如下：

生物质 $+ O_2(H_2O) \longrightarrow CO, CO_2, H_2O, H_2, CH_4 +$ 其他碳氢化合物 $+$ 焦油 $+$ 能量 $+$ 灰分

在气化过程的第一步中，生物质中的纤维素、半纤维素和木质素化合物被热化学分解。然后第一步产生的焦炭继续发生气化和其他平衡反应。气化过程中发生的反应详细描述如下：

$$C_n H_m O_p \longrightarrow CO_2 + H_2O + CH_4 + CO + H_2 + (C2-C5)$$

$$C + O_2 \longrightarrow CO_2$$

$$C + \frac{1}{2}O_2 \longrightarrow CO$$

$$H_2 + \frac{1}{2}O_2 \longrightarrow H_2O$$

$$C + H_2O \longrightarrow H_2 + CO$$

$$C + 2H_2O \longrightarrow 2H_2 + CO_2$$

$$C + CO_2 \longrightarrow 2CO$$

$$C + 2H_2 \longrightarrow CH_4$$

$$CO + 3H_2 \rightleftharpoons CH_4 + H_2O$$

$$C + H_2O \longrightarrow \frac{1}{2}CH_4 + \frac{1}{2}CO_2$$

气化炉产物的组成受原料组成、原料含水率、气化剂、操作压力、操作温度等多个参数的影响，由于气化过程中发生复杂的反应，很难预测气化炉产物的组成。表 6-3 显示了低至中等含水率的木材和木炭在下吸式固定床气化炉中以环境空气为气化剂而气化产生的气体成分以及生物质气化产生的无氮生物合成气的成分。

表 6-3　木材和木炭在空气中气化产生的气体成分以及生物质气化
产生的无氮生物合成气的成分（％）

组成	木材气化气体（空气）	木炭气化气体（空气）	生物合成气（无氮）
N_2	50～60	55～65	0
CO	14～25	28～32	28～36
CO_2	9～15	1～3	22～32
H_2	10～20	4～10	21～30
CH_4	2～6	0～2	8～11
C_2H_4	—	—	2～4
BTX	—	—	0.84～0.96
C_2H_5	—	—	0.16～0.22
焦油	—	—	0.15～0.24
其他	—	—	<0.021

6.3.2.2　生物合成气清洗

　　生物质原料经过预处理并优化气化技术，可以高效地生产所需一氧化碳和氢气含量的生物合成气。但是，生物质合成气中会出现一些杂质，这些杂质会降低生物合成气催化转化中的费托合成活性，因此，必须去除这些杂质才能达到表 6-4 中费托合成规范。一般而言，气化炉产生的生物合成气中的杂质可以分为两类：有机杂质，如焦油、苯、甲苯和二甲苯（BTX）；无机杂质，如 O_2、NH_3、HCN。

表 6-4　费托合成合成气净化的要求

杂质	规定
$H_2S+COS+CS$	<1 ppm$V$[a]
NH_3+HCN	<1 ppm$V$
HCl+HBr+HF	<10 ppb$V$[b]
碱金属（Na+K）	<10 ppb$V$
微粒（烟灰、灰烬）	几乎被除尽
有机成分（焦油）	露点以下
杂化有机成分（S、N、O）	<1 ppm$V$

　　注：[a] 按体积计为百万分之一；[b] 按体积计为十亿分之一。

　　1. 有机杂质的去除

　　焦油是可冷凝的混合物，包括单环至五环芳香族化合物、其他含氧碳氢化合物和多环芳族碳氢化合物（PAHs）。它们会在后续步骤中污染设备，甚至覆盖在催化剂表面，减缓或停止费托合成，所以在费托合成过程中，焦油浓度应降至露点以下。然而，焦油又可以裂解成 CO 和 H_2，以增加其在生物合成气中的含量，最终提高原料的碳利用率。焦油裂解的方法有两种，即热裂解（一次法）和催化裂化（二次法）。催化裂化已被证明是有效的，如使用白云石和镍基催化剂，焦油转化率可达 99% 以上。

　　2. 无机杂质和其他杂质的去除

　　生物质合成气原料含氧量为 0.5%～1.0%，在费托合成反应前，氢气压缩、催化剂氧化等过程会发生严重爆炸，降低费托合成活性，故需将含氧量降至 0.5% 以下。对于 Cu/Zn/Al/HZSM-5 催化剂，含氧量应降至 0.1 vol% 以下。Li 等在压缩机和固定床反应器前设计了两个充填 Pd/Al_2O_3 基除氧剂的除氧器，使含氧量降到理想值。还有研究已经开发出管状氧化锆－氧化钇薄膜用于从低含氧气体中氧气的去除，以产生无氧气流。

在气化过程中，生物质中的氮会形成 NH_3、HCN 和氮氧化物。含氮物质在生物合成气中是不利的，它们会毒害催化剂或充当氮氧化物的前体。氨可以通过水洗器除去，或者进行分解和选择性氧化：

$$2NH_3 \longrightarrow N_2 + 3H_2$$

$$4NH_3 + 3O_2 \longrightarrow 2N_2 + 6H_2O$$

这两种方法都是可取的，因为它们不会在后续步骤中引入任何污染物。氮氧化物是大气中的重要污染物之一，可以在基于沸石（H－ZSM－5）催化剂的铂和金属（铜、铬和铁）上除去。灰尘、煤烟和其他杂质可以通过旋风分离器、金属过滤器、移动床、蜡烛过滤器、袋式过滤器和特殊的煤烟洗涤器去除。

生物质气化产生的硫污染物会占据催化剂的活性位点，降低反应过程中的催化活性。在煤炭工业中，常使用氧化锌这样的硫吸附剂来吸收 H_2S 并形成硫化锌，以保护催化剂免受硫中毒。

6.3.2.3 费托合成

费托合成是一套将合成气（一氧化碳、氢气和/或其他气体混合物）转化为液态烃的催化工艺，最早由汉·费托和弗朗茨·托在 1923 年提出。费托合成现已成为气液转换（GTL）技术的关键组成部分。费托合成中的反应通常描述如下：

$$(2n+1)H_2 + nCO \longrightarrow C_nH_{2n+2} + nH_2O$$

$$2nH_2 + nCO \longrightarrow C_nH_{2n} + nH_2O$$

$$2nH_2 + nCO \longrightarrow C_nH_{2n+2}O + (n-1)H_2O$$

$$CO + H_2O \longrightarrow CO_2 + H_2$$

除了烷烃和烯烃，一些含氧化合物也可以在费托合成中形成。在该过程中发生的水煤气变换（WGS）反应可用于调节一氧化碳和氢气的比例。费托合成的产品通常遵循碳氢化合物的统计分布——安德森－舒尔茨－弗洛里分布。一定碳数 n 的摩尔分数 M 可以描述为

$$M_n = (1-\alpha)\alpha^{n-1}$$

　　所以产品分布可以由链增长概率 α 决定。图 6-10 描述了费托合成的产物分布，作为摩尔分数和质量分数中链增长概率的函数。从 ASF 分布可以预测，对汽油范围（$C_5 \sim C_{11}$）和柴油范围（$C_{12} \sim C_{20}$）烃的最大选择性分别约为 45％和 30％。

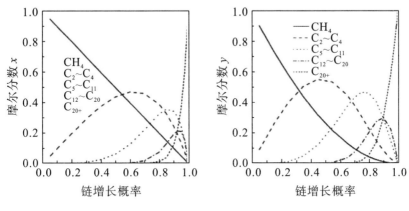

图 6-10　费托合成的产品分布

　　当前市售的费托合成反应器有两种不同的温度范围：高温费托合成（HTFT）反应器在 340℃左右使用铁催化剂运行，用于生产烯烃和汽油。低温费托合成（LTFT）反应器在 230℃左右使用铁基或钴基催化剂运行，用于生产柴油和直链蜡。表 6-5 比较了费托合成反应器的关键特征。

表 6-5　费托合成反应器的关键特征比较

特征	固定床	悬浮床	流化床（循环）
催化剂	铁基或钴基催化剂	铁基或钴基催化剂	熔铁催化剂
反应温度（℃）	220～230	230～250	340
主要产物	柴油、液状石蜡	柴油、液状石蜡	汽油、烯烃
设备	简单	复杂	中间
换热面积（m^2/m^3）	240/1000	50/1000	(15～30)/2000
反应器最大直径（mm）	<80	大	大
灵活性	低	和固定床一样或更低	高
产品	全范围	全范围	小分子
时空产率（$C_2{}^*$）$kg \cdot m^{-3} \cdot d^{-1}$	>1000	>1000	4000～12000

特征	固定床	悬浮床	流化床（循环）
催化剂效率	低	中间	高
返混	低	高	中间
最小 H/CO 进料	和流化床一样或更高	低	高

注：* 表示有 2 个以上 C 的烃类。

6.3.3　生物质快速热裂解液化技术

生物质热裂解技术是生物质在惰性气氛下受高温加热后，分子断裂而产生可燃气体（一般为 CO、H_2、CH_4 等的混合气体）、液体（焦油）及固体（木炭）的热处理过程。生物质快速热裂解液化技术是在中温（500℃～650℃）、高加热速率（$10^4 \sim 10^5$℃/s）和极短气体停留时间（小于 2 s）条件下，将生物质直接进行热裂解，产物经快速冷却，可使中间液态产物分子在进一步断裂生成气体之前冷凝，从而得到高产量的生物质液体油。该技术受到广泛关注，国内外研究者从生物质原料、热裂解反应条件优化、新型热裂解反应器开发、热裂解机理研究等方面展开大量研究，取得了重大突破，使其从实验室研究逐渐商业化。当前世界最大的商业化生产生物油装置是加拿大 Dynamotive 公司，另外还有加拿大 Ensyn 公司、荷兰 BTG 公司和芬兰 Fortum 公司等。

6.3.3.1　国内外生物质热裂解液化技术的研究现状

生物质快速热裂解液化技术是当今可再生能源发展领域的前沿技术之一，始于 20 世纪 70 年代，北美洲研究较早。80 年代初期，加拿大滑铁卢大学研制出流化床反应器快速热裂解技术。随后，美国国家可再生能源研究室开发出涡动烧蚀热裂解反应器，对该技术的研究发展起到了推动作用。80 年代后期，加拿大 Ensyn 公司开发出循环流化床反应器用于生产食品调味剂。从此，欧洲学者对生物质快速热裂解液化技术的研究产生了浓厚的兴趣。

在生物质快速热裂解液化的各种工艺中，反应器类型及加热方式的选择在很大程度上决定了产物的最终分布，甚至整个工艺的优劣。因此，反应器类型和加热方式的选择是各种技术路线的关键。国外从 20 世纪 70 年代末就开始对热裂解反应器进行研究，现已发展出多种生物质热裂解液化技术，为生物质制油提供了可行有效的方法。依据加热方式的不同，热裂解反应器可分为以下几类：①机械接触式反应器，主要通过灼热的反应器表面直接或间接接触生物质以传递热量，使生物质快速升温，从而实现快速热裂解，荷兰特文特大学的旋转锥反应器、英国太阳能学会的蜗旋反应器和英国阿斯顿大学的烧蚀反应器就属于这一类型；②间接式反应器，由高温表面或热源通过热辐射传递热量，如美国华盛顿大学的热辐射反应器；③混合式反应器，依靠热气流或气固多相流对生物质进行快速加热，因能够实现高加热速率、相对均匀的温度，能有效抑制热裂解产物二次反应，从而提高液体产率，成为目前最具发展潜力的工艺，美国佐治亚技术研究院开发的气流床裂解反应器和快速引射流反应器、加拿大滑铁卢大学的流化床反应器等都是这一类反应器的典型代表。另外，加拿大拉瓦尔大学的真空裂解装置、西班牙巴斯克大学的喷动床热裂解反应器、瑞士自由降落反应器、美国华盛顿大学的微波裂解反应器和喷动流化床反应器等，均是以最大限度地增加液体产品回收率为目的。表 6-6 给出了几种典型热裂解反应器的特性评价。机械式反应器设备庞大、磨损大、运行维护成本高。间接式反应器热源的局限性限制了其规模化应用。混合式反应器，尤其是流化床技术的生物质热裂解反应器，具有加热速率高、气相停留时间短、控温简便、固体产物分离简便、投资低等优点，已成为主流反应器。

表 6-6　几种典型热裂解反应器的特性评价

反应器类型	喂入颗粒尺寸	设备复杂程度	惰性气体需要量	设备尺寸	扩大规模
流化床	小	中等	高	中	易
烧烛反应器	大	复杂	低	小	难
引流床	小	复杂	高	大	难
旋转锥	小	复杂	低	小	难
真空移动床	大	复杂	低	大	难

相比较而言，我国在生物质快速裂解液化技术方面的研究起步较晚。近年来，多所高校和科研机构在这一方面开展了许多工作，表 6-7 列举了我国利用生物质快速热裂解液化技术生产生物油的成果。浙江大学、中国科学院广州能源研究所、中国科学技术大学、沈阳农业大学等涉足该领域较早。浙江大学率先开发出流化床快速热裂解试验装置，在此基础上又建立了 20 kg/h 整合式流化床快速热裂解试验中试装置。山东理工大学于 1999 年成功开发了等离子体快速加热生物质液化技术，并首次在国内利用实验室设备液化玉米秸秆，制出生物油。东北林业大学关于林业生物质快速热裂解的技术研究结果显示，液体油产率为 58.6%。中国科学技术大学成功研制出进料速率为 150 kg/h 的自

热式热裂解液化工业中试装置，木屑产油率达 60％以上，秸秆产油率达 50％以上。中国科学院广州能源研究所研制的生物质循环流化床液化小型装置，木粉进料速率为 5 kg/h，液体油产率约为 63％。由此可见，我国对生物质快速热裂解液化技术的研究越来越成熟。

表 6-7 我国利用生物质快速热裂解液化技术生产生物油实例

反应器类型	研发机构	规模尺寸
旋转锥	沈阳农业大学	50 kg/h
	上海理工大学	10 kg/h
流化床	哈尔滨工业大学	内径 32 mm，高 600 mm
	浙江大学	5 kg/h
	沈阳农业大学	1 kg/h
	中国科学院广州能源研究所	5 kg/h
	上海理工大学	5 kg/h
	华东理工大学	5 kg/h
	浙江大学	—
	中国科学技术大学	1 kg/h
平行反应管	河南农业大学	微量原料
热裂解釜	浙江大学	
固定床	浙江大学	直径 75 mm，长 200 mm
回转窑	浙江大学	4.5 L/次
热分解器	清华大学	
等离子体	山东理工大学	0.5 kg/h

6.3.3.2 生物质快速热裂解液化技术的影响因素

1. 生物质的种类

不同生物质种类对生物油的产率影响较大。目前，用于生物质热裂解液化的物料包括树皮、木屑等林业废弃物，稻壳、稻秆等农业废弃物，坚果壳、种子、海藻和象草等能源作物。其中，木材类物料的生物油产率最高。木材在 500℃～520℃、停留时间少于 1 s 的条件下可获得约 75 wt％的生物油产率。路仲泱等以松木为原料在流化床反应器上于 500℃进行反应，获得了 52 wt％

的生物油产率。Park 等在 400℃～450℃ 开展松木的热裂解液化研究，获得了
55 wt% 的生物油产率。农业废弃物稻壳和棉秆在 465℃ 和 510℃ 进行热裂解液
化时，生物油产率也在 55 wt% 左右，且生产的生物油可直接在锅炉内燃烧。
另外，海藻以 600℃/s 的加热速率升温至 500℃，获得了 18 wt% 的生物油产
率，虽然生物油产率低，但其热值较高，故更适合作为燃料。生物质原料对热
裂解液化的影响可归因于其含有的三大组分（纤维素、半纤维素和木质素）的
结构差异。纤维素和半纤维素在热裂解液化过程中主要形成了挥发性产物，而
木质素主要分解为焦炭。所以当生物质原料中的纤维素和半纤维素含量较高
时，生物油产率也相应较高；当木质素含量较高时，则焦炭产率较高。进料
时，生物质原料颗粒粒径对热裂解液化过程也有一定影响，一般选粒径为
2 mm 以下的原料即可。

2. 热裂解反应器类型

生物质热裂解反应器有流化床、循环流化床、烧蚀反应器、真空裂解器、
螺旋反应器和旋转锥等几种主要类型。反应器类型不同，生物油的产率和品质
也不尽相同。流化床热传递效率高，能够实现温度的精确控制，有利于生物质
在设定温度下分解，但需将焦炭与热解挥发分快速分离，以避免挥发分在焦炭
的催化作用下发生二次裂解，又因其构造简单、操作容易而成为热裂解液化技
术工业化推广的首选类型。循环流化床与流化床相近，易于实现由生物质制取
生物油的规模化生产，但因其中焦炭的停留时间与热解挥发分和气体的几乎相
同，焦炭与物料和挥发分之间存在反应的可能，及磨损的焦炭难以从热裂解器
中高效分离，可能造成挥发分的催化裂化和反应能量不足等问题。烧蚀反应器
与流化床的设计理念完全不同，它是通过生物质颗粒与反应器壁间的相对运动
实现加热的一种反应器，因不需要流化载气，所以生物质颗粒尺寸较大，但最
高反应温度应控制在 625℃ 左右，以确保生物油液膜的形成然后挥发，避免二
次焦炭在反应壁面上黏结。真空裂解器因其较低的加热速率而不能称为真正的
快速热裂解，生物质大颗粒主要通过真空状态下的快速挥发而实现快速裂解，
因过程中不使用载气，热解挥发分和焦炭颗粒可以及时分离，所以生物油中仅
含极少量的焦炭。螺旋反应器具有结构紧凑和不需载气的特点，能够在 400℃
低温下连续裂解生物质，因此整个过程能量投入非常小，且气相停留时间也可
以通过改变加热区长度而控制，是一种节能的新型反应器。旋转锥是发展较早
的一种生物质热裂解装置，主要由旋转锥反应器、循环石英砂提升装置和焦炭
燃烧器组成，虽然结构紧凑，但却非常复杂，故不适合规模化生产。

3. 温度、升温速率、停留时间和压力等运行参数

升温速率对生物质热裂解液化的影响非常大，根据升温速率的不同，可以将热裂解液化划分为慢速、快速和闪速。随着升温速率的提高，生物质颗粒达到预定温度的时间缩短，有助于热裂解的进行，但因热滞后现象被放大，生物质颗粒内部温度并不高，所以热裂解不完全。随着升温速率的降低，生物质颗粒在低温区的停留时间延长，促进了脱水碳化过程的发生，导致焦炭产量增加。当升温速率一定时，温度和停留时间对热裂解产物的组成和分布具有协同影响效应。低温和短停留时间下，生物质热裂解不完全；低温和长停留时间有助于焦炭产量的最大化；高温和短停留时间有助于生物油的形成；高温和长停留时间则使热解挥发分发生二次分解，转变为小分子气体。

4. 催化剂的添加

不同催化剂对生物质热裂解产物具有不同的影响。沸石分子筛能提高气体产量，降低生物油中含氧化合物的含量。添加钾离子能促进 CO 和 CO_2 等小分子气体形成。Ates 等采用 criterion-534、活性氧化铝和天然沸石作为催化剂开展低脂肪含量生物质挺叶大戟的慢速热裂解研究，随着催化剂种类发生变化，生物油产率依次是：criterion-534 为 31 wt%；活性氧化铝为 28.1 wt%；天然沸石为 27.5 wt%，而在无催化剂作用下为 21.6 wt%。

6.3.3.3 生物质快速热裂解液化生物油精制改性

生物油为棕黑色的可流动液体，带刺激性气味。不同生物质原料的热裂解液化生物油在物理性质上存在一定差别，但也具备一些共同特性。表 6-8 给出了几种典型生物质原料热裂解液化所得生物油的主要性质和燃料油的比较。

表 6-8　几种典型生物质原料热裂解液化所得生物油的主要性质和燃料油的比较

理化性质	生物油				燃料油
	杉木	阔叶树	松木	玉米秆	
固定颗粒（wt%）	0.07	0.42	0.1	0.35	—
pH	2.5	2.5	2.3	3.7	—
水分（wt%）	30.8	20.3	21.1	19.9	0.1
黏度（Pa·s, 50℃）	10	50	29	11	180
LHV（kJ/kg）	14~16	16.6	17.2	16.9	40
灰分（wt%）	—	0.09	0.03	0.14	0.1

理化性质		生物油				燃料油
		杉木	阔叶树	松木	玉米秆	
闪点（℃）		76	>106	95	56	>65
元素组成（wt%）	C	37	47	44.7	55.3	85
	H	7.7	7	7.2	6.6	11
	O	55.1	55.79	47.9	37.7	1
	N	0.2	0.21	0.16	0.4	0.3

由上表可以看出，生物油的含氧量很高，当温度超过80℃时，生物油中的一些含氧组分就会发生聚合、缩合等反应，这是导致生物油稳定性差的主要原因。生物油含水量高，直接导致生物油热值仅为化石燃料的40%左右，另外，水分还会降低燃料热值和火焰温度。生物油呈酸性（pH约为2.3），这是因为生物油中含有机羧酸和其他酸性化合物，生物油的酸性对碳钢和铝制容器均有较强的腐蚀性，升高温度还会加剧腐蚀性，所以此特性会使生物油的利用成本提高。此外，生物油的残炭率高达23 wt%，约为柴油的7倍，这对燃烧极为不利。生物油在超过120℃的情况下就开始结焦，所以生物油是热不稳定的，不能通过蒸馏的方法对其进行分离。生物油99.7%以上为碳、氢和氧元素，这是由于生物油中含有酸、醇、醛、酯、酮和酚等上百种化合物。由此看来，生物油的主要理化性质可归纳为含氧量高、热值低、含水量大、呈酸性等，与常规的碳氢化石燃料的性质差别较大，还不能真正代替石油。因此，必须对生物油进行精制加工，以提高其品质，使其能够更好地应用于现有燃油设备。

目前，生物油精制方法可分为物理精制法和化学精制法，即添加溶剂、乳化等和加氢裂解、催化裂解、催化酯化等。

1. 加氢裂解

加氢裂解是以钴-钼、镍-钼及其氧化物作为催化剂，加入氢气，在一定压力条件下对生物油进行裂解，将氧以二氧化碳和水的形式脱出的过程。Senol等认为，保持催化剂的活性需要加入硫化剂，他们以 H_2S 和 CS_2 作为硫化剂，以 $NiMo/\gamma-Al_2O_3$ 和 $CoMo/\gamma-Al_2O_3$ 为催化剂对脂肪酯（庚酸甲酯、庚酸乙酯、庚酸和庚醇的混合物模型）进行加氢去氧反应的研究。结果表明，$NiMo/\gamma-Al_2O_3$ 的活性强于 $CoMo/\gamma-Al_2O_3$，H_2S 更有利于含氧脂肪类化合物的加氢脱氧，这是因为 H_2S 增加了催化剂酸性，促进了酸催化反应（水解、酯化、脱水、消除和亲核取代反应等）。另外，Senol 等又以苯酚作为含氧芳香化合物模型，以 $NiMo/\gamma-Al_2O_3$ 和 $CoMo/\gamma-Al_2O_3$ 为催化剂进行加氢去氧反应研究。结果表明，$NiMo/\gamma-Al_2O_3$ 的活性弱于 $CoMo/\gamma-Al_2O_3$，H_2S 抑制了加氢和氢解反应。与含氧脂肪类化合物效果相反，H_2S 不利于苯酚的加氢脱氧，这是因为苯酚和含氧脂肪类化合物的电子和分子结构不同，使苯酚活性低于含氧脂肪类化合物。该方法得到的生物油品质较高，但因设备要求高、磨损大、技术要求高，整个过程比较昂贵。同时，催化剂的失活和反应器的堵塞制约了这项技术的发展。

2. 催化裂解

催化裂解过程是在催化剂存在的条件下对生物油进行裂解，将氧以二氧化碳、水或一氧化碳的形式脱出。

Pattiya 等采用 ZSM-5、Al-MCM-41、Al-MSU-F 和 Ml-575 催化剂对木薯根进行了快速催化裂解。结果表明，四种催化剂都增加了芳香烃的含量，减少了木质素氧化物的含量，这意味着提高了生物油的热值和黏度，其中 ZSM-5 的催化效果最好。

Ooi 等制备了 SBA-15、Al-containing SBA-15 催化剂，并对脂肪酸混合物进行了催化裂解，结果显示，Al-containing SBA-15 催化剂可以提高汽油组分。Aho 等利用 Beta、Y、ZSM-5 和 Mordenite 等作催化剂，研究了沸石催化剂的结构对生物质快速裂解的影响，结果显示，使用催化剂 ZSM-5 的生物油含酮类多于其他床料，含醇类和酸类少于其他床料；催化剂 Mordenite 的生物油含多芳香烃类少于其他床料。Aho 等用 β 型沸石催化剂进行生物质快速裂解研究，结果表明，催化剂酸性越强，生物油有机成分含量越少，水分和多芳香烃增加。

Adjaye 等采用 HZSM-5、H-Y、Hmordenite、Silicalite 和 Silica-alumina 五种催化剂对生物质进行快速裂解研究，其产烃率（质量分数）分别为 27.9%、14.1%、4.4%、5.0% 和 13.2%。催化剂 HZSM-5 和 Hmordenite 产生的芳香烃含量大于脂肪烃；催化剂 H-Y、Silicalite 和 Silica-alumina 产生的脂肪烃含量大于芳香烃。芳香烃主要是甲苯、二甲苯和三甲苯等；脂肪烃主要是环戊烯、环丙烷、戊烷和己烯等。

Ates 等采用商业催化剂 DHC-32 和 HC-K1.3Q 分别对大戟属植物与芝麻秆进行催化裂解研究。结果显示，以大戟属植物为原料，加入催化剂后，含氧化合物的含量增加，这可能与大戟属植物的萜类化合物结构有关；而以芝麻秆为原料，加入催化剂后，含氧化合物的含量减少。研究表明，生物油中含氧化合物的减少不仅与催化剂相关，而且受到生物质本身结构的影响。

中国科学院过程工程研究所的 Lu 等利用在线红外检测技术分析了 HUSY/γ-Al$_2$O$_3$、REY/γ-Al$_2$O$_3$ 和 HZSM-5/γ-Al$_2$O$_3$ 为催化剂的麦秸秆的热解产物。研究认为，脱去酸的 C=O 比醛和酮更难；催化剂 HUSY/γ-Al$_2$O$_3$ 和 REY/γ-Al$_2$O$_3$ 具有好的脱氧效果；HZSM-5/γ-Al$_2$O$_3$ 对异构烃和芳香烃有好的选择性。

郭晓亚等在固定床反应器内采用不同催化剂进行了生物质快速裂解油的催化裂解。在质量空速为 3.7 h^{-1}、温度为 380℃ 时，获得了较高的精制生物油产率（44.68%），用 HZSM-5（50）催化剂得到了较高的有机物产率；而用高岭土催化剂时，结焦量较低。催化剂再生实验表明，结焦是催化裂解中使催化剂失活和使用寿命降低的主要原因。产物分析表明，精制油中的含氧化合物（如有机酸、酯、醇、酮、醛）的含量大大降低，而不含氧的芳香族碳氢化合物和多环芳香碳氢化合物的含量有所增加。

3. 催化酯化

催化酯化技术是通过催化剂的催化作用将生物油中的酸转化为酯，从而达到降低酸性的目的。Mahfud 等通过高沸点醇类和酸性催化剂对生物油进行减压蒸馏，催化酯化后的生物油水分明显降低，热值明显升高。但是与内燃机的燃料要求还有一定差距，其热值是柴油的一半，黏度是柴油的 2～6 倍，pH、闪点低于柴油，密度高于柴油。

中国林业科学院林产化学工业研究所的 Xu 等制备了介孔分子筛催化剂 SO$_4$$^{2-}$/Zr-MCM-41，并对生物油进行了催化酯化研究。结果显示，精制前生物油的含水率、pH、热值、密度分别为 33%、2.82、14.3 MJ/kg、1.16 kg/m^3；精制后的生物油分为重油和轻油两部分，重油的含水率、pH、热值、密度分别为 5.0%、5.35、24.5 MJ/kg、0.95 kg/m^3，轻油的含水率、pH、热值、密度分别为 0.5%、7.06、21.5 MJ/kg、0.91 kg/m^3。他们还制备了催化剂 SO$_4$$^{2-}$/ZrO$_2$、SO$_4$$^{2-}$/SnO$_2$、SO$_4$$^{2-}$/TiO$_2$，并对生物油进行了催化酯化研究。结果显示，精制前生物油的含水率、pH、热值、密度分别为 33%、2.82、14.3 MJ/kg、1.16 kg/m^3；催化剂 SO$_4$$^{2-}$/ZrO$_2$ 精制后的生物油分为重油和轻油两部分，重油的含水率、pH、热值、密度分别为 5.0%、5.35、24.5 MJ/kg、0.95 kg/m^3，轻油的含水率、pH、热值、密度分别为 0.5%、7.06、21.5 MJ/kg、0.91 kg/m^3。

徐莹等制备了 K$_2$CO$_3$/γ-Al$_2$O$_3$-NaOH 固体碱催化剂，并对生物油的催

化酯化改质进行了研究。结果表明，生物油经催化酯化改质后，运动黏度显著降低，流动性增强，稳定性提高，改质后生物油的 pH 由 2.60 提高到 5.35，运动黏度降低了 86.2%，热值提高了 45.8%，同时，其中的酸类物质含量减少，酯类物质含量增加，挥发性和难挥发性的有机羧酸转化为酯。

张琦等分别以机械混合法和浸渍法制备了 SO_4^{2-}/SiO_2-TiO_2 固体酸催化剂，以乙醇和乙酸的酯化反应为模型反应考察不同 SiO_2 含量在不同温度下焙烧的催化剂的活性。结果表明，机械混合法制备的 400℃焙烧的 $SO_4^{2-}/40\%$ SiO_2-TiO_2 催化剂的活性最高，部分回流时，乙酸几乎全部转化，全回流反应 100 min 时，乙酸转化率达到 84%。

催化酯化技术可以有效降低生物油的酸性，提高分子链长度，有利于增加热值。但由于生物油具有极性，造成分子筛选择性较差，因此可能引起其他交叉反应。同时，生物油本身含有水，可能会对酯化反应产生抑制作用。

4. 乳化技术

乳化技术是简单地将柴油、生物油和乳化剂按照一定比例进行混合，从而满足燃料要求的一种技术。Chiaramonti 等认为，乳化剂含量越高，乳液稳定性和黏度越高。当乳化剂的用量为 0.5%～2% 时，乳液黏度较好，如果乳化剂的用量为 4%，可以加添加剂降低黏度。生物油量增加，乳液黏度增加。刚生产的生物油有利于乳化，在 70℃下存放，稳定性可达到 3 d。

Ikura 等认为，影响乳液稳定性最关键的三个因素是生物油浓度、表面活性剂浓度和单位体积输入能量。他们通过实验先将生物油进行离心分离，再将分离后的生物油与原生物油进行混合乳化。结果表明，离心分离后的生物油的热值是柴油的 33%；生物油的十六烷值仅为 5.6；随着生物油的浓度增加，乳液的热值和十六烷值降低；混合后形成稳定的乳液，需要加入表面活性剂的总质量分数为 0.8%～1.5%；10%～20% 的生物油乳液的黏度比生物油低；乳液的腐蚀性是生物油的一半。

于济业等在使用稳定剂的情况下将生物油按照一定比例加入柴油中，利用乳化技术制出乳化燃油。结果表明，当生物油的含量为 10%，稳定剂的含量为 4%～6% 时，乳化燃油的稳定时间可以达到 120 h 以上；将乳化油燃料用于泰山-25 拖拉机时，发动机运转正常。

6.3.3.4　生物质快速热裂解液化生物油的其他应用

1. 重整制氢

重整制氢是在催化剂的催化作用下将生物油转化为氢气的技术。Czernik

等提出生物质快速热裂解两步法制取氢气：第一步制取生物油，第二步生物油水蒸气重整制氢。他们采用了一种用于重整石脑油的 C11-NK 商业化催化剂和四种研究用的催化剂，研究表明，商业化催化剂的水汽传递速度快，产氢率高于其他四种催化剂，而其他四种催化剂的耐磨性优于商业化催化剂。Garcia等利用许多商业化和研究用镍基催化剂对生物油水相部分进行催化重整，针对催化剂容易产生积炭而失活的缺点，提出两种策略：一是加入镁和镧，提高水蒸气的吸附；二是加入钴和铬，减少表面反应速度。实验表明，新型催化剂的失活造成氢气和二氧化碳减少，一氧化碳、甲烷、苯和其他芳香类化合物增加。另外，由于水汽传递活性高，因此用于天然气和原油重整的 G-91、C11-NK、46-1 和 46-4 等商业化催化剂比研究用催化剂的产氢率高。

Davidian 等利用连续两步制氢的路线，以两种镍基催化剂对生物油进行了制氢实验，产氢率为 45%~50%。催化剂 Ni/Al_2O_3 促进了碳丝的形成，催化剂 $Ni-K/La_2O_3-Al_2O_3$ 促使碳以无定形碳层形式沉积。Iojoiu 等提出了连续式两步制氢的路线：第一步催化裂解，第二步催化剂再生。从热平衡的角度来看，整个路线可以实现自热，减少了能量输入，与同温下的传统水蒸气重整制氢相比更有优势。实验采用了 $Pt/Ce_{0.5}Zr_{0.5}O_2$（粉末）、$Pt/Ce_{0.5}Zr_{0.5}O_2$（负载在蜂窝陶瓷）、$Rh/Ce_{0.5}Zr_{0.5}$（粉末）、$Rh/Ce_{0.5}Zr_{0.5}O_2$（负载在蜂窝陶瓷）四种催化剂，稳定产氢率可达 50%。Domine 等比较了 $Pt/Ce_{0.5}Zr_{0.5}O_2$（负载在蜂窝陶瓷）和 $Rh/Ce_{0.5}Zr_{0.5}O_2$（负载在蜂窝陶瓷）两种催化剂，结果显示，Pt 基催化剂的催化活性高于 Rh 基催化剂。当水蒸气/碳摩尔比为 10 时，加入 Pt 基催化剂，产氢率最高，可达 70%。

Wu 等采用两步法固定床催化，由于贵金属与生物油直接接触会造成催化剂失活，因此第一步采用廉价白云石作为催化剂，第二步采用 Ni/MgO 作为催化剂。实验表明，最重要的影响因素包括温度、水蒸气/碳摩尔比、材料空速等。第一步高温（>850℃）和高水蒸气/碳摩尔比（>12）是必须的。潜在产氢率可达 81.1%。

王兆祥等制备了 $C12A7-K_2O$ 和 $C12A7-O^-$ 催化剂，比较了这两种催化剂对生物油进行水蒸气重整制氢的性能影响，结果表明，$C12A7-K_2O$ 的效果明显优于 $C12A7-O^-$，750℃时用 $C12A7-K_2O$ 催化剂，可得到 63.7% 的产氢率，钾的加入大大提高了催化剂对生物油进行水蒸气重整制氢的性能。贤晖等采用 $C12A7-O^-$ 和 $C12A7-MgO$ 两种催化剂对生物油进行催化裂解制氢，结果表明，$C12A7-MgO$ 的催化活性明显优于 $C12A7-O^-$，在 750℃时产氢率可以达到 44%，MgO 的添加不仅增强了催化剂的活性，提高了产氢率，且有效地抑制了积炭生成，使催化剂的寿命延长。

重整制氢简单，但能量投入较大，乳化后存放时间不能过长。可采用在线乳化后马上使用，避免因稳定性差而造成的损失。

2. 制取化学品

以生物油为原料，通过催化剂实现生物油成分向某一类化合物或某一馏程化合物定向转化。生物油的主要成分是酚类、醛类、呋喃类、烃类和羰基化合物，应针对不同目标主成分进行加工。

Bridgwater 等以木质素为有效原料，利用生物油中的酚类生产酚醛树脂，作为胶黏剂应用于人造板行业。Roman 等提出了生产呋喃类化合物的工艺路线。

目前，生物油中可提取的化工产品主要有能够与醛形成树脂的多酚、食品添加剂和调味剂、可生物降解的除冰剂或作为烟气脱硫脱硝剂的醋酸钙等。一项新的研究表明，生物油与含氮的氨、尿素、蛋白质等材料反应可以生成具有缓释功能的肥料，其对土壤中的碳具有络合作用，可显著减少大气中温室气体的排放量以及因使用动物性肥料带来的氮流失。很多国家都致力于研发生物油的应用，但只有食品工业调味剂的提取技术得到了广泛应用。

6.4 热解制备多孔生物质碳材料

生物质碳材料是指生物质在缺氧条件下高温裂解形成的固体物质，主要组成元素为碳、氢、氧、氮等，还包含少量微量元素，含碳量一般在 60% 以上。在碳化过程中，非碳元素分解和逸出形成孔洞结构，所以具有一定的孔隙度和比表面积。生物质碳材料表面官能团十分丰富，包含羧基、酚羟基、酸酐等多种基团。由于碳原子间彼此以极强的亲和力结合，生物质碳材料具有很高的化学和生物学稳定性，且可溶性极低。生物质碳材料的这些基本性质使其具有吸附性能、催化性能和抗生物分解能力，在农业、能源、环境等领域都有广泛应用。

6.4.1 多孔生物质碳材料的制备及活化机理

6.4.1.1 直接碳化法

直接碳化法是在惰性气体保护下，生物质经高温裂解制备多孔碳材料的方法。Essandoh 等快速热解松木条制得了具有多孔结构的碳材料，这种碳材料对废水中布洛芬和水杨酸的吸附作用远强于商业活性炭。直接碳化法对生物质原材料的组织和结构具有一定要求，含有均匀分布的矿物元素的生物质原料更有利于多孔结构的形成。例如，印楝树树叶中含有可以作为造孔剂的 Ca 元素，直接热解就能得到比表面积为 1230 m^2/g 的多孔生物质碳材料；而无忧树树叶在相同条件下制备的碳材料的比表面积仅为 705 m^2/g。但是，直接碳化法生产的生物质碳材料的吸附性能不太好，且大都含有较多杂质。

6.4.1.2　水热法

水热法是在封闭体系中，以水为介质，对反应体系进行加热加压，加速常温常压条件下反应缓慢的碳化过程，使生物质转换为碳材料的方法，具有环保、操作简单等优点。20 世纪初，为研究煤的形成，水热法开始被用于分解糖类材料。1913 年，Bergius 采用水热法在 250℃～310℃碳化纤维素，得到了黑色的炭残留物。目前水热法仍是一种常见的碳材料制备方法。Demir-Cakan 等将葡萄糖与丙烯酸混合后进行低温水热处理，得到了表面分布有少量微孔的生物质碳材料。含碳的有机废弃物也可以通过水热法转化为碳材料。Liu 等利用松木和稻米壳在 300℃下水热制得多孔碳材料，并用于吸附废水中的 Pt 元素。然而在生物质水热过程中，水解和降解产物的逸出较少，水热法制备的多孔碳材料的孔隙率一般都较低。

直接碳化法和水热法都很难一步制备出高孔隙率和大比表面积的碳材料，产物一般都需要进行进一步活化处理。

6.4.1.3　活化

活化通常指反应前加入材料中的活化成分（一般指活化剂）与碳材料内部的碳原子之间发生物理或化学反应，在消耗碳原子的同时生成金属盐或挥发性气体，进而形成丰富的孔结构。一般来说，活化反应进行得越充分，得到的孔径分布就越丰富。活化剂的选用、活化处理时间、活化反应温度及活化剂的使用量都能够影响活化结果。

活化的作用：①造孔，活化反应进行时能够消除反应中生成的各种杂质和无定形碳覆盖、黏结或者阻塞而形成的关闭孔结构，提高了材料的比表面积，丰富了材料的孔径分布。②扩孔，活化反应生成的气体可以在结构中来回穿梭，不仅能进一步丰富材料的孔径分布，而且能扩大原有孔隙。③活化剂与碳骨架相互作用，能在原有基础上产生新的孔隙结构。

1. 物理活化法

物理活化法包括碳化和活化两个步骤，首先将富碳原料在惰性气体的保护下进行加热处理，再在约900℃下用水蒸气、CO_2、空气、烟道气等气体扩孔，活化过程在氧化性气体介质中进行。活化分为三个阶段：①活化气体清除堵塞前驱体碳细孔的吸附质；②对已经开放的细孔进一步活化，增大孔径；③碳前驱体反应性能较高的部分选择性氧化形成新的孔隙结构。CO_2 和水蒸气的物理活化过程主要是 CO_2 还原为 CO，水蒸气在高温下形成 CO 和 H_2。

Zhou 等通过蒸汽物理活化法制备废茶基活性炭，研究了活化温度对活性炭产率和孔隙性能的影响。由于纤维素和半纤维素的分解，产率随着活化温度的升高而降低，而比表面积和微孔体积增加。在800℃的活化温度下，最大比表面积达到995 m^2/g；当活化温度低于800℃时，主要产生微孔；当活化温度高于800℃时，微孔和中孔都会产生。Rashidi 等使用 CO_2 活化棕榈仁壳制备活性炭，在900℃下碳化2 h，得到的碳材料的比表面积最大，为526.9995 m^2/g。Sun 等使用蒸汽活化玉米糖黑液，当碳化温度为850℃，活化时间为2.1 h 时，制备的活性炭的比表面积最大，为800 m^2/g。Pallares 等以大麦秸秆为碳源，分别使用 CO_2 和水蒸气活化，发现温度和加热速率是影响碳化的最关键因素，而活化温度和保持时间是影响比表面积和微孔体积比的最关键因素。CO_2 活化的最佳条件是在800℃下保温1 h，蒸汽活化的最佳条件是在700℃下保温1 h。通过 CO_2 活化实现的最大 BET 比表面积和微孔体积分别为789 m^2/g 和 0.3268 cm^3/g，而蒸汽活化的最大 BET 比表面积和微孔体积分别为552 m^2/g 和0.2304 cm^3/g，一般情况下采用水蒸气比采用 CO_2 作为活化剂产生的微孔少一些，比表面积也会小一些。通过物理活化生物质制备多孔碳材料的产率一般较高，因其对碳材料的刻蚀程度较低，所以表面积与孔容相对较低。另一个限制其应用的因素是物理活化法无法调节碳材料的表面化学性质。

2. 化学活化法

（1）KOH 活化法。

据报道，在 KOH 活化过程中，当温度低于700℃时，主要产物为 H_2、H_2O、CO、CO_2、K_2O 和 K_2CO_3。活化过程包括几个同时/连续的反应：

$$2KOH \longrightarrow K_2O + H_2O$$

$$C + H_2O \longrightarrow CO + H_2$$

$$CO + H_2O \longrightarrow CO_2 + H_2$$

$$CO_2 + K_2O \longrightarrow K_2CO_3$$

如果碳充足，在400℃左右形成K_2CO_3，KOH在600℃左右完全消耗。当温度高于700℃时，K_2CO_3分解为CO_2和K_2O。在活化过程中，各种钾化合物（如K_2O和K_2CO_3）充当活化剂，通过与碳反应形成碳框架，反应中产生的气态H_2、H_2O、CO或CO_2对碳框架进行进一步物理活化，形成新的孔隙结构。钾可以通过碳中的多层插层，进一步扩展碳基质，反应中可能产生金属钾：

$$K_2CO_3 + 2C \longrightarrow 2K + 3CO$$

$$C + K_2O \longrightarrow 2K + CO$$

KOH活化法是目前化学活化法中最常用的方法，主要优势是KOH处理丰富了材料表面的官能团，制备的产品具有良好的微孔分布、高孔容和高比表面积。有研究者用KOH活化碳材料的同时，实现了氮、磷元素的掺杂。

Han等使用葛根制备了一种高性能氮掺杂多孔活性炭。首先，将葛根粉和三聚氰胺充分混合并进行水热处理；其次，将形成的产物进行热解和KOH活化。得到的碳材料的孔隙结构中，99%为小尺寸中孔结构，BET比表面积为2321 m^2/g。在6 mol/L KOH电解质中，当电流密度为0.5 A/g时，比电容达到250 F/g。

Xu等使用天然肠衣作为前体，通过碳化和KOH活化制得富氮多层多孔活性炭（LPAC），并研究了KOH与碳化材料的质量比对LPACs孔结构和表面元素组成的影响。由于天然肠衣具有独特的多层织构及丰富的氮、磷元素，因此，所得LPAC具有相互连接和发展的富含氮和氧官能团的多孔结构，有助于提供更大的赝电容。随着活化剂质量比的增加，LPAC的比表面积和平均孔径增加。最终的材料具有理想的比表面积（3100 m^2/g）和高氮含量（6.34%，原子质量分数）。

使用KOH活化法制备的碳材料具有高比表面积和丰富的孔隙结构，但材料的高比表面积主要来源于微孔，不能满足一些特殊需求，例如，溶液中的大分子吸附和用于高分子反应的催化剂载体，需要通过优化活化工艺来增加介孔和大孔的体积比。KOH活化法得到的活化产物需要反复清洗，其强腐蚀性对设备容易造成损坏。

（2）熔融盐活化法。

熔融盐作为具有高储热能力的良好热化学介质，可以增强传热能力，金属离子可作为模板使生物质碳材料形成孔隙机构，另外，氧原子的蚀刻效应进一步丰富了材料的孔隙结构。Liu等研究了含氧熔融盐活化碳材料的机理，认为是所添加含氧盐对所形成的碳中间体产生部分氧化而形成孔。在不同的盐－碳系统中，碳和含氧盐的阴离子会发生不同的反应：

$$CO_3^{2-}: C + CO_3^{2-} \longrightarrow 2CO + O^{2-}$$

$$NO^{3-}: 5C + 4NO^{3-} \longrightarrow 5CO_2 + 2N_2 \uparrow + 2O^{2-}$$

$$PO_4^{3-}: a. \ 2C + PO_4^{3-} \longrightarrow 2CO + PO_2^{3-}$$

$$b. \ C + 2PO_2^{3-} \longrightarrow CO + 2P \uparrow + 3O^{2-}$$

$$SO_4^{2-}: a. \ C + SO_4^{2-} \longrightarrow CO + SO_3^{2-}$$

$$b. \ 2C + SO_3^{2-} \longrightarrow 2CO + S \uparrow + O^{2-}$$

$$ClO_3^-: 3C + 2ClO_3^- \longrightarrow 3CO_2 + Cl^-$$

总结上述反应，盐通过下列方式离解成氧化物离子（O^{2-}）和相应的氧化物（Nm 是 H、B、C、N、P、S 和 Cl 等非金属元素）。

$$NmO_x^{2-} \longrightarrow NmO_{x-1} + O^{2-}$$

近年来，在 850℃ 下熔化的 $Na_2CO_3-K_2CO_3$ 盐被广泛研究，用来将不同的生物质转化为碳材料，如木柴、咖啡豆渣和竹子。采用低温 $ZnCl_2$ 或 $ZnCl_2-KCl$ 熔体，从壳聚糖和麦秸与三聚氰胺的混合物中获得掺氮多孔碳。采用 $LiCl-KCl-LiNO_3$ 熔体，将低成本且环保的豆腐和羊毛制成电化学性能优异的掺氮多孔碳。Kumar 等采用 $NaCl-KCl$ 熔体将爪哇木棉树皮制成纳米多孔碳基电极材料，表现出高比电容和稳定的循环性能。Wang 等采用质量比为 1∶1 的 $NaCl-KCl$ 熔体将玉米秸秆制备成碳纳米片，所得碳纳米片由超薄片结构（厚度约为 4.6 nm）和丰富的分级孔组成。高比表面积提供了足够的活性位点，富氧掺杂引入了赝电容。所制得碳纳米片在三电极系统中于 1 A/g 下显示出 407 F/g 的高比电容。使用锌盐和磷酸根盐制得的碳材料具有丰富的微孔和介孔结构，这种孔隙结构有利于离子的传输和储存，以及提升其电化学性能。但锌盐通常都有毒性，使用其他混合盐制备碳材料的过程中，加入的混合盐质量都是原材料的几倍，相较于 KOH 活化法需要加入更多的活化剂。

（3）酸活化法。

磷酸活化过程中，活化剂磷酸主要有水解、脱水、芳构化、交联及成孔五个方面的作用。磷酸渗透分散到植物纤维原料的细胞壁内部，需要经历快速扩散、水解、再扩散的过程。与氯化锌活化法相比，一方面，磷酸与氯化锌在促进植物纤维原料水解、脱水反应，以及为新生碳原子沉积提供骨架等方面具有相似性；另一方面，氯化锌和磷酸高分子化合物的作用有区别，磷酸的羟基能够与生物高分子的羟基形成磷酸酯键，具有氯化锌不具备的与生物高分子发生交联反应的特点，同时磷酸还可以显著促进新生碳原子的芳构化反应。

研究者利用 H_3PO_4 作为活化剂，制得富含介孔的活性炭。Hao 等用 H_3PO_4 作为活化剂，通过化学活化水热碳化（HTC）啤酒废料制备活性炭。H_3PO_4 浓度与介孔体积呈正相关，产生的活性炭孔径集中在 4 nm 左右，比表面积达到 1000 m^2/g，表面含有大量的含氧官能团。Quesada Plata 等提出在 H_3PO_4 的存在下对生物质进行水热处理以生产活性炭，在 450℃下将所得水化物碳化，通过使用少量的 H_3PO_4 实现了孔隙率的显著增加，比表面积大于 2000 m^2/g。研究发现，H_3PO_4 在水热处理过程中可促进固体中碳原子的固定，这使得其产率高于常规活化方法。

3. 其他活化法

在物理活化法和化学活化法的基础上，还发展了混合活化法、微波活化法等。Chang 等在高温下通过含 KOH 的熔融盐活化制备碳纳米纤维，研究发现，在熔融盐中加入少量 KOH，可以极大地改善多孔体积和比表面积。在熔融盐体系中，活化剂和碳之间的反应更有效。因此，这种熔融盐辅助活化方法被认为是一种高比表面积碳的活化方法。微波辅助热液碳化（MAHC）使用较低的碳化温度（<200℃）和水作为碳化介质将生物质碳水化合物及木质纤维素转化为有价值的碳材料。微波辐射可提供均匀和快速的加热，与传统的高温工艺相比，降低了碳化时间和成本，还可以显著提高生物质碳材料的产率。微波辅助热液碳化法制得的生物质碳材料的孔隙结构主要为微孔。

6.4.2　多孔生物质碳材料的改性

活性炭表面含有多种官能团，其数量和种类对吸附行为有显著影响，表面酸性官能团使活性炭具有极性，更利于吸附极性较强的化合物。通常，活性炭对有机化合物的去除比对金属离子和无机化合物的去除有效，可以通过改变表面含氧官能团的数量和种类对活性炭进行修饰，从而改变其吸附性能。

6.4.2.1　氧化改性

活性炭表面氧化改性可在活性炭表面引入氧原子，增加含氧量，易产生更多的表面含氧官能团，提高活性炭的酸性强度，更有利于吸附各类极性较强的化合物。活性炭表面氧化改性常用的氧化剂包括 HNO_3、O_3、H_2、O_2、

$HClO_3$ 和 H_2SO_4 等，其中 HNO_3 是酸性最强且最常用的氧化剂。钟正坤等对 HNO_3 表面氧化处理后的表面改性活性炭进行研究，结果表明，采用 HNO_3 进行表面氧化改性处理的活性炭制备所得的 Pt/C 对 $H_2(g)/HDO(v)$ 体系的催化性能比未经 HNO_3 进行表面氧化改性处理的活性炭制备的 Pt/C 高 1 倍，对活性炭进行表面氧化改性处理也不会改变 Pt/C 催化剂对氢−水同位素变换的反应机理。另外，催化剂制备过程中的气化和 HNO_3 表面氧化改性操作能对活性炭表面的微孔结构进行修饰，增大比表面积，提高金属铂在活性炭载体上的分散度。刘文宏等采用浓 HNO_3 对活性炭进行表面改性，并在常温和沸腾两种状态下进行研究，结果表明，经浓 HNO_3 氧化改性后的活性炭的表面含氧基团量有所增加，为 $[Ag(NH_3)_2]^+$ 的吸附提供了更多的活性点，也使活性炭表面负载的银颗粒更密集。通过常温浓 HNO_3 氧化改性后的活性炭，经过表征测试得出其比表面积和孔容有所增加，而经过沸腾浓 HNO_3 氧化改性后的活性炭内部孔道结构被破坏，易造成活性炭比表面积和孔容减小。范延臻等采用不同浓度的 HNO_3 对活性炭进行氧化改性，并测定了改性后的活性炭对 Ca^{2+} 和 Pb^{2+} 的吸附性能，研究表明，HNO_3 氧化改性后的活性炭表面酸性基团含量增加，亲水性增强，pH、PZC 值降低，对 Pb^{2+} 的吸附性能提高。另外，氧化改性后的活性炭结构发生坍塌，比表面积降低，对活性炭的吸附性能也产生了严重影响。Jaramillo 等以樱桃核为原料制备了活性炭，并分别用空气、空气与臭氧的混合物、HNO_3 及 H_2O_2 对活性炭进行氧化处理，结果表明，以 HNO_3 和臭氧处理后的活性炭表面酸性含氧基团的数量显著增加，亲水性大大增强。用经过氧化处理和未经氧化处理的活性炭分别吸附水溶液中的 Cu^{2+}，结果表明，经氧化处理的活性炭对 Cu^{2+} 的最大吸附容量明显提高。

6.4.2.2 还原改性

活性炭表面还原改性可在活性炭表面增加含氧碱性基团和羟基官能团，提高活性炭的表面非极性，更有利于吸附各类非极性较强的化合物。活性炭表面还原改性常用的还原剂包括 H_2、N_2、NaOH、KOH 和氨水等。Kang−Nian Fan 等对活性炭固载 Wacker 类催化剂气相反应制备碳酸二甲酯进行研究，研究表明，当活性炭经过 HNO_3、H_2O、KOH 处理或空气氧化、氢气还原后，所得活性炭固载催化剂的催化性能明显提高，不同的浸渍顺序和溶剂都会影响催化剂的活性中心即催化性能。张梦竹等采用不同浓度的 NaOH 对椰壳活性炭进行表面还原改性，结果表明，经过 NaOH 还原改性后的活性炭表面结构和性质均有改变，当 NaOH 浓度大于3.3 mol/L时，还原改性后的活性炭比表面积和孔容增加，并随碱浓度的增加而增大；活性炭表面含氧基团减少，更有利于甲烷的吸附。Shaarani 等以油棕果壳为原料制备活性炭，室温下将活性炭浸渍在 10% 的氨水溶液中 48 h，过滤烘干后即得到氨化处理的活性炭，将改性后的活性炭用于吸附去除水溶液中的 2，4-二氯酚，结果表明，氨化作用在活性炭表面引入了含氮复合物，导致活性炭碱性增强，对有机物的吸附能力增强，改性后的活性炭对 2，4-二氯酚的吸附容量提高了 22.86%。刘斌等采用高温 N_2 和氨水还原改性椰壳活性炭，并对还原改性后的活性炭进行孔结构和表面化学性质表征，结果表明，经还原改性后的活性炭表面极性提高，活性炭孔数量增加，活性炭比表面积和孔容提高，活性炭的非极性吸附能力得到显著提高，对染料废水的吸附脱色率也有明显提高。

6.4.2.3　负载金属改性

活性炭负载金属改性是指金属离子首先在未改性的活性炭表面优先吸附，然后利用活性炭的还原性能，将吸附的金属离子还原成单质或低价态离子。改性后的活性炭的吸附性能由物理吸附转变为化学吸附，增加了活性炭的吸附性能。活性炭负载金属改性的金属离子包括 Cu^{2+}、Mg^{2+}、Ca^{2+} 和 Fe^{3+} 等。

姚丽群等将 HNO_3 氧化处理后的活性炭采用等体积浸渍法负载金属离子（Mo^{6+}、Ni^{2+}、Zn^{2+}、Fe^{3+} 和 Cu^{2+}），并研究其对有机硫化物的吸附性能，结果表明，将表面化学改性和负载金属改性两种方法相结合对活性炭进行改性，可以有效结合两种方法的优点，使改性后的活性炭可以根据有机硫化物的特性，有针对性地选择适宜的负载金属，获得更好的吸附性能。潘红艳等采用浸渍法将六种金属离子（Al^{3+}、Li^+、Mg^{2+}、Fe^{3+}、Ca^{2+} 和 Ag^+）负载于活性炭表面，并采用软硬酸碱理论分析活性炭表面负载不同金属离子对二氯甲烷脱附活化能的影响，结果表明，前五种金属离子属于硬酸，负载这五种金属离子增加了活性炭表面的局部硬酸度，提高了其对二氯甲烷的吸附能力；而 Ag^+ 属于软酸，负载 Ag^+ 降低了活性炭表面的局部硬酸度，使其对二氯甲烷的吸附能力降低。郭连杰等采用浸渍法将四种金属离子（Al^{3+}、Li^+、Mg^{2+} 和 Fe^{3+}）负载于活性炭表面，并针对这四种金属离子改性的活性炭对低浓度甲烷的吸附性能及分离 CH_4/N_2 性能展开研究，结果表明，经这四种负载金属改性后的活性炭的比表面积都增加，对 CH_4 的吸附量和 CH_4/N_2 分离系数都有提高。对比四种金属离子，Mg^{2+} 改性后的活性炭对于 CH_4/N_2 的分离性能最高，比未改性活性炭提升了 2.3%；其对低浓度甲烷的吸附穿出点也是最长的，比未改性活性炭延长了 272%。Zhang 等提出了合成生物炭/MgO 纳米复

合材料的简单方法，将甜菜根、甘蔗渣、杨木、松木和花生壳等生物质原料与
$MgCl_2$ 混合，在 N_2 氛围中以 600℃热解，得到含有 MgO 的纳米复合材料，表
征结果显示，MgO 分散在生物炭表面，间距为2~4 nm，生物炭以介孔为主，
平均孔径为 50 nm，所有纳米复合材料都对水溶液中的磷酸盐和硝酸盐表现出
很高的去除率，这是由于 MgO 纳米粒子提供了对阴离子的吸附位点；甜菜根
生物炭/MgO、花生壳生物炭/MgO 化合物对水溶液中的磷酸盐和硝酸盐的最
大吸附容量分别是 835 mg/g 和 95 mg/g，远高于已有文献报道。

6.4.2.4 磁性功能化改性

活性炭具有很大的比表面积、发达的孔隙结构，在水污染物吸附领域有广
泛的应用。传统的回收方法主要是过滤法，但这种方法容易堵塞网孔，引起碳
流失，而有磁性的活性炭很容易通过外加磁场从含有固体悬浮物的废水中分离
出来，具有省时、成本低、高效等优点。目前，共沉淀法和催化活化法是制备
磁性活性炭的主要方法。张巧丽等用共沉淀法和催化活化法分别制备磁性微粒
和磁性流体，并与活性炭复合，制备了活性炭/磁性氧化铁复合吸附剂，采用
碘吸附值法测定两种磁性吸附剂的吸附性能，结果表明，所制备的磁性活性炭
不仅具有磁性，而且具有良好的吸附性能，其磁力分别是 15 J/(T·kg) 和
58 J/(T·kg)，碘吸附值分别是 803.2 mg/g 和 823.6 mg/g。对活性炭进行改
性处理，不仅可以改变其表面化学性质，而且对孔隙结构也有一定影响。

一般而言，氧化处理有利于提高活性炭对水溶液中金属离子的去除能力，
还原改性有利于溶液中阴离子的去除。虽然对生物质活性炭进行改性有很多优
势，但也存在一些问题，例如，改性过程使化学试剂会增加成本，使过程复杂
化，且改性后的活性炭再生是一个难题，鲜有相关文献报道。因此，在活性炭
的实际应用中，需综合考虑各种因素，选择合适的改性方法。

6.4.3 多孔生物质碳材料的应用

6.4.3.1 改良土壤

近年来，多孔生物质碳材料在土壤改良方面的应用受到了广泛关注，其优
点主要体现在其具有发达的孔隙结构，当被添加到土壤中时，可以明显改善土
壤结构，降低土壤的体积质量。一方面，生物质以生物质碳材料的形式储存在
土壤中，C 元素被固定，减少了向大气的排放；另一方面，生物质碳材料可以
为土壤提供 N 等营养元素，使土壤肥力提升。张斌等研究了生物质碳材料用

量对土壤性质的影响,结果显示,高用量的生物质碳材料可以持续有效地提高土壤肥力,降低土壤容重,这说明生物质碳材料的施用对土壤功能改善具有积极作用。

6.4.3.2 吸附剂

如今,废水问题已成为困扰全世界的环境问题之一。废水中的污染物一般包括重金属离子、染料及其他有机污染物。生物质碳材料的比表面积很大,表面分布大量孔隙,这对吸附废水中的污染物十分有利。离子液体近年来应用广泛,但其毒性对水体中的藻类、浮萍等生物危害很大。Wang 等采用水热法对玉米秸秆进行处理,生成的产物与 KOH 充分混合后,在 N_2 气氛下以 800℃ 加热制得比表面积为 2442 m^2/g 的秸秆基多孔碳吸附剂,并将其应用于吸附离子液体。研究表明,秸秆基多孔碳吸附剂具有良好的吸附能力,对 1-丁基-3-甲基咪唑氯化盐和 1-丁基-3-甲基咪唑双三氟甲磺酰亚胺盐的吸附容量分别为 0.52 mmol/g 和 2.41 mmol/g。以松树木条为原料,$ZnCl_2$ 为活化剂,在 N_2 气氛下以 500℃ 加热合成的多孔碳材料对亚甲基蓝的吸附容量为 425 mg/g,远高于商业活性炭(199.6 mg/g)。

多孔生物质碳材料也可以用作气体吸附剂,相较于沸石、金属有机骨架,其具有再生温度低、多次使用后吸附容量变化小的优点。莴苣叶经热解和 KOH 活化制得的多孔生物质碳材料的比表面积和孔隙容积可达 3404 m^2/g 和 1.88 cm^3/g,在标准大气压、气温为 0℃ 和 25℃ 的条件下对 CO_2 的吸附容量分别为 6.04 mmol/g 和 4.36 mmol/g,具有良好的 CO_2 捕捉性能。

6.4.3.3 超级电容器电极材料

超级电容器是一种综合锂电池和传统电容器优点的新型储能装置,循环寿命长。Sun 等以椰子壳为原料,$FeCl_3$ 为石墨化催化剂,$ZnCl_2$ 为活化剂制备了多孔碳纳米薄片,其比电容为 268 F/g(水系电解液)。近年来,杂原子掺杂多孔碳材料的制备成为新的研究热点。掺杂杂原子会引起材料赝电容的增加,提高材料电化学性能。Chen 等研究了硼氮掺杂竹子基多孔碳材料的电化学性能,与单掺杂或不掺杂相比,硼氮共掺杂时材料比电容和能量密度均有提升,可达到 281 F/g 和 37.8(W・h)/kg(1 mol/L 的 KOH 电解液)。此外,许多生物质本身含有丰富的杂元素,可以直接制备杂原子掺杂多孔碳材料。例如,黄豆富含大量的 N 元素,以黄豆渣为原料制备的多孔碳材料在小电流密度下的比电容高达 425 F/g(6 mol/L 的 KOH 电解液)。

6.4.3.4 离子电池负极材料

目前，市场上的锂离子电池负极材料多为石墨化碳材料，但其理论容量仅为 372 $(mA \cdot h)/g$，很难满足市场对大容量锂离子电池的需求。其他负极材料，如硅材料，虽然理论容量比石墨化碳材料高十多倍，为 4200 $(mA \cdot h)/g$，但其循环性能较差，也不是一种理想的锂离子电池负极材料。多孔生物质碳材料因具有良好的电容性能和循环性能，受到了越来越多的关注。Chen 等研究了大豆残渣基蜂窝状多孔碳材料在锂离子电池负极材料上的应用，电极材料的初始放电容量可达 1185.4 $(mA \cdot h)/g$，这种材料还具有良好的循环性能，600 次循环时，每次循环的平均衰减率仅为 0.063%。

6.5 热解技术在烟叶生产有机废弃物领域的应用

生物质能是重要的可再生能源，具有绿色、低碳、清洁、可再生等特点。众多研究和应用实例展现了热解技术在生物质大规模应用方面的巨大潜力，热解技术是当前生物质能源开发利用的最主要途径。烟草种植和生产过程中会产生大量烟秆和废弃烟叶等有机废弃物，这些有机废弃物如果处理不当，不仅会对环境造成污染，而且是一种资源的浪费。如果能通过热解技术将其转化为可燃气体、生物油及生物质碳材料等化工原料，不仅可以缓解能源危机、改善生态环境，而且能够加快绿色农业发展，为经济增长注入新的动力。因此，国内外学者对烟草废弃物的热解技术应用展开了一系列研究。

6.5.1 烟叶生产有机废弃物气化

杨益对烟叶生产有机废弃物水蒸气气化机理和气体产物特性进行了深入研究，探讨了以 NiO 和白云石为催化剂，在水蒸气气氛下的烟草废弃物气化特性。研究表明，NiO 和白云石两种催化剂都对烟草废弃物的水蒸气气化有促进作用，在催化剂作用下，合成气的产量明显增加，而焦油的裂解明显加强。添加 NiO 时，H_2 的产率最大，达到 34 mol/kg；添加白云石时，CO 的产率最大，达到 23 mol/kg。同时，焦油的百分比含量也从 5.11% 减少到 1.38%。另外，高温有利于 H_2 和 CO 的产生，在 $NiO/\gamma - Al_2O_3$ 催化剂的作用下，850℃气体产率达到 1.52 $N \cdot m^3/kg$，H_2 的含量达到 38.6 vol%，气体产物的热值约为 15 MJ/m^3，可以直接用于燃气轮机、引擎和锅炉的燃烧。

Madenoǧlu 等研究了在超临界和非临界水条件下，使用天然碱、白云石和硼砂作为催化剂，在间歇反应器中对烟叶生产有机废弃物进行气化，在 600℃和天然碱作为催化剂的条件下，产氢率为 52 mol/kg。蒙爱红等在热重旋转热解反应器中研究了烟梗的热解，550℃时，氢气和一氧化碳的产率显著增加，分别为 12.70% 和 17.94%；500℃时，固体反应产物的热值为 25.98 MJ/kg。

6.5.2 烟叶生产有机废弃物液化

Saengsuriwong 等使用水热液化（HTL）将烟叶生产有机废弃物转化为生物油，通过使用间歇式反应器，在水热温度为 310℃、反应时间为 15 min 和生物量为 1∶3 的条件下，最大生物油产率超过 52%（w/w），生物油热值超过 28 MJ/kg，具有约 90% 的能量回收率。生物油的主要成分是酚和酮。

Lu 等研究了烟梗的脱氧液化，实验将 3.0 g 样品和 18% 的水混合放入反应器中，以 60 K/min 的固定升温速率从室温加热到最终温度并保持 15 min，结果发现，烟草秸秆在最终温度为 673 K 时烷烃含量最大，为 7.43 mol%，热值为 40.07 MJ/kg。

Khuenkaeo 等研究发现，烘烤预处理和真空烧蚀热解结合可将烟渣生物质转化为有附加值的生物油。生物油产率与焙烧温度成反比，与热解温度成正相关。将 220℃ 烘烤预处理与 600℃ 快速热解相结合，可以最大限度地提高尼古丁和酚类化合物的产量。

Pütün 等研究测定了烟叶生产有机废弃物慢速热解和快速热解的产率及产物组成的变化趋势，并进行比较，结果表明，挥发性热解产物的产率取决于最终热解温度、热解类型和升温速率。当热解温度为 550℃、扫气流量为 100 cm^3/min 时，缓慢热解的最大产率约为 27%。将升温速率提高到 300℃/min 时，液体产率增加了 10%（约为 30%）。产率的计算结果表明，快速热解挥发分的传质限制要小得多。较低温度有利于焦炭的产生，而 550℃ 的温度有利于液体的产生。当热解温度为 700℃、扫气流速为 400 cm^3/min 时，产气率最高可达 35% 左右。

6.5.3 烟叶生产有机废弃物制备多孔生物质碳材料

柏松等以烟草秸秆为原料，经氢氧化钠活化，制备烟草秸秆基活性炭，结果表明，氢氧化钠活化法制备烟草秸秆活性炭的最佳工艺条件为：碳化温度为 450℃，碱炭比为 1∶2，活化温度为 700℃，活化时间为 60 min。该工艺制备的烟草秸秆基活性炭，其对亚甲基蓝和碘吸附值分别为 16.2 mL/0.1 g 和 1140.13 mg/g。烟草秸秆基活性炭对重金属镍离子（Ni^{2+}）、锰离子（Mn^{2+}）、铅离子（Pb^{2+}）具有较好的吸附能力，其饱和吸附容量分别为 37.83 mg/g、26.45 mg/g、44.67 mg/g。利用扫描电镜对样品表面形态进行分析，发现其具有发达的孔隙结构。

张利波等以烟杆为原料，磷酸为活化剂，采用一步碳化法制备活性炭，采用正交实验研究了磷酸质量分数、浸渍时间、碳化温度及保温时间对活性炭得率和吸附性能的影响，在最佳工艺条件（磷酸质量分数为 30%，浸渍时间为 48 h，碳化温度为 750℃，保温时间为 20 min）下，所制备的活性炭的碘吸附值为 889.36 mg/g，亚基蓝吸附值为 21.5 mL/0.1 g，得率为 36.90%。同时，测定该活性炭的液氮吸附等温线，并通过 BET 方程、HK 方程、DA 方程和密度泛函理论表征活性炭的孔结构。结果表明，该活性炭为中孔型，BET 比表面积为 892 m^2/g，总孔容为 0.4678 mL/g，微孔占 37.06%，中孔占 62.85%，大孔占 0.07%。

陈辉等由烟草为原料，通过一步水热法［烟草粉末与 10%（体积比）的盐酸在水热反应器中于 120℃混合 5 h］，再热解（管式炉 800℃碳化 5 h）得到烟草基多孔碳（TPC），TPC 的比表面积为 111.25 m^2/g，孔容为 0.11 cm^3/g，均孔直径为 1.77 nm；在 0.5 A/g 的电流密度下测试其电化学性能，比电容为 37 F/g。然后通过碱活化（预活化温度为 400℃，碱炭比为 1∶3，活化温度为 800℃，活化时间为 60 min）得到烟草基活性炭（TAC），TAC 具有较高的比表面积（1297.6 m^2/g），孔容为 0.52 cm^3/g，平均孔直径为 0.52 nm；在 0.5 A/g 的电流密度下，比电容可达 148 F/g。两电极体系具有 120 F/g 的比电容值，在 1 A/g 的电流密度下经过 9000 次循环后，容量没有损失。

Li 等研究了以烟梗为原料，K_2CO_3 为活化剂，微波辐射制备高比表面积活性炭，考察了微波辐射时间和活化剂比例对活性炭得率和吸附容量的影响。结果表明，最佳工艺条件是：微波功率为 700 W，微波辐射时间为 30 min，K_2CO_3 与 C 的质量比为 1.5∶1。在此条件下制得的活性炭碘吸附值 1834 mg/g，亚甲基蓝吸附量为 517.5 mg/g，得率为 16.65%。用 BET 测试法、HK 法和密度泛函理论测定了活性炭的比表面积、微孔体积和孔径分布，得到活性炭的微孔含量约为 59.98%，有少量中孔和大孔，比表面积为 2557 m^2/g，总孔容为 1.647 cm^3/g。

四川省烟草质量监督检测站和四川大学以烟草边料为原料，K_2CO_3 为活化剂，在管式炉中以一步法制得了烟草基活性炭（850℃恒温 1 h），研究了活化剂比例对活性炭电化学性能的影响。结果表明，当活化剂 K_2CO_3 与烟草粉末的质量比为 3:1 时，所制备活性炭材料具有丰富的孔道结构，电化学性能最好。通过 BET 和密度泛函理论表征活性炭的孔结构，比表面积为 2058 m^2/g，平均孔径为 1.17 nm，主要为微孔结构。活性炭在电流密度为 0.5 A/g 时单位电容量为 350.1 F/g，当电流密度增加到 10 A/g 时，活性炭电极的单位电容量保持在 292 F/g，容量保持率达到 83.4%，有良好的倍率性能。

6.5.4 展望

生物质热解利用不仅改善了生物质原料不易运输和储存、资源分散、原料热值低、成分复杂等缺点，而且能得到可燃气体、生物油及生物质碳材料等化工原料，改善了能源结构，具有经济和环境的双重效益。我国是世界最大的烟草生产国与消费国，每年在烟草生产过程中会产生大量的有机废弃物，依托国家生物质能发展扶持政策，利用生物质热解技术，探索烟叶生产有机废弃物高值化、规模化发展的新途径，具有广阔的应用前景。

参考文献

柏松，周健齐，唐芹，等. 烟草秸秆活性炭的制备及吸附性能研究 [J]. 江苏农业科学，2018，46（13）：263-266.

陈辉，郭燕川，王富，等. 烟草基活性炭材料用于电化学超级电容器 [J]. 新型炭材料，2017，32（6）：592-599.

陈温福，张伟明，孟军，等. 生物炭应用技术研究 [J]. 中国工程科学，2011，13（2）：83-89.

陈心想，耿增超. 生物质炭在农业上的应用 [J]. 西北农林科技大学学报（自然科学版），2013（2）：167-174.

董良杰. 生物质热裂解技术及其反应动力学研究 [D]. 沈阳：沈阳农业大学，1997.

董晓晨. 综纤维素单糖热解生成糠醛与脱水糖衍生物的机理研究 [D]. 北京：华北电力大学（北京），2017.

范延臻，王宝贞，王琳，等. 改性活性炭的表面特性及其对金属离子的吸附性能 [J]. 环境化学，2001，20（5）：437-443.

郭连杰，李坚，马东祝，等. 金属离子改性活性炭对分离 CH_4/N_2 性能的影响 [J]. 化工进展，2013，32（s1）：225-228.

郭晓亚，颜涌捷. 生物质快速裂解油的催化裂解精制 [J]. 化学反应工程与工艺, 2005, 21 (3): 227—233.

郭艳, 王垚, 魏飞, 等. 生物质快速裂解液化技术的研究进展 [J]. 化工进展, 2001, 20 (8): 13—17.

黄燕华, 韩响, 陈慧鑫, 等. 锂离子电池多孔硅/碳复合负极材料的研究 [J]. 无机材料学报, 2015, 30 (4): 351—356.

黄一君. 豆渣基多孔炭材料的制备及其在水处理中的应用 [D]. 兰州: 西北师范大学, 2015.

蒋启海, 刘玉环, 李资玲, 等. 均匀设计法优选杉树皮常压快速液化工艺 [J]. 福建林业科技, 2006, 33 (1): 80—82.

乐治平, 张宏, 洪立智. 固体超强酸 Cl^-/Fe_2O_3 的制备及催化液化生物质 [J]. 化工进展, 2007 (2): 246—248.

梁吉雷, 吴明铂, 刘以红, 等. 生物质水热合成炭微球研究进展 [J]. 化工新型材料, 2011, 39 (4): 1—4.

刘斌, 马叶, 顾洁, 等. 还原改性活性炭吸附染料废水及其吸附动力学 [J]. 科学技术与工程, 2014 (8): 90—93.

刘文宏, 袁怀波, 吕建平. 不同温度下 HNO_3 改性对活性炭吸附银的影响 [J]. 中国有色金属学报, 2007, 17 (4): 663—667.

马中青, 张齐生, 周建斌, 等. 下吸式生物质固定床气化炉研究进展 [J]. 南京林业大学学报 (自然科学版), 2013, 37 (5): 139—145.

潘红艳, 李忠, 夏启斌, 等. 金属离子改性活性炭对二氯甲烷脱附活化能的影响 [J]. 化工学报, 2007, 58 (9): 2259—2265.

荣厚, 牛卫生, 张大雪. 生物质热化学转换技术 [M]. 北京: 化学工业出版社, 2005.

沈泽文, 刘廷凤, 曹奥运, 等. 生物质炭制备方法研究进展 [J]. 广州化工, 2015, 43 (5): 15—17.

谭洪, 王树荣, 骆仲泱, 等. 生物质整合式流化床热解制油系统试验研究 [J]. 农业机械学报, 2005, 36 (4): 30—33.

陶杨, 罗学刚. 木材液化技术的研究进展 [J]. 化学与生物工程, 2006 (2): 1—3.

王富丽, 黄世勇, 宋清滨, 等. 生物质快速热解液化技术的研究进展 [J]. 广西科学院学报, 2008, 24 (3): 225—230.

王红彦. 秸秆气化集中供气工程技术经济分析 [D]. 北京: 中国农业科学院, 2012.

王兆祥，朱锡锋，潘越，等. C12A7—K₂O 催化水蒸气重整生物油制氢 [J]. 中国科学技术大学学报，2006，36（4）：458—460.

魏静，褚云，蒋国民，等. 水热碳化法制备碳微球 [J]. 功能材料，2014，45（z2）：136—143.

锡锋. 生物质热解原理与技术 [M]. 合肥：中国科学技术大学出版社，2006.

贤晖，潘越，仇松柏，等. C12A7—MgO 催化剂上的生物油裂解制氢 [J]. 化学物理学报，2005，18（4）：469—470.

徐莹，常杰，张琦，等. 固体碱催化剂上生物油催化酯化改质 [J]. 石油化工，2006，35（7）：615—618.

杨益. 烟草废弃物热解和气化的实验及机理研究 [D]. 武汉：华中科技大学，2012.

姚丽群，高利平，查庆芳，等. 活性炭的表面化学改性及其对有机硫化物的吸附性能的研究 [J]. 燃料化学学报，2006，34（6）：749—752.

易维明，柏雪源. 利用热等离子体进行生物质液化技术的研究 [J]. 山东工程学院学报，2000，14（1）：9—12.

于济业，彭艳丽，李燕飞，等. 生物油/柴油乳化燃油稳定性试验 [J]. 山东理工大学学报：自然科学版，2007，21（5）：101—103.

袁振宏，吕鹏梅. 我国生物质液体燃料发展现状与前景分析 [J]. 太阳能，2007（6）：5—8.

袁振宏，吴创之，马隆龙. 生物质能利用原理与技术 [M]. 北京：化学工业出版社，2005.

张斌，刘晓雨，潘根兴，等. 施用生物质炭后稻田土壤性质，水稻产量和痕量温室气体排放的变化 [J]. 中国农业科学，2012，45（23）：4844—4853.

张利波，彭金辉，张世敏，等. 磷酸活化烟草杆制备中孔活性炭的研究 [J]. 化学工业与工程技术，2006（2）：1—5，60.

张梦竹，李琳，刘俊新，等. 碱改性活性炭表面特征及其吸附甲烷的研究 [J]. 环境科学，2013，34（1）：39—44.

张琦，常杰，王铁军，等. 固体酸催化剂 SO₄²⁻/SiO₂—TiO₂ 的制备及其催化酯化性能 [J]. 催化学报，2006，27（11）：1033—1038.

张巧丽，陈旭，袁彪. 磁性氧化铁/活性炭复合吸附剂的制备及性能 [J]. 天津大学学报（自然科学与工程技术版），2005，38（4）：361—364.

张天亮，李军，熊巍，等. 碳酸钾活化一步法制备高比表活性炭及其电容性能的研究 [J]. 无机盐工业，2021：1—9.

钟正坤，傅中华，孙颖，等. Pt/C 对氢同位素交换反应的催化性能研究 [J].
原子能科学技术，2010 (44)：91-95.

朱锡锋，郑冀鲁，陆强，等. 生物质热解液化装置研制与试验研究 [J]. 中国
工程科学，2006, 8 (10)：89-93.

祝京旭，洪江. 喷动床发展与现状 [J]. 化学反应工程与工艺，1997, 13 (2)：
207-230.

左宋林. 磷酸活化法制备活性炭综述 (Ⅰ) ——磷酸的作用机理 [J]. 林产化
学与工业，2017, 37 (3)：1-9.

Acharya B, Dutta A, Basu P. An investigation into steam gasification of
biomass for hydrogen enriched gas production in presence of CaO [J].
International Journal of Hydrogen Energy，2010, 35 (4)：1582-1589.

Adjaye J D, Bakhshi N. Production of hydrocarbons by catalytic upgrading of
a fast pyrolysis bio-oil. Part I: Conversion over various catalysts [J]. Fuel
Processing Technology，1995, 45 (3)：161-183.

Aguado R, Olazar M, San José M J, et al. Pyrolysis of sawdust in a conical
spouted bed reactor. Yields and product composition [J]. Industrial &
Engineering Chemistry Research，2000, 39 (6)：1925-1933.

Ahmad M, Rajapaksha A U, Lim J E, et al. Biochar as a sorbent for
contaminant management in soil and water: a review [J]. Chemosphere，
2014 (99)：19-33.

Aho A, Kumar N, Eränen K, et al. Catalytic pyrolysis of biomass in a
fluidized bed reactor: influence of the acidity of H-beta zeolite [J]. Process
Safety and Environmental Protection，2007, 85 (5)：473-480.

Aho A, Kumar N, Eränen K, et al. Catalytic pyrolysis of woody biomass in a
fluidized bed reactor: influence of the zeolite structure [J]. Fuel，2008, 87 (12)：
2493-2501.

Alma M H, Yoshioka M, Yao Y, et al. Some characterizations of hydrochloric
acid catalyzed phenolated wood-based materials [J]. Journal of the Japan
Wood Research Society，1997, 41 (8)：741-748.

Asmadi M, Kawamoto H, Saka S. Thermal reactions of guaiacol and syringol
as lignin model aromatic nuclei [J]. Journal of Analytical and Applied
Pyrolysis，2011, 92 (1)：88-98.

Ateş F, Pütün A E, Pütün E. Fixed bed pyrolysis of Euphorbia rigida with different catalysts [J]. Energy Conversion and Management，2005，46（3）：421−432.

Ateş F，Pütün A E，Pütün E. Pyrolysis of two different biomass samples in a fixed−bed reactor combined with two different catalysts [J]. Fuel，2006，85（12−13）：1851−1859.

Badwal S，Ciacchi F，Zelizko V，et al. Oxygen removal and level control with zirconia—Yttria membrane cells [J]. Ionics，2003，9（5−6）：315−320.

Balat M. Mechanisms of thermochemical biomass conversion processes. Part 2：reactions of gasification [J]. Energy Sources，Part A，2008，30（7）：636−648.

Banyasz J L，Li S，Lyons−Hart J L，et al. Cellulose pyrolysis：the kinetics of hydroxyacetaldehyde evolution [J]. Journal of Analytical and Applied Pyrolysis，2001，57（2）：223−248.

Basu P. Biomass gasification and pyrolysis：practical design and theory [M]. New York：Academic Press，2010.

Basu P. Combustion and gasification in fluidized beds [M]. Boca Raton：CRC Press，2006.

Bergman P C，Boersma A，Zwart R，et al. Torrefaction for biomass co−firing in existing coal−fired power stations [R]. Energy research Centre of the Netherlands，2005.

Bertini F，Canetti M，Cacciamani A，et al. Effect of ligno−derivatives on thermal properties and degradation behavior of poly（3 − hydroxybutyrate）− based biocomposites [J]. Polymer Degradation and Stability，2012，97（10）：1979−1987.

Biswal M，Banerjee A，Deo M，et al. From dead leaves to high energy density supercapacitors [J]. Energy & Environmental Science，2013，6（4）：1249−1259.

Blander M. Biomass gasification as a means for avoiding fouling and corrosion during combustion [J]. Journal of Molecular Liquids，1999，83（1−3）：323−328.

Boerrigter H，Calis H，Slort D，et al. Gas cleaning for integrated Biomass Gasification（BG）and Fischer − Tropsch（FT）systems [R]. Energy research Centre of the Netherlands（ECN），2004.

Bridgwater A V，Evans G. An assessment of thermochemical conversion systems for processing biomass and refuse [J]. Open Grey Repository, 1993.

Bridgwater A V, Meier D, Radlein D. An overview of fast pyrolysis of biomass [J]. Organic Geochemistry, 1999, 30 (12): 1479-1493.

Bridgwater A V. Renewable fuels and chemicals by thermal processing of biomass [J]. Chemical Engineering Journal, 2003, 91 (2-3): 87-102.

Bridgwater A V. Principles and practice of biomass fast pyrolysis processes for liquids [J]. Journal of Analytical and Applied Pyrolysis, 1999, 51 (1-2): 3-22.

Brown J N. Development of a lab-scale auger reactor for biomass fast pyrolysis and process optimization using response surface methodology [D]. Ames: Iowa State University, 2009.

Chen F, Yang J, Bai T, et al. Biomass waste-derived honeycomb-like nitrogen and oxygen dual-doped porous carbon for high performance lithium-sulfur batteries [J]. Electrochimica Acta, 2016 (192): 99-109.

Chen H, Liu D, Shen Z, et al. Functional biomass carbons with hierarchical porous structure for supercapacitor electrode materials [J]. Electrochimica Acta, 2015 (180): 241-251.

Chiaramonti D, Bonini M, Fratini E, et al. Development of emulsions from biomass pyrolysis liquid and diesel and their use in engines—Part 1: emulsion production [J]. Biomass and Bioenergy 2003, 25 (1): 85-99.

Corte P, Lacoste C, Traverse J. Gasification and catalytic conversion of biomass by flash pyrolysis [J]. Journal of Analytical and Applied Pyrolysis, 1985, 7 (4): 323-335.

Cruz Jr O F, Silvestre-Albero J, Casco M E, et al. Activated nanocarbons produced by microwave-assisted hydrothermal carbonization of Amazonian fruit waste for methane storage [J]. Materials Chemistry and Physics, 2018 (216): 42-46.

Czernik S, Evans R, French R. Hydrogen from biomass-production by steam reforming of biomass pyrolysis oil [J]. Catalysis Today, 2007, 129 (3-4): 265-268.

Davidian T, Guilhaume N, Iojoiu E, et al. Hydrogen production from crude pyrolysis oil by a sequential catalytic process [J]. Applied Catalysis B: Environmental, 2007, 73 (1-2): 116-127.

De Lasa H, Salaices E, Mazumder J, et al. Catalytic steam gasification of biomass: catalysts, thermodynamics and kinetics [J]. Chemical Reviews, 2011, 111 (9): 5404−5433.

Degroot W F, Shafizade F. Biochemical analysis of wood and wood products by pyrolysis − mass spectrometry and multivariate analysis [J]. Journal of Analytical and Applied Pyrolysis, 1984, 6 (3): 217−232.

Demir − Cakan R, Baccile N, Antonietti M, et al. Carboxylate − rich carbonaceous materials via one−step hydrothermal carbonization of glucose in the presence of acrylic acid [J]. Chemistry of Materials, 2009, 21 (3): 484−490.

Deng X, Zhao B, Zhu L, et al. Molten salt synthesis of nitrogen − doped carbon with hierarchical pore structures for use as high − performance electrodes in supercapacitors [J]. Carbon, 2015 (93): 48−58.

Devi L, Ptasinski K J, Janssen F J. A review of the primary measures for tar elimination in biomass gasification processes [J]. Biomass and Bioenergy, 2003, 24 (2): 125−140.

Dincer I. Green methods for hydrogen production [J]. International Journal of Hydrogen Energy, 2012, 37 (2): 1954−1971.

Domine M E, Iojoiu E E, Davidian T, et al. Hydrogen production from biomass− derived oil over monolithic Pt − and Rh − based catalysts using steam reforming and sequential cracking processes [J]. Catalysis Today, 2008 (133): 565−573.

Dwivedi P, Alavalapati J R, Lal P. Cellulosic ethanol production in the United States: conversion technologies, current production status, economics, and emerging developments [J]. Energy for Sustainable Development, 2009, 13 (3): 174−182.

Effendi A, Gerhauser H, Bridgwater A V. Production of renewable phenolic resins by thermochemical conversion of biomass: a review [J]. Renewable and Sustainable Energy Reviews, 2008, 12 (8): 2092−2116.

Elder T, Beste A. Density functional theory study of the concerted pyrolysis mechanism for lignin models [J]. Energy & Fuels, 2014, 28 (8): 5229−5235.

Essandoh M, Kunwar B, Pittman J C U, et al. Sorptive removal of salicylic acid and ibuprofen from aqueous solutions using pine wood fast pyrolysis biochar [J]. Chemical Engineering Journal, 2015 (265): 219−227.

Faix O, Jakab E, Till F, et al. Study on low mass thermal degradation products of milled wood lignins by thermogravimetry−mass−spectrometry [J]. Wood Science and Technology, 1988, 22 (4): 323−334.

Fischer F, Tropsch H. The preparation of synthetic oil mixtures (synthol) from carbon monoxide and hydrogen [J]. Brennst Chem, 1923 (4): 276−285.

Garcia L A, French R, Czernik S, et al. Catalytic steam reforming of bio−oils for the production of hydrogen: effects of catalyst composition [J]. Applied Catalysis A: General, 2000, 201 (2): 225−239.

Giudicianni P, Cardone G, Ragucci R. Cellulose, hemicellulose and lignin slow steam pyrolysis: Thermal decomposition of biomass components mixtures [J]. Journal of Analytical and Applied Pyrolysis, 2013 (100): 213−222.

Graham R, Freel B, Mok K, et al. Faculty of engineering science the University of Western Ontario London, Ontario, Canada N6A 5B9 [C]. Proceedings of the Technical Program: Powder and Bulk Solids Handling and Processing, 1985.

Guettel R, Kunz U, Turek T. Reactors for Fischer−Tropsch synthesis [J]. Chemical Engineering & Technology: Industrial Chemistry − Plant Equipment−Process Engineering−Biotechnology, 2008, 31 (5): 746−754.

Hamelinck C N, Faaij A P, Den Uil H, et al. Production of FT transportation fuels from biomass: technical options, process analysis and optimisation, and development potential [J]. Energy, 2004, 29 (11): 1743−1771.

Han X, Jiang H, Zhou Y, et al. A high performance nitrogen−doped porous activated carbon for supercapacitor derived from pueraria [J]. Journal of Alloys and Compounds, 2018 (744): 544−551.

Hao W, Bjö Rkman E, Lilliestra L M, et al. Activated carbons for water treatment prepared by phosphoric acid activation of hydrothermally treated beer waste [J]. Industrial & Engineering Chemistry Research, 2014, 53 (40): 15389−15397.

Hernández J J, Aranda−Almansa G, Bula A. Gasification of biomass wastes in an entrained flow gasifier: Effect of the particle size and the residence time [J]. Fuel Processing Technology, 2010, 91 (6): 681-692.

Hosoya T, Kawamoto H, Saka S. Pyrolysis behaviors of wood and its constituent polymers at gasification temperature [J]. Journal of Analytical and Applied Pyrolysis, 2007, 78 (2): 328-336.

Hosoya T, Kawamoto H, Saka S. Secondary reactions of lignin-derived primary tar components [J]. Journal of Analytical and Applied Pyrolysis, 2008, 83 (1): 78-87.

Huang J, Liu C, Wu D, et al. Density functional theory studies on pyrolysis mechanism of $\beta-O-4$ type lignin dimer model compound [J]. Journal of Analytical and Applied Pyrolysis, 2014 (109): 98-108.

Ikura M, Stanciulescu M, Hogan E. Emulsification of pyrolysis derived bio-oil in diesel fuel [J]. Biomass and Bioenergy, 2003, 24 (3): 221-232.

Iojoiu E E, Domine M E, Davidian T, et al. Hydrogen production by sequential cracking of biomass-derived pyrolysis oil over noble metal catalysts supported on ceria-zirconia [J]. Applied Catalysis A: General, 2007 (323): 147-161.

Jain A. Biomass gasification under oxygen medium [J]. Journal of Agricultural Engineering, 1999, 36 (3): 27-31.

Jand N, Foscolo P U. Decomposition of wood particles in fluidized beds [J]. Industrial & Engineering Chemistry Research, 2005, 44 (14): 5079-5089.

Jaramillo J, Gómez S V, Alvarez P. Enhanced adsorption of metal ions onto functionalized granular activated carbons prepared from cherry stones [J]. Journal of Hazardous Materials, 2009, 161 (2-3): 670-676.

Ji L Z. Bio-oil from fast pyrolysis of rice husk: Yields and related properties and improvement of the pyrolysis system [J]. Journal of Analytical and Applied Pyrolysis, 2007, 80 (1): 30-35.

Junming X, Jianchun J, Yunjuan S, et al. Bio-oil upgrading by means of ethyl ester production in reactive distillation to remove water and to improve storage and fuel characteristics [J]. Biomass and Bioenergy, 2008, 32 (11): 1056-1061.

Kato K. Pyrolysis of cellulose part Ⅲ. Comparative studies of the volatile compounds from pyrolysates of cellulose and its related compounds [J]. Agricultural and Biological Chemistry, 1967, 31 (6): 657-663.

Khuenkaeo N, Macqueen B, Onsree T, et al. Bio－oils from vacuum ablative pyrolysis of torrefied tobacco residues [J]. RSC Advances, 2020, 10 (58): 34986－34995.

Kirubakaran V, Sivaramakrishnan V, Nalini R, et al. A review on gasification of biomass [J]. Renewable and Sustainable Energy Reviews, 2009, 13 (1): 179－186.

Kong W, Zhao F, Guan H, et al. Highly adsorptive mesoporous carbon from biomass using molten－salt route [J]. Journal of Materials Science, 2016, 51 (14): 6793－6800.

Koppejan J, Meulman P. The market for fuel pellets produced from biomass and waste in the Netherlands [R]. Netherlands Agency for Energy and the Environment Novem, 2001.

Košík M, Reiser V, Kováč P. Thermal decomposition of model compounds related to branched 4 － O － methylglucuronoxylans [J]. Carbohydrate Research, 1979, 70 (2): 199－207.

Krieger B B. Microwave pyrolysis of biomass [J]. Research on Chemical Intermediates, 1994, 20 (1): 39－49.

Kumar A, Jones D D, Hanna M A. Thermochemical biomass gasification: a review of the current status of the technology [J]. Energies, 2009, 2 (3): 556－581.

Kumar K T, Sundari G S, Kumar E S, et al. Synthesis of nanoporous carbon with new activating agent for high － performance supercapacitor [J]. Materials Letters, 2018 (218): 181－184.

Kwon G J, Kim D Y, Kimura S, et al. Rapid－cooling, continuous－feed pyrolyzer for biomass processing: Preparation of levoglucosan from cellulose and starch [J]. Journal of Analytical and Applied Pyrolysis, 2007, 80 (1): 1－5.

Lemieux R, Roy C, De Caumia B, et al. Preliminary engineering data for scale up of a biomass vacuum pyrolysis reactor [J]. Div of Fuel Chemistry, 1987, 32 (2).

Li S, Lyons－Hart J, Banyasz J, et al. Real－time evolved gas analysis by FTIR method: an experimental study of cellulose pyrolysis [J]. Fuel, 2001, 80 (12): 1809－1817.

Li W, Zhang L B, Peng J H, et al. Preparation of high surface area activated carbons from tobacco stems with K_2CO_3 activation using microwave radiation [J]. Industrial Crops and Products, 2008, 27 (3): 341−347.

Li Y, Wang T, Yin X, et al. 100 t/a−Scale demonstration of direct dimethyl ether synthesis from corncob−derived syngas [J]. Renewable Energy, 2010, 35 (3): 583−587.

Liu A, Park Y, Huang Z, et al. Product identification and distribution from hydrothermal conversion of walnut shells [J]. Energy & Fuels, 2006, 20 (2): 446−454.

Liu Q, Wang S, Zheng Y, et al. Mechanism study of wood lignin pyrolysis by using TG−FTIR analysis [J]. Journal of Analytical and Applied Pyrolysis, 2008, 82 (1): 170−177.

Liu X, Antonietti M. Molten salt activation for synthesis of porous carbon nanostructures and carbon sheets [J]. Carbon, 2014 (69): 460−466.

Liu Z, Zhang F−S. Removal of lead from water using biochars prepared from hydrothermal liquefaction of biomass [J]. Journal of Hazardous Materials, 2009, 167 (1−3): 933−939.

Lu B, Hu L, Yin H, et al. One−step Molten Salt Carbonization (MSC) of firwood biomass for capacitive carbon [J]. RSC Advances, 2016, 6 (108): 106485−106490.

Lu B, Hu L, Yin H, et al. Preparation and application of capacitive carbon from bamboo shells by one step molten carbonates carbonization [J]. International Journal of Hydrogen Energy, 2016, 41 (41): 18713−18720.

Lu B, Zhou J, Song Y, et al. Molten−salt treatment of waste biomass for preparation of carbon with enhanced capacitive properties and electrocatalytic activity towards oxygen reduction [J]. Faraday Discussions, 2016 (190): 147−159.

Lu C B, Yao J Z, Lin W G, et al. Study on biomass catalytic pyrolysis for production of bio−gasoline by on−line FTIR [J]. Chinese Chemical Letters, 2007, 18 (4): 445−448.

Lu W, Yang F, Wang C, et al. Comparison of High−Caloric Fuel (HCF) from four different raw materials by deoxy−liquefaction [J]. Energy & Fuels, 2010, 24 (12): 6633−6643.

Luo S, Xiao B, Hu Z, et al. Hydrogen－rich gas from catalytic steam gasification of biomass in a fixed bed reactor: Influence of temperature and steam on gasification performance [J]. International Journal of Hydrogen Energy, 2009, 34 (5): 2191－2194.

Luo Z, Wang S, Liao Y, et al. Research on biomass fast pyrolysis for liquid fuel [J]. Biomass and Bioenergy, 2004, 26 (5): 455－462.

Lv P, Xiong Z, Chang J, et al. An experimental study on biomass air－steam gasification in a fluidized bed [J]. Bioresource Technology, 2004, 95 (1): 95－101.

Lédé J. Comparison of contact and radiant ablative pyrolysis of biomass [J]. Journal of Analytical and Applied Pyrolysis, 2003, 70 (2): 601－618.

Ma C, Wang R, Xie Z, et al. Preparation and molten salt－assisted KOH activation of porous carbon nanofibers for use as supercapacitor electrodes [J]. Journal of Porous Materials, 2017, 24 (6): 1437－1445.

Madenoğlu T G, Kurt S, Sağlam M, et al. Hydrogen production from some agricultural residues by catalytic subcritical and supercritical water gasification [J]. The Journal of Supercritical Fluids, 2012 (67): 22－28.

Mahfud F, Melian－Cabrera I, Manurung R, et al. Biomass to fuels: upgrading of flash pyrolysis oil by reactive distillation using a high boiling alcohol and acid catalysts [J]. Process Safety and Environmental Protection, 2007, 85 (5): 466－472.

Martínez M G, Ohra－Aho T, Tamminen T, et al. Detailed structural elucidation of different lignocellulosic biomass types using optimized temperature and time profiles in fractionated Py－GC/MS [J]. Journal of Analytical and Applied Pyrolysis, 2019 (140): 112－124.

Mckendry P. Energy production from biomass (part 2): conversion technologies [J]. Bioresource Technology, 2002, 83 (1): 47－54.

Meng A, Zhang Y, Zhuo J, et al. Investigation on pyrolysis and carbonization of Eupatorium adenophorum Spreng and tobacco stem [J]. Journal of the Energy Institute, 2015, 88 (4): 480－489.

Mettler M S, Mushrif S H, Paulsen A D, et al. Revealing pyrolysis chemistry for biofuels production: Conversion of cellulose to furans and small oxygenates [J]. Energy & Environmental Science, 2012, 5 (1): 5414－5424.

Miao X, Wu Q, Yang C. Fast pyrolysis of microalgae to produce renewable fuels [J]. Journal of Analytical and Applied Pyrolysis, 2004, 71 (2): 855—863.

Molino A, Chianese S, Musmarra D. Biomass gasification technology: the state of the art overview [J]. Journal of Energy Chemistry, 2016, 25 (1): 10—25.

Narvaez I, Orio A, Aznar M P, et al. Biomass gasification with air in an atmospheric bubbling fluidized bed. Effect of six operational variables on the quality of the produced raw gas [J]. Industrial & Engineering Chemistry Research, 1996, 35 (7): 2110—2120.

Ni M, Leung D Y, Leung M K, et al. An overview of hydrogen production from biomass [J]. Fuel Processing Technology, 2006, 87 (5): 461—472.

Nipattummakul N, Ahmed I I, Gupta A K, et al. Hydrogen and syngas yield from residual branches of oil palm tree using steam gasification [J]. International Journal of Hydrogen Energy, 2011, 36 (6): 3835—3843.

Nowakowski D J, Jones J M, Brydson R M, et al. Potassium catalysis in the pyrolysis behaviour of short rotation willow coppice [J]. Fuel, 2007, 86 (15): 2389—2402.

Oasmaa A, Peacocke C. A guide to physical property characterisation of biomass—derived fast pyrolysis liquids [M]. Espoo: Technical Research Centre of Finland Ltd. , 2001.

Obalı Z, Doğu T. Activated carbon—tungstophosphoric acid catalysts for the synthesis of tert—amyl ethyl ether (TAEE) [J]. Chemical Engineering Journal, 2008, 138 (1—3): 548—555.

Ooi Y S, Zakaria R, Mohamed A R, et al. Hydrothermal stability and catalytic activity of mesoporous aluminum—containing SBA—15 [J]. Catalysis Communications, 2004, 5 (8): 441—445.

Ouyang T, Cheng K, Gao Y, et al. Molten salt synthesis of nitrogen doped porous carbon: a new preparation methodology for high—volumetric capacitance electrode materials [J]. Journal of Materials Chemistry A, 2016, 4 (25): 9832—9843.

Pallarés J, González—Cencerrado A, Arauzo I. Production and characterization of activated carbon from barley straw by physical activation with carbon dioxide and steam [J]. Biomass and Bioenergy, 2018 (115): 64—73.

Park H J, Park Y K, Kim J S. Influence of reaction conditions and the char separation system on the production of bio—oil from radiata pine sawdust by fast pyrolysis [J]. Fuel Processing Technology, 2008, 89 (8): 797—802.

Parthasarathy P, Narayanan K S. Hydrogen production from steam gasification of biomass: influence of process parameters on hydrogen yield— a review [J]. Renewable Energy, 2014 (66): 570—579.

Pattiya A, Titiloye J O, Bridgwater A V. Fast pyrolysis of cassava rhizome in the presence of catalysts [J]. Journal of Analytical and Applied Pyrolysis, 2008, 81 (1): 72—79.

Patwardhan P R, Dalluge D L, Shanks B H, et al. Distinguishing primary and secondary reactions of cellulose pyrolysis [J]. Bioresource Technology, 2011, 102 (8): 5265—5269.

Patwardhan P R, Satrio J A, Brown R C, et al. Product distribution from fast pyrolysis of glucose—based carbohydrates [J]. Journal of Analytical and Applied Pyrolysis, 2009, 86 (2): 323—330.

Patzlaff J, Liu Y, Graffmann C, et al. Studies on product distributions of iron and cobalt catalyzed Fischer—Tropsch synthesis [J]. Applied Catalysis A: General, 1999, 186 (1—2): 109—119.

Pham T P T, Cho C W, Yun Y S. Environmental fate and toxicity of ionic liquids: a review [J]. Water Research, 2010, 44 (2): 352—372.

Piskorz J, Radlein D, Scott D S. On the mechanism of the rapid pyrolysis of cellulose [J]. Journal of Analytical and Applied Pyrolysis, 1986, 9 (2): 121—137.

Ponder G R, Richards G N, Stevenson T T. Influence of linkage position and orientation in pyrolysis of polysaccharides: a study of several glucans [J]. Journal of Analytical and Applied Pyrolysis, 1992, 22 (3): 217—229.

Ponder G R, Richards G N. Pyrolysis of some 13C—labeled glucans: a mechanistic study [J]. Carbohydrate Research, 1993, 244 (1): 27—47.

Ponder G R, Richards G N. Thermal synthesis and pyrolysis of a xylan [J]. Carbohydrate Research, 1991 (218): 143—155.

Poppius—Levlin K, Tamminen T, Rajanen K, et al. Suitability of laccase/

mediator systems for hardwood kraft pulp delignification ［C］. The 10th International Symposium on Wood and Pulping Chemistry, 1999: 556−561.

Pruksakit W, Dejterakulwong C, Patumsawad S. Performance prediction of a downdraft gasifier using equilibrium model: effect of different biomass ［C］. Proceedings of the 5th international conference on sustainable energy and environment SEE: Science, Technology and Innovation for ASEAN Green Growth, Bangkok, 2014: 19−21.

Pu S, Shiraishi N. Liquefaction of wood without a catalyst, 1: Time course of wood liquefaction with phenols and effects of wood/phenol ratios ［J］. Journal of the Japan Wood Research Society, 1993, 39 (4): 446−452.

Pütün A E, Önal E, Uzun B B, et al. Comparison between the "slow" and "fast" pyrolysis of tobacco residue ［J］. Industrial Crops and Products, 2007, 26 (3): 307−314.

Qu T, Guo W, Shen L, et al. Experimental study of biomass pyrolysis based on three major components: hemicellulose, cellulose, and lignin ［J］. Industrial & Engineering Chemistry Research, 2011, 50 (18): 10424−10433.

Quesada−Plata F, Ruiz−Rosas R, Morallón E, et al. Activated carbons prepared through H_3PO_4−assisted hydrothermal carbonisation from biomass wastes: porous texture and electrochemical performance ［J］. ChemPlusChem, 2016, 81 (12): 1349−1359.

Rashidi N A, Yusup S. Production of palm kernel shell−based activated carbon by direct physical activation for carbon dioxide adsorption ［J］. Environmental Science and Pollution Research, 2019, 26 (33): 33732−33746.

Raveendran K, Ganesh A, Khilar K C. Influence of mineral matter on biomass pyrolysis characteristics ［J］. Fuel, 1995, 74 (12): 1812−1822.

Raymundo−Pinero E, Azaïs P, Cacciaguerra T, et al. KOH and NaOH activation mechanisms of multiwalled carbon nanotubes with different structural organisation ［J］. Carbon, 2005, 43 (4): 786−795.

Román−Leshkov Y, Barrett C J, Liu Z Y, et al. Production of dimethylfuran for liquid fuels from biomass−derived carbohydrates ［J］. Nature, 2007, 447 (7147): 982−985.

Saengsuriwong R, Onsree T, Phromphithak S, et al. Conversion of tobacco processing waste to biocrude oil via hydrothermal liquefaction in a multiple batch reactor [J]. Clean Technologies and Environmental Policy, 2021: 1—11.

Salker A, Weisweiler W. Catalytic behaviour of metal based ZSM—5 catalysts for NO_x reduction with NH3 in dry and humid conditions [J]. Applied Catalysis A: General, 2000, 203 (2): 221—229.

Schuster G, Löffler G, Weigl K, et al. Biomass steam gasification—an extensive parametric modeling study [J]. Bioresource Technology, 2001, 77 (1): 71—79.

Scott D S, Piskorz J, Radlein D. Liquid products from the continuous flash pyrolysis of biomass [J]. Industrial & Engineering Chemistry Process Design and Development, 1985, 24 (3): 581—588.

Scott D, Piskorz J. The flash pyrolysis of aspen — poplar wood [J]. The Canadian Journal of Chemical Engineering, 1982, 60 (5): 666—674.

Sevilla M, Fuertes A B. Sustainable porous carbons with a superior performance for CO_2 capture [J]. Energy & Environmental Science, 2011, 4 (5): 1765—1771.

Shafizadeh F, Lai Y. Thermal degradation of 1, 6 — anhydro — β — D — glucopyranose [J]. The Journal of Organic Chemistry, 1972, 37 (2): 278—284.

Sharma S, Sheth P N. Air—steam biomass gasification: experiments, modeling and simulation [J]. Energy Conversion and Management, 2016 (110): 307—318.

Shen D, Gu S, Bridgwater A V. Study on the pyrolytic behaviour of xylan—based hemicellulose using TG—FTIR and Py—GC—FTIR [J]. Journal of Analytical and Applied Pyrolysis, 2010, 87 (2): 199—206.

Shen D, Gu S, Bridgwater A. The thermal performance of the polysaccharides extracted from hardwood: Cellulose and hemicellulose [J]. Carbohydrate Polymers, 2010, 82 (1): 39—45.

Shen D, Gu S. The mechanism for thermal decomposition of cellulose and its main products [J]. Bioresource Technology, 2009, 100 (24): 6496—6504.

Shin E J, Nimlos M R, Evans R J. Kinetic analysis of the gas—phase pyrolysis of carbohydrates [J]. Fuel, 2001, 80 (12): 1697—1709.

Smith S, Graham R, Freel B. The development of commercial scale rapid thermal processing of biomass [R]. National Renewable Energy Lab., Golden, CO (United States), 1993.

Sun K，Chun Jiang J. Preparation and characterization of activated carbon from rubber－seed shell by physical activation with steam ［J］. Biomass and Bioenergy，2010，34（4）：539－544.

Sun L，Tian C，Li M，et al. From coconut shell to porous graphene－like nanosheets for high－power supercapacitors ［J］. Journal of Materials Chemistry A，2013，1（21）：6462－6470.

Sun Y，Zhang J P，Guo F，et al. Optimization of the preparation of activated carbon from steam activated cornstraw black liquor for phenol removal ［J］. Asia－Pacific Journal of Chemical Engineering，2016，11（4）：594－602.

Tamaru K. A "new" general mechanism of ammonia synthesis and decomposition on transition metals ［J］. Accounts of Chemical Research，1988，21（2）：88－94.

Tavakoli A，Sohrabi M，Kargari A. Application of Anderson－Schulz－Flory （ASF）equation in the product distribution of slurry phase FT synthesis with nanosized iron catalysts ［J］. Chemical Engineering Journal，2008，136（2－3）：358－363.

Tijmensen M J，Faaij A P，Hamelinck C N，et al. Exploration of the possibilities for production of Fischer Tropsch liquids and power via biomass gasification ［J］. Biomass and Bioenergy，2002，23（2）：129－152.

Titirici M M，Antonietti M，Baccile N. Hydrothermal carbon from biomass：a comparison of the local structure from poly－to monosaccharides and pentoses/hexoses ［J］. Green Chemistry，2008，10（11）：1204－1212.

Udomsirichakorn J，Basu P，Salam P A，et al. Effect of CaO on tar reforming to hydrogen－enriched gas with in－process CO_2 capture in a bubbling fluidized bed biomass steam gasifier ［J］. International Journal of Hydrogen Energy，2013，38（34）：14495－14504.

Uslu A，Faaij A P，Bergman P C. Pre－treatment technologies，and their effect on international bioenergy supply chain logistics. Techno－economic evaluation of torrefaction，fast pyrolysis and pelletisation ［J］. Energy，2008，33（8）：1206－1223.

Vickers N J. Animal communication：when I'm calling you，will you answer too? ［J］. Current Biology，2017，27（14）：713－715.

Vinu R，Broadbelt L J. A mechanistic model of fast pyrolysis of glucose－

based carbohydrates to predict bio－oil composition [J]. Energy & Environmental Science, 2012, 5 (12): 9808－9826.

Wagenaar B, Prins W, Van S W. Pyrolysis of biomass in the rotating cone reactor: modelling and experimental justification [J]. Chemical Engineering Science, 1994, 49 (24): 5109－5126.

Wang C, Wu D, Wang H, et al. A green and scalable route to yield porous carbon sheets from biomass for supercapacitors with high capacity [J]. Journal of Materials Chemistry A, 2018, 6 (3): 1244－1254.

Wang M, Liu C, Xu X, et al. Theoretical study of the pyrolysis of vanillin as a model of secondary lignin pyrolysis [J]. Chemical Physics Letters, 2016 (654): 41－45.

Wang R, Wang P, Yan X, et al. Promising porous carbon derived from celtuce leaves with outstanding supercapacitance and CO_2 capture performance [J]. ACS Applied Materials & Interfaces, 2012, 4 (11): 5800－5806.

Wang S, Guo X, Liang T, et al. Mechanism research on cellulose pyrolysis by Py－GC/MS and subsequent density functional theory studies [J]. Bioresource Technology, 2012 (104): 722－728.

Wang W, Wang M, Huang J, et al. Formate－assisted analytical pyrolysis of kraft lignin to phenols [J]. Bioresource Technology, 2019 (278): 464－467.

Wang Y, Shen F, Qi X. A corn stalk－derived porous carbonaceous adsorbent for adsorption of ionic liquids from aqueous solution [J]. RSC Advances, 2016, 6 (39): 32505－32513.

Warnecke R. Gasification of biomass: comparison of fixed bed and fluidized bed gasifier [J]. Biomass and Bioenergy, 2000, 18 (6): 489－497.

Wei L, Xu S, Liu J, et al. Hydrogen production in steam gasification of biomass with CaO as a CO_2 absorbent [J]. Energy & Fuels, 2008, 22 (3): 1997－2004.

Wu C, Huang Q, Sui M, et al. Hydrogen production via catalytic steam reforming of fast pyrolysis bio－oil in a two－stage fixed bed reactor system [J]. Fuel Processing Technology, 2008, 89 (12): 1306－1316.

Xu J M, Jiang J C, Sun Y J, et al. A novel method of upgrading bio－oil by reactive rectification [J]. Journal of Fuel Chemistry and Technology, 2008, 36 (4): 421－425.

Xu Z, Li Y, Li D, et al. N-enriched multilayered porous carbon derived from natural casings for high-performance supercapacitors [J]. Applied Surface Science, 2018 (444): 661-671.

Yamada T, Ono H. Rapid liquefaction of lignocellulosic waste by using ethylene carbonate [J]. Bioresource Technology, 1999, 70 (1): 61-67.

Yaman S. Pyrolysis of biomass to produce fuels and chemical feedstocks [J]. Energy Conversion and Management, 2004, 45 (5): 651-671.

Yamazaki J, Minami E, Saka S. Liquefaction of beech wood in various supercritical alcohols [J]. Journal of Wood Science, 2006, 52 (6): 527-532.

Yang K, Peng J, Srinivasakannan C, et al. Preparation of high surface area activated carbon from coconut shells using microwave heating [J]. Bioresource Technology, 2010, 101 (15): 6163-6169.

Yung M M, Jablonski W S, Magrini-Bair K A. Review of catalytic conditioning of biomass-derived syngas [J]. Energy & Fuels, 2009, 23 (4): 1874-1887.

Zeng D, Dou Y, Li M, et al. Wool fiber-derived nitrogen-doped porous carbon prepared from molten salt carbonization method for supercapacitor application [J]. Journal of Materials Science, 2018, 53 (11): 8372-8384.

Zhang G, Zhao X, Ning P, et al. Comparison on surface properties and desulfurization of MnO_2 and pyrolusite blended activated carbon by steam activation [J]. Journal of the Air & Waste Management Association, 2018, 68 (9): 958-968.

Zhang M, Gao B, Yao Y, et al. Synthesis of porous MgO-biochar nanocomposites for removal of phosphate and nitrate from aqueous solutions [J]. Chemical Engineering Journal, 2012 (210): 26-32.

Zhang S, Tian K, Cheng B H, et al. Preparation of N-doped supercapacitor materials by integrated salt templating and silicon hard templating by pyrolysis of biomass wastes [J]. ACS Sustainable Chemistry & Engineering, 2017, 5 (8): 6682-6691.

Zhang X, Yang W, Dong C. Levoglucosan formation mechanisms during cellulose pyrolysis [J]. Journal of Analytical and Applied Pyrolysis, 2013 (104): 19-27.

Zhou J, Luo A, Zhao Y. Preparation and characterisation of activated carbon from waste tea by physical activation using steam [J]. Journal of the Air & Waste Management Association, 2018, 68 (12): 1269－1277.

Şenol O, Ryymin E M, Viljava T R, et al. Effect of hydrogen sulphide on the hydrodeoxygenation of aromatic and aliphatic oxygenates on sulphided catalysts [J]. Journal of Molecular Catalysis A: Chemical, 2007, 277 (1－2): 107－112.

Şenol O, Viljava T R, Krause A. Effect of sulphiding agents on the hydrodeoxygenation of aliphatic esters on sulphided catalysts [J]. Applied Catalysis A: General, 2007, 326 (2): 236－244.